普通高等教育"十一五"国家级规划教材

普通高等教育"十四五"规划教材

农 学 概 论

第 2 版

王宏富　王爱萍　主编

郭平毅　赵全志　主审

U0219345

中国农业大学出版社

·北京·

内 容 简 介

作物生产与人类生活密切相关。本教材从介绍农学的概念、地位和特点开始,主要围绕作物的起源、传播、分布、分类、品种选育、生长、发育、产量构成、种植原理、品质形成和生产利用等内容,以及影响作物生产的种植业资源、农田生态系统和人为调控作物生长的技术方法进行介绍。在阐述人类膳食营养需求、农产品加工利用、当前粮食安全问题和我国农作制度与区域农业发展的基础上,对种植业的发展趋势和农业现代化建设进行了展望。

图书在版编目(CIP)数据

农学概论 / 王宏富,王爱萍主编. —2 版. —北京:中国农业大学出版社,2020.12(2024.12 重印)

ISBN 978-7-5655-2509-4

Ⅰ.①农… Ⅱ.①王…②王… Ⅲ.①农学—高等学校—教材 Ⅳ.①S3

中国版本图书馆 CIP 数据核字(2020)第 273270 号

中国自然资源部地图审图号:GS(2021)794 号

书　　名	农学概论　第 2 版
作　　者	王宏富　王爱萍　主编

策划编辑	梁爱荣	责任编辑	梁爱荣　刘彦龙
封面设计	郑　川		
出版发行	中国农业大学出版社		
社　　址	北京市海淀区圆明园西路 2 号	邮政编码	100193
电　　话	发行部 010-62733489,1190	读者服务部	010-62732336
	编辑部 010-62732617,2618	出　版　部	010-62733440
网　　址	http://www.caupress.cn	E-mail	cbsszs@cau.edu.cn
经　　销	新华书店		
印　　刷	北京时代华都印刷有限公司		
版　　次	2021 年 3 月第 2 版　2024 年 12 月第 2 次印刷		
规　　格	787mm×1092mm　16 开本　18 印张　330 千字		
定　　价	48.00 元		

图书如有质量问题本社发行部负责调换

第 2 版编写人员

主　编　王宏富　王爱萍

副主编　崔福柱　赵保平　董学会　段红平

编　者　(按姓氏拼音排列)

程昕昕(安徽科技学院)

崔福柱(山西农业大学)

董丽平(信阳农林学院)

董　琦(山西农业大学)

董学会(中国农业大学)

段红平(云南农业大学)

刘瑞香(内蒙古农业大学)

乔月静(山西农业大学)

任江萍(河南农业大学)

申　洁(长治学院)

王爱萍(山西农业大学)

王宏富(山西农业大学)

王树彦(内蒙古农业大学)

文新亚(中国农业大学)

吴毅歆(云南农业大学)

武翠卿(山西农业大学)

杨锦忠(青岛农业大学)

姚茹瑜(云南农业职业技术学院)

张　巽(山西大同大学)

张建平(山西师范大学)

张志鹏(中国农业大学)

赵保平(内蒙古农业大学)

主　审　郭平毅(山西农业大学)

赵全志(河南农业大学)

第 1 版编写人员

主　编　李建民(中国农业大学)

　　　　王宏富(山西农业大学)

副主编　(按姓氏汉语拼音排序)

　　　　崔福柱(山西农业大学)

　　　　董学会(中国农业大学)

　　　　段红平(云南农业大学)

　　　　刘瑞香(内蒙古农业大学)

　　　　王爱萍(山西农业大学)

参　编　(按姓氏汉语拼音排序)

　　　　程昕昕(安徽科技学院)

　　　　董　琦(山西农业大学)

　　　　王树彦(内蒙古农业大学)

　　　　王新国(河南农业大学)

　　　　文新亚(中国农业大学)

　　　　武翠卿(山西农业大学)

　　　　杨锦忠(青岛农业大学)

　　　　张建平(山西师范大学)

　　　　张　巽(山西大同大学)

　　　　张志鹏(中国农业大学)

主　审　苗果园(山西农业大学)

第 2 版前言

二十大报告指出:我们要加快建设农业强国,全面推进乡村振兴,全方位夯实粮食安全根基,全面落实粮食安全党政同责,牢牢守住十八亿亩耕地红线,逐步把永久基本农田全部建成高标准农田,深入实施种业振兴行动,强化农业科技和装备支撑,确保中国人的饭碗牢牢端在自己手中。

"农学概论"是一门综合介绍农业生态学、作物栽培学、耕作学、作物育种学、植物生理学、农业昆虫学、植物病理学、作物化学调控、农业发展原理、土壤学、土壤肥料学、食品营养学和农产品加工学等概论性内容的应用性较强的学科,与农业生产实际和人类生活结合紧密,也可与我国的其他行业进行学科交叉和融合。本教材适用于高等农林院校非农学专业的学生。

《农学概论》第 1 版于 2010 年 7 月第一次印刷,至今已经十载有余,期间共经过 4 次印刷,受到广大读者的喜爱。第 2 版是在基本保持第 1 版原有结构体系的基础上,根据最新政策与法规对主要内容和数据进行了补充和更新,例如补充了我国农作制分区内容,增加了分子标记辅助选择育种类型的具体介绍和作物与土壤、秸秆覆盖栽培技术、砂石覆盖栽培技术、杂粮作物加工及利用等内容。另外,将与教材每章内容有关的基础性、延伸性、前瞻性和拓展性知识以及一些应用实例等以二维码形式编入教材中,这样既节省了篇幅,又便于读者对相关知识进一步地扩展了解和学习。

本教材的编写人员全部为教学一线人员,对本教材内容非常熟悉并有着丰富的教学经验,他们在百忙之余参与了修订工作。两位主审在本教材修订过程中提出了诸多修改意见和建议,并审查了全稿,在此一并致以最衷心的感谢!

由于时间仓促和编者水平所限,书中难免有疏漏和错误之处,敬请读者多加指正并提出宝贵意见和建议,以便进一步修改和完善。

编 者
2024 年 12 月

第1版前言

　　农业是国民经济的基础,而作物生产是农业系统的第一性生产,其发展水平直接影响人们的基本生活需求和质量,制约着国计民生和社会经济的发展,是国民经济建设中至关重要的领域。农学作为为作物生产发展服务的学科之一,是最为贴近生产实际的实践性科学。当前,我国农业正处于传统农业向现代农业加速转变的重要时期,面临着保障国家粮食安全、增加农民收入、缓解资源环境约束和增强农产品国内外市场竞争力的重大挑战。因此,从农学的角度来分析和讨论作物生产发展中的问题,了解和掌握农学的有关理论与技术体系具有特别重要的意义。

　　农学概论是高等农林院校非农学专业学生的一门综合性专业基础课。作为一门概论性课程,其作用在于引领学生关注农业生产,服务"三农"建设。因此,本书内容着眼于大农业系统,立足于作物生产,着重介绍农学基本知识、基本原理和基本技术。具体包括作物生产的共性规律、基本概念、理论、方法和技术;农产品产后升级元——农产品加工;农作制分析与区域农业发展及农业现代化进程与趋势等。力求突出综合性、系统性、科学性、实用性和前瞻性。

　　本书2007年申报并获批为普通高等教育"十一五"国家级规划教材。王宏富具体组织了本书的编写工作。编写人员具体分工为:第一章,王爱萍;第二章,刘瑞香、文新亚;第三章,崔福柱;第四章,段红平、王树彦、张巽;第五章,董学会、王新国、程昕昕;第六章,张建平、张巽、武翠卿;第七章,董琦;第八章,王宏富、张志鹏;第九章,王宏富、武翠卿、杨锦忠。全书由王宏富、段红平、崔福柱、王爱萍负责统稿。李建民审阅全书,最后定稿。山西农业大学苗果园先生百忙中对书稿进行了全面审查,在此致以衷心的感谢!

　　由于编者水平有限,加之对教材内容理解和把握上的难度,书中难免有疏漏和错误,敬请读者提出宝贵意见和建议。

编　者

2010年3月

目录 **Contents**

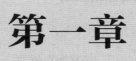

第一章

农学与粮食安全

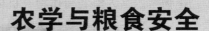

第一节　农学的概念、地位和特点

一、农学的概念

　　农业（agriculture）是人类社会最古老也是最基本的产业。农业生产的对象是植物、动物和微生物等农业生物，人类有意识地利用农业生物的生长机能来获得生活所必需的产品和其他物质资料，因此，农业生产是自然再生产和经济再生产的过程。

　　农学即农业科学（agricultural science），包括 3 层含义。广义的农学是研究农业发展的自然规律和经济规律的科学，即研究农业生产理论和实践的一门科学，包括农业基础科学、农业工程科学、农业经济科学、农业生产科学和农业管理科学等。中义的农学仅指广义农学范畴中的农业生产科学，这里的农业生产指种植业、畜牧业、林业和渔业，包括作物学、园艺学、农业资源利用学、植物保护学、畜牧、兽医学、林学和水产学等。狭义的农学指研究农作物生产的一门科学，即研究农作物高产、优质、高效和可持续发展的理论与技术的科学，具体指研究农作物生长发育规律、产量形成规律、品质形成规律及其对环境条件的要求，并采取科学的技术措施实现作物生产的高产、优质、高效和可持续发展，是一门综合性很强的应用学科。其所涉及的学科包括作物学、土壤学、气象学、植物营养学和植物保护学等。本书着眼于中义与广义的农学,立足于狭义的农学进行论述。

二、农学的性质

农学的研究对象是以作物为主的种植业,因此农学的性质很大程度上取决于种植业。概括起来有 3 个方面。

(一)农学是以自然科学和社会经济科学为基础的一门应用科学

作物生产是人类利用作物有机体的生命活动来取得产品的产业,它与工业生产不同。工业生产的对象与条件都比较稳定,工作秩序和劳动程序都可以事先安排,只要照章操作,产量和质量都有一定的保证。而作物生产不仅取决于劳动的社会条件,更取决于作物生长发育所需的自然环境条件,如光、温、水、气、土壤等。因此,作物生产是自然再生产和经济再生产相结合的过程,是与社会经济水平和农业资源环境紧密相连的应用性科学。

(二)农学是服务于种植业的一门综合学科

作物生产系统是一个作物—环境—社会相互交织的复杂系统,作物生产的高产、优质和高效通常是矛盾的和难以协调统一的整体,而且三者的主次关系也随着社会经济的发展水平而变化。可见,农学不仅涉及自然因素,而且涉及社会因素。开展好农学学科的研究和发展作物生产,必然涉及自然科学和社会科学等多门学科的理论和技术,必须以系统学的观点来认识农学和作物生产体系,综合应用和集成相关学科的研究成果,才能推动作物生产的发展,满足国民经济发展的要求。

(三)农学是以可持续发展为目标的一门生态学科

人口、粮食、能源和环境是人类发展中急需解决的大问题。作物生产一方面既是人类食物安全的基础,又对环境保护起着积极作用;另一方面既要消耗资源,又可能带来生态失衡和环境污染等问题。因此,在农学研究和作物生产发展中必须牢固树立生态意识,兼顾生产力增长、资源高效利用和环境安全,实现作物生产的可持续发展。

三、农学的地位与作用

农业是国民经济的基础,其地位不言而喻。而作物生产为人类提供了最基本的生活资料,因此又是农业的基础。可见,作物生产的发展对整个国民经济的发展和社会的稳定起着十分重要的作用,作物生产的产品数量和质量关系到我国十几亿人的生存大事,与人民物质生活水平的提高息息相关。从这个意义上说,农学的地位不可忽视,主要表现在以下几个方面。

（一）人民生活资料的重要来源

古人曰，"一日不再食则饥，终岁不制衣则寒"（西汉晁错）；"人之情不能无衣食，衣食之道必始于耕织"（《淮南子》）。可见农业生产是人类生存之本和衣食之源。我国是世界第一人口大国，解决吃饭问题是头等大事，人民生活中所消费的粮食、蔬菜和水果大多由作物生产提供。穿衣在人民基本消费方面也占有重要的地位。目前，我国服装原料的 80% 来自作物生产，合成纤维仅占 20%。随着人类生活水平的提高，资源可持续利用和环保意识的加强，人们也越来越喜欢可再生的和经济的植物纤维。由此可见，作物生产具有举足轻重的地位和作用。

（二）工业原料的重要来源

农产品为工业生产提供了重要的原材料。目前，我国约 40% 的工业原料、70% 的轻工业原料均来源于农业生产。随着我国工业的发展和人民消费结构的变化，以农产品为原料的工业产值在总工业产值中的比重会有所下降，但有些轻工业，如制糖、卷烟、造纸、食品等的原料只能来源于农业，且主要来自作物生产，所以农产品在我国工业原料中占有较大比例的局面短期内不会改变。随着人民生活水平的提高，对未加工农产品的需求将不断下降，对农产品加工品的需求会不断增加，也就是说，人们直接消费的某些农产品今后需要加工后才能进入消费。可以预计，在今后相当长的一段时期内，我国轻工业的发展仍然受制于农业生产，特别是经济作物的生产状况。因此，发展作物生产，必将推动我国工业和轻工业的发展，后者的发展反过来必将促进作物生产的进步。

（三）出口创汇的重要物资

目前，我国工业与世界先进水平还有一定差距，在国际市场上的竞争力也较弱，而农产品及其加工产品在国家总出口额中占有较大的比重，是出口创汇物资的重要来源之一。可见，作物生产在农业增效和农民增收方面起着主要作用。

（四）农业的基础产业

农业由种植业、畜牧业、林业和渔业组成。畜牧业和渔业的发展极大程度上依赖于种植业即作物生产的发展。在我国农业中，种植业占的比重最大，是农业的基础，具有举足轻重的地位和作用。虽然，近年来由于养殖业（畜牧业和渔业）的发展，种植业在农业中的比重有所下降，但是，由于我国人口压力大、口粮任务重，加上养殖业的发展在很大程度上依赖于种植业提供的饲料，我国种植业在农业中的比重及其基础地位是不会动摇的。

（五）农业现代化的组成部分

实现农业现代化是我国社会主义现代化的重要内容和标志，是体现一个国家社会经济发展水平和综合国力的重要指标。作物生产是农业的基础，没有现代化的作物生产，就没有现代化的农业和现代化的农村。因此，随着社会的发展和科技的进步，作物生产也会得到现代科技的武装和改造，从而实现作物生产的现代化、科学化和产业化。

（六）生态环境的调节者

农业是调节生态环境的重要组成部分，它既可以改善生态环境，也可以恶化生态环境。作物生产的主要对象是驯化选育后的绿色植物，植物可以吸收利用CO_2减少温室效应，还能释放O_2供人类呼吸使用，也可以防风固沙、涵养水源、调节气候。以作物生产为主的休闲农业、旅游农业和观光农业的发展可以美化生态环境。然而作物生产中化肥、除草剂、杀虫剂、杀菌剂等化学品的大量施用，也会造成严重的环境污染。废弃的塑料薄膜等会导致白色污染。过度开荒、过度放牧、过度砍伐森林造成水土流失等农业问题不断出现，影响了人类生存。因此，必须坚持可持续发展理念，在保障粮食安全和食品安全的基础上，促进人口、资源、环境的全面协调发展，充分发挥作物生产的保水、固土和美化等效应。

（七）社会文化作用

农业的发展与人类文明的发展息息相关，农业对人类社会的影响巨大。作物生产使人类定居下来并逐渐形成了农村社会。农村社会的成员从事基本相同的职业，形成比较一致的生活方式和民情、民俗，民风淳朴，邻里关系密切，人们重视伦理、亲情等传统价值理念，道德、风俗和舆论对行为的规范作用巨大，有时甚至比成文法规的约束力更强。

无论在东方还是西方，乡村的田园生活都被作为理想的生活而受到热情讴歌。人们在从事作物生产活动的同时也改变了自己的精神和文化活动。在野外自然环境中的休闲、旅游和观光可以陶冶人们的情操，培养人们对大自然的热爱，对生活和生命的热爱，消除现代都市快节奏生活带来的压力、焦虑和浮躁情绪。包括作物生产在内的休闲农业、旅游农业、观光农业更是一种精神文化需求活动。

四、农学的特点

作物生产以土地为基本生产资料，受自然条件的影响较大，生产的周期较长，与其他社会物质生产相比，具有以下8个鲜明的特点。

（一）系统的复杂性

作物生产是一个有结构和序列的复杂系统,由各个环节(子系统)组成,而且受自然和人为多种因素的影响和制约,同时又是一个统一的整体。因此,必须采用整体的观点和系统的方法,运用多学科知识,采取综合措施,全方位研究如何处理和协调各种因素的关系,达到高产、优质、高效地发挥作物生产的总体效益。

（二）土地的特殊重要性

土地是作物生产中最基本的不可替代的生产资料。土地的数量、质量和位置都是影响作物生产的重要因素。自然界中土地的数量是有限的。我们虽然可以通过围海、围湖等工程增加地球表面的陆地面积,但是,这种增加是极其有限的。土地在地球上的位置决定了当地的水、养、气、热等作物生长的自然条件,也在相当程度上决定了当地农业生产的类型、方式和技术。土地的质量一方面取决于其所在的位置,另一方面取决于土壤长期演化过程中形成的理化性状以及人类劳动形成的人工地力。人们可以通过适当的水利工程、农业设施以及耕作、栽培、施肥等技术,在一定程度上改变土地的质量,进而在土地位置不变的情况下局部改变其水、养、气、热等条件,却无法随心所欲地从根本上改变这一切,而且所能采取的所有措施都需要付出相当大的代价。

（三）严格的区域性

各地区由于纬度、地形、地貌、气候、土壤、水利和植被等自然条件的不同,形成了独特的农业生产类型、品种、耕作制度和栽培管理技术,从而使作物生产具有强烈的区域性特征。因此,作物生产必须根据各地的自然和社会条件,因地制宜,选择适合当地生长的作物种类和品种及相应的技术措施,使作物、环境和措施达到最佳配合。

（四）强烈的季节性

一年四季光、热、水等自然资源的不同,导致作物生产不可避免地受到季节变化的强烈影响。"节令不饶人",生产上如果贻误了农时,轻则减产,重则颗粒无收。因此,必须正确掌握农时季节,合理组织农事活动,使作物的高效生长期与最佳环境条件同步。

（五）生产的连续性

人类社会对农产品的需求是连续的,因此,农业生产是一个长期的周期性产业,上一季作物与下一季作物,上一年生产与下一年生产,上一个生产周期与下一个生产周期,都是紧密相连和相互制约的,前者是后者的基础,后者是前者的延续。

人们需要用全面和长远的观点,做到前季为后季,季季为全年,今年为明年,实现作物持续的高产和稳产。

(六)生长的规律性

作物是有生命的有机体,在与生态环境相适应的长期进化过程中形成了显著的季节性、有序性和周期性。首先,不同作物种类具有不同的个体生命周期,如水稻、玉米和棉花等为一年生作物,冬小麦和冬油菜则为二年生作物。其次,作物个体的生命周期又有一定的阶段性变化,需要特定的环境条件,是一个有序生长发育的过程。最后,由于作物生长发育的各个阶段是有序的、紧密衔接的,既不能停顿中断,又不能颠倒重来,因而具有不可逆性。

(七)技术的实用性

农学是把自然科学及农业科学的基础理论转化为实际的生产技术和生产力的科学。虽然农学也包括一些应用基础方面的内容,如作物生长发育、产量形成和品质形成的生理生态规律,但它主要研究并解决作物生产中的实际问题,所形成的技术必须具有适用性和可操作性,要力争做到简便易行、省时省工、经济安全。

(八)生产的社会性

作物生产既是自然再生产过程,同时又是经济再生产过程。一方面政策导向、经营方式、物质投入、市场容量、价格因素、人类对农产品的需求等直接影响着作物生产;另一方面由于作物生产的长期性、季节性和不稳定性,使得在市场经济条件下,农业生产决策风险大,资本、土地和劳力具有极易逃离农业的可能性。因此,需要制定、建立和完善能够减少决策风险的各种政策、制度和措施,例如,市场信息发布和预测、农业生产保险、农产品贮备、保护价收购等,以稳定作物生产。

第二节　人类食物营养及其来源

以作物为主的种植业为人类提供了丰富多彩的植物性食物,而人类食物的来源主要是植物性食物与动物性食物两种。"民以食为天",食物是人类生存的物质基础。人体为了维持其生命和健康,保证身体生长发育的需要,必须从食物中获取必需的营养物质,这些营养物质包括蛋白质、脂类、碳水化合物、维生素、矿物质和水6大类。

一、食物的营养素及其作用

（一）食物营养与人体需要

1. 食物营养

人和其他任何动物一样，每天都要摄取一定量的食物以维持生命和从事各种活动。凡是能为人类提供营养的物质都可称为食物。营养（nutrition）是指人体摄取、消化、吸收和利用食物，维持生长发育、组织更新和处于健康状态的总过程。人从有意识的如行走、跳跃到无意识的如心跳、消化、生长发育和组织修复等所有的生命活动和生命过程均需要营养。食物营养对人体的作用包括两个方面：一是为人体提供生长发育和劳动所需的热量；二是为人体提供生长发育和组织修复所需的化学材料，以及一些起调节和协调人体生命活动的化学分子。

2. 营养素

营养素（nutrients）是指具有营养功能的物质，包括碳水化合物、蛋白质、脂类、维生素、矿物质和水 6 大类，其作用就是维护人体健康以及提供其所需要的营养成分。其中，碳水化合物、蛋白质、脂类这 3 种营养素数量较大，称为宏量营养素，也是产能营养素。维生素、矿物质称为微量营养素。研究表明，人体至少需要 40 多种营养素，其中包括 9 种必需氨基酸、2 种必需脂肪酸、14 种维生素、7 种常量元素、8 种微量元素、1 种糖类（葡萄糖）和水。还有一些营养素人体可能需要，但尚未确定。食物的营养价值主要与食物内能供给人体的营养素有关，膳食中的营养素是否足够，比例是否合理，与人体健康及防治疾病密切相关。

（二）产能营养素

一切生物都需要能量（energy）来维持生命活动。人体为维持生命活动，必须每天从各种食物中获得能量。机体需要消耗能量来维持体内器官中每一个细胞的正常生理活动和维持正常体温。人体的所有组织都同时需要能量和化学材料才能赖以生存，如人体血液中的血红蛋白，不仅需要氨基酸和铁作为物质基础，而且必须供给能量时才能合成。人体摄取的所有营养素中，只有碳水化合物、脂肪和蛋白质在体内能产生能量，营养学上将这 3 种营养素称为"产能营养素"或"热源质"。

1. 碳水化合物

碳水化合物是绿色植物通过光合作用合成的一类多羟基醛或多羟基酮的有机化合物，含有碳、氢、氧 3 种元素，因分子式中氢和氧的比例与水相同，因此称为碳水化合物。碳水化合物是自然界存在的最丰富的有机物，也是人类最经济、最主要和最安全的能量来源，由碳水化合物提供的能量占总能量的 $40\% \sim 80\%$。碳水化合物的种类繁多,按照聚合度(DP)将其分为单糖、双糖、寡糖和多糖 4 类。单糖由 1 个糖分子组成,易溶于水,有甜味,是最简单的糖类,包括葡萄糖、果糖和半乳糖。双糖包括蔗糖、乳糖、麦芽糖和海藻糖。寡糖又称低聚糖,是由 3～9 个单糖分子通过糖苷键构成的聚合物,如麦芽糊精、棉子糖、水苏四糖。多糖为 ≥10 个单糖分子通过糖苷键构成的聚合物,由于分子质量很大而不溶于水,且无甜味。营养学上具有重要作用的多糖包括淀粉和膳食纤维。

(1)可消化利用的碳水化合物 可消化利用的碳水化合物是指能被机体分解吸收、提供能量的糖类,在食物中含量较高,也是人体一般膳食摄取量最高的一类碳水化合物,是人体能量的主要来源。葡萄糖、蔗糖和乳糖这 3 种糖极易溶于水,摄入后很易进入血液,常被作为快速能量源使用。可消化利用碳水化合物的生理作用有:

①提供和贮存能量。碳水化合物在体内消化后,主要以葡萄糖的形式被吸收。人体所有组织细胞都含有直接利用葡萄糖产能的酶类,葡萄糖最终的代谢产物为二氧化碳和水,每克葡萄糖可产能 16.8 kJ。葡萄糖是一切系统特别是神经系统最主要的能量来源。肌肉和肝脏中的糖原是碳水化合物贮能的形式。

②构成机体的重要物质。糖是构成机体细胞、组织的重要物质,还是影响血糖的主要因素。糖和脂肪形成的糖脂是细胞膜和神经组织的重要成分,糖与蛋白质结合形成的糖原蛋白是抗体、酶、激素和核酸的组成部分,具有重要的生理功能。

③参与其他营养素的代谢。糖类与机体的某些营养素,尤其是蛋白质和脂肪的正常代谢关系密切。摄入充足的糖类,可以节省体内蛋白质或其他代谢物的消耗,使氮在体内的贮备增加,可以起到节约保护蛋白质的作用。脂肪在体内的正常代谢也需碳水化合物的参与。

④解毒作用。肝糖原充足可增强肝脏对某些有害物质如细菌毒素的解毒作用,糖原不足时机体对酒精、砷等有害物质的解毒作用减弱,葡萄糖醛酸直接参与肝脏解毒。

膳食中可消化利用的碳水化合物是淀粉类多糖,它们大量存在于植物性食品中。重要的食物来源有小麦、稻米、杂粮等禾谷类,马铃薯、甘薯、木薯等薯类;豆类。水果中的坚果类(栗子等)等食物含淀粉较高。一般蔬菜、水果含一定量的双糖、单糖,也含有纤维素和果胶类。乳中只有 3.5% 的乳糖。

(2)膳食纤维 膳食纤维(dietary fiber)是指不能被人类胃肠道中的消化酶消化吸收,但能被大肠内的某些微生物部分降解和利用的一类非淀粉多糖。膳食纤维分为水溶性和水不溶性两大类。水溶性膳食纤维包括某些植物细胞的贮存和分泌物及微生物多糖,主要成分是胶类物质,如黄原胶、阿拉伯胶、瓜尔胶、卡拉胶和愈疮胶等;水不溶性膳食纤维的主要成分是纤维素、半纤维素、果胶及少量树胶,是膳食纤维的主要成分。近年来出现的一些非细胞壁的化合物如抗性淀粉、抗性低聚糖以及来源于动物的抗消化物甲壳素(氨基多糖)也包含在膳食纤维组成成分中。膳食纤维的生理作用有：

①降低血清胆固醇的作用。血清胆固醇水平高是心血管疾病的诱发因子,大多数可溶性膳食纤维可显著降低人体血清胆固醇水平。这类纤维包括果胶、欧车前、魔芋葡甘聚糖以及各种树胶。富含水溶性纤维的食物有燕麦麸、大麦、荚豆类和蔬菜等,这些食物的膳食纤维摄入后,一般都可降低血清总胆固醇(5%~10%)的水平。

②降低血糖水平。许多研究表明,摄入某些水溶性纤维可降低餐后血糖升高的幅度并提高胰岛素的敏感性。

③改善大肠功能。食物中的某些刺激物或有毒物质长时间停留在结肠部位,对结肠有毒害作用,甚至毒物被肠壁细胞吸收,刺激结肠细胞发生变异,诱发结肠癌。膳食中的纤维进入人体后可以刺激肠道的蠕动,加速粪便排出体外,还能吸收大量水分,增加粪便体积,相对降低了有毒物的浓度,从而有利于防治结肠癌。

④其他生理功能。膳食纤维还能增加胃部饱腹感,减少食物摄入量,具有预防肥胖症的作用;膳食纤维可减少胆汁酸的再吸收,改变食物消化速度和消化道激素的分泌量,可预防胆结石。但许多研究表明,过多摄入膳食纤维对人体健康有一定的副作用。

膳食纤维主要来源于谷、薯、豆类及蔬菜、水果等植物性食品,植物的成熟度越高,其纤维含量也就越多。谷类加工越精细则所含的纤维越少。膳食纤维多存在于植物的种皮和外表皮,农产品的加工下脚料如小麦麸皮、豆渣、果渣、甘蔗渣、荞麦皮都含有丰富的膳食纤维,而有开发利用价值。

(3)功能性低聚糖　低聚糖或称寡糖,是由3~9个单糖通过糖苷键连接形成直链或支链的低度聚合糖,分功能性低聚糖和普通低聚糖两大类。研究认为功能性低聚糖包括水苏糖、棉子糖、异麦芽酮糖、乳酮糖、低聚果糖、低聚木糖、低聚半乳糖、低聚异麦芽糖、低聚异麦芽酮糖、低聚龙胆糖、大豆低聚糖、低聚壳聚糖等。人体胃肠道没有水解它们(除异麦芽酮糖外)的酶系,因而它们不被消化吸收而直接进入大肠。功能性低聚糖的生理作用有：

①改善肠道功能、预防疾病。摄取低聚糖可使双歧杆菌增殖,从而抑制有害细菌;双歧杆菌发酵低聚糖产生的短链脂肪酸(醋酸、丙酸、丁酸、乳酸等)刺激肠道蠕动,可保持粪便湿润并维持一定的渗透压从而防止便秘发生;可使人体肠道内菌群平衡改变,导致血清胆固醇水平降低,有利于防治心脑血管疾病;可减少有毒代谢产物的形成,从而有保护肝脏的功能;功能性低聚糖不能被口腔微生物利用,不能

被口腔酶液分解,因而能防止龋齿的发生。

②生成并改善营养素的吸收。双歧杆菌在肠道内能合成少量的 B 族维生素,如维生素 B_1、维生素 B_2、维生素 B_6、维生素 B_{12}、烟酸和叶酸。双歧杆菌能发酵乳品中的乳糖使其转化为乳酸,解决了人们乳酸耐受性的问题,同时增加了水溶性可吸收钙的含量,使乳品更易消化吸收。

③能值低,不引起血糖升高。功能性低聚糖很难或不被人体消化吸收,所供的能量值很低或根本没有,能满足喜爱甜品的糖尿病、肥胖病、低血糖病及控制体重者的需要。

④增强机体免疫力,防止癌变发生。双歧杆菌在肠道内大量繁殖,其细胞、细胞壁成分和细胞外分泌物使机体的免疫力提高,起到抗癌作用。低聚糖能明显提高抗体的细胞数和活性。

在某些蔬菜、水果中含有天然的低聚糖,如洋葱、大蒜、葡萄、洋姜、芦笋、香蕉等含低聚果糖,大豆及一些豆类含水苏糖,甜菜中含棉子糖,多食这类食物对各类人群都是有益的。低聚糖可以从天然物中提取,也可用微生物酶转化或水解法制造,作为功能性基料,如饮料、糖果、糕点、乳制品、冰激凌及调味料等。用功能性低聚糖开发的食品已达 500 多种,人体可从这些食品中额外补充低聚糖。

2. 脂类

脂类(lipid)是脂肪和类脂的统称,它们能溶于有机溶剂而不溶于水。脂类在人类膳食中不可缺少。脂肪是甘油和各种脂肪酸所形成的甘油三酯,是膳食中产生能量最高的一种营养素,脂肪酸分为饱和脂肪酸和不饱和脂肪酸。类脂则是一类在某些理化性质上与脂肪类似的物质,包括磷脂、胆固醇、脂蛋白等,它们是构成细胞膜的重要成分,也是合成人体类固醇激素的原料。合理的脂类营养,对于预防疾病、保护健康有积极意义。

(1)脂肪及其生理功能　脂肪产能较高,饮食中摄入过多,容易造成热能过剩而引起肥胖,从而引发高血脂、动脉硬化、高血压、糖尿病等代谢疾病,同时还会造成肠癌和乳腺癌发病率增高。此外,摄入的脂肪酸种类,胆固醇、磷脂的量也与人体健康密切相关。脂肪的生理功能有:

①供给和贮存能量。这是脂肪的主要功能。由于脂类本身特殊的化学构成,每克脂肪在体内氧化燃烧可产生 37.7 kJ 的能量,所释放出的热量高于蛋白质和碳水化合物。当机体摄入过量碳水化合物、脂肪和蛋白质时最终都转换为脂肪贮存于体内。体内贮存的脂肪是人体的"能源库",特别是皮下的白色脂肪组织,当机体需要能量时,可参加脂肪氧化和为机体提供能量。此外,皮下脂肪还可滋润皮肤,防止热量外散,在寒冷环境中有利于保持体温。成年人脂肪占体重的 10%～

20％,肥胖者可达 30％～60％。

②脂肪与脂溶性维生素共同存在,并可促进脂溶性维生素消化吸收。在许多动植物油脂中含有脂溶性维生素,如麦胚油、玉米油中含有较多的维生素 E,蛋黄油中含有较多的维生素 A 和维生素 D 等。此外,脂类在消化道内可刺激胆汁分泌,从而促进脂溶性维生素的消化吸收。因此,每日膳食中适宜的脂肪摄入,可避免脂溶性维生素的吸收障碍。

③脂肪在食物中具有特殊属性。脂肪能赋予食物特殊的风味,改善食物的色、香、味等感官质量,并可激发人的食欲;含油脂较多的食物在进入十二指肠后,可刺激机体产生肠抑胃素,使肠道蠕动速度延缓,从而延迟胃排空时间,给人以饱腹感。

(2)必需脂肪酸及其生理功能　脂肪因其所含的脂肪酸碳链的长度、饱和程度和空间结构不同,而呈现不同的特性和功能。其中,必需脂肪酸(essential fatty acids,EFA)指机体不能合成,但又是人体生命活动所必需的不饱和脂肪酸,必须通过食物供给,包括亚油酸和 α-亚麻酸。其生理功能有:

①必需脂肪酸是组成磷脂的重要成分。磷脂是线粒体和细胞膜的重要结构成分,必需脂肪酸参与磷脂合成,并以磷脂形式出现在线粒体和细胞膜中。必需脂肪酸缺乏时,磷脂合成受阻,会诱发脂肪肝,造成肝细胞脂肪浸润。

②必需脂肪酸对胆固醇代谢十分重要。体内的胆固醇(约有 70％)与脂肪酸结合成酯,方可被转运和代谢,如亚油酸和胆固醇结合可将胆固醇从人体各组织运往肝脏而被代谢分解,从而具有降血脂作用。但如果缺乏必需脂肪酸,胆固醇将与一些饱和脂肪酸结合,易造成胆固醇在血管内沉积,引发心血管疾病。

③必需脂肪酸是合成前列腺素、血栓烷、白三烯的原料。前列腺素由亚油酸合成,对血液凝固的调节、血管的扩张与收缩、神经刺激的传导、生殖和分娩的正常进行及水代谢平衡均有重要作用。此外,母乳中的前列腺素可防止婴儿消化道损伤。血栓烷、白三烯则参与血小板凝集、平滑肌收缩、免疫反应等过程。

(3)EPA 和 DHA 及其生理功能　EPA(二十碳五烯酸)和 DHA(二十二碳六烯酸)俗称脑黄金,都属于多不饱和脂肪酸。DHA 是膜磷脂的重要组成部分,具有健脑益智的作用。EPA、DHA 可以防止脑血栓的形成,预防心肌梗死,保护血管不破裂,还可以抑制肝脏极低密度脂蛋白和载脂蛋白 B 的合成,显著降低血清甘油三酯和总胆固醇,调节血压,因此,EPA、DHA 具有预防心血管疾病的作用。鱼油中的 EPA 和 DHA 还具有抗炎症的作用。另外,EPA、DHA 通过影响细胞功能参与机体的免疫调节。

(4)磷脂及其生理功能　磷脂是含有磷酸的复合脂,其生理功能有:

①磷脂是细胞膜的重要组成成分,可以帮助脂类物质顺利通过细胞膜,促进细

胞内外的物质交换。另外,磷脂有保护和修复细胞膜的作用,可抵抗自由基的伤害,因而有抗衰老作用。

②磷脂是一种优良的乳化剂,有利于脂类物质的吸收、转运和代谢。与胆固醇作用可清除在血管壁的沉积,防止动脉硬化及心血管病的发生。

③磷脂中最重要的是卵磷脂(lecithin)。卵磷脂被消化吸收后释放胆碱,与乙酰结合形成乙酰胆碱,可加快大脑细胞之间的信息传递,增强学习记忆力及思维功能。

(5)胆固醇及其生理功能。胆固醇(cholesterol)是细胞膜的重要成分之一,能增强细胞膜的坚韧性;同时也是人体内许多重要活性物质的合成材料,如维生素D、肾上腺素、性激素和胆汁等。胆固醇的代谢产物胆酸能乳化脂类,帮助膳食中脂类物质的吸收。胆固醇广泛存在于动物性食品中,人体也能自身合成,一般不易缺乏。体内胆固醇水平与高血脂症、动脉粥样硬化、心脏病等有关。体内胆固醇水平的升高主要是内源性的,因此,在限制摄入胆固醇的同时,更要注意能量摄入平衡,可预防内源胆固醇水平的升高。

(6)脂类的食物来源。人体所需要的脂类主要来源于各种植物油和动物脂肪。植物中以大豆、花生等作物的种子含油量高,且含有丰富的必需脂肪酸。大豆、麦胚和花生等食物含磷脂较多。乳及蛋黄含有较多的磷脂和胆固醇,且易于吸收,是婴幼儿脂类的良好来源。核桃、瓜子和榛子等坚果类油脂含量也很丰富。畜肉贮存脂中含大量脂肪,脑、心、肝中则含丰富的磷脂及胆固醇。

3. 蛋白质

蛋白质(protein)是由 20 多种氨基酸通过肽键连接起来的具有生命活动的生物大分子,其种类很多,性质各异,是一切生命的物质基础,没有蛋白质就没有生命。正常人体重的 16%～19% 是蛋白质,人体内的蛋白质始终处于不断合成和不断分解的动态平衡之中。

(1)蛋白质的生理功能有:

①构成人体组织的成分。蛋白质是人体任何组织和器官的重要组成成分,人体的瘦组织,如肌肉、心、肝、肾等器官都含有大量蛋白质;骨骼和牙齿也含有大量的胶原蛋白;指、趾甲中含有角蛋白;细胞中从细胞膜到细胞内的各种结构都含有蛋白质。蛋白质是人体不可缺少的构成成分。

②构成体内各种重要物质。调节体内生理活动并稳定环境的多种激素、催化体内一切物质分解和合成的酶类、可以抵御外来微生物及其他有害物质入侵的免疫分子、担负各类物质运输的载体、使体液渗透压和酸碱度稳定的阴阳离子等,其化学本质或重要组成成分都是蛋白质。

③供给能量。蛋白质含碳、氢、氧元素,当机体需要时即被分解释放出能量。

每克蛋白质在体内约产生 16.7 kJ 的能量。

（2）氨基酸 构成人体蛋白质的 22 种氨基酸分为必需氨基酸、半必需氨基酸和非必需氨基酸 3 类。必需氨基酸（essential amino acid）是指人体不能合成或合成速度不能满足机体需要，必须从食物中直接获得的氨基酸，包括赖氨酸、亮氨酸、异亮氨酸、蛋氨酸、色氨酸、苏氨酸、苯丙氨酸和缬氨酸。组氨酸为婴儿必需氨基酸，成人需要量很少。半胱氨酸和酪氨酸为半必需氨基酸（semi-essential amino acid），因为在人体内可通过蛋氨酸和苯丙氨酸转变而成。其他 11 种氨基酸（甘氨酸、丙氨酸、丝氨酸、胱氨酸、天冬氨酸、天冬酰胺、谷氨酸、谷氨酰胺、精氨酸、脯氨酸、羟脯氨酸）并非人体不需要，只是人体可以合成，不一定必须由食物供给，故称非必需氨基酸（non-essential amino acid）。

（3）蛋白质的食物来源 蛋白质广泛存在于各种动植物食物中，蛋白质含量丰富且质量良好的食物有大豆、畜、禽、鱼、肉和奶类等。干豆类蛋白质含量为 20%～24%，大豆高达 40%；鲜奶含量为 2.7%～3.8%，奶粉含量为 25%～27%；蛋类含量为 12%～14%；硬果类如花生、核桃、葵花子、莲子为 15%～25%；谷类为 6%～10%；薯类为 2%～3%。动物性蛋白质利用率高，植物性蛋白质利用率较低。在日常膳食中应当注意食物多样化，粗细杂粮搭配，防止偏食，使动物蛋白、豆类蛋白、谷类蛋白合理分布于各餐中。

（三）其他营养素

1. 维生素

维生素（vitamin）是一类人体不能合成但又是机体正常生理代谢所必需，且功能各异的微量低分子有机化合物。维生素天然存在于食物中，不供给能量，也不参与机体的组成，每日需要量很少，但具有预防各种慢性、退化性疾病的保健功能，缺乏时可引起相应的营养缺乏症。营养学上按照溶解性质将其分为脂溶性和水溶性两大类。

（1）脂溶性维生素 脂溶性维生素溶于脂肪，即有机溶剂，不溶于水。在肠道吸收，易储存在体内，不易排出体外。若摄取过多，易在体内蓄积产生毒性作用；若摄入过少，可缓慢出现缺乏症状。脂溶性维生素包括维生素 A、维生素 D、维生素 E 和维生素 K。

维生素 A 又称视黄醇或抗干眼病维生素，它可以使人维持正常视觉、维持上皮细胞结构的完整性、促进生长发育、维持正常免疫功能和预防癌症。缺乏维生素 A 可引起夜盲症、干眼病和皮肤干燥。过量摄入维生素 A 可引起毒性反应。含维生素 A 最丰富的食物是各种动物的肝脏，其次为蛋黄、黄油、乳粉及含脂肪较高的鱼类。鱼肝油中维生素 A 的含量很高,可作为婴幼儿的营养增补剂。另外,胡萝卜、甘薯及水果中的芒果、杏、柿子和柑橘维生素 A 含量也较丰富。

维生素 D 又称钙化醇或抗佝偻病维生素,它能促进小肠对钙和磷的吸收,此外还具有免疫调节功能。缺乏维生素 D 易患佝偻病和骨软化症,过量摄入也会引起中毒。含脂肪丰富的海鱼(鲱鱼、沙丁鱼、金枪鱼等)、蛋黄、肝、奶油等动物性食品是维生素 D 的良好来源。瘦肉和牛奶中仅含少量维生素 D。鱼肝油制剂是维生素 D 最丰富的来源。

维生素 E 又名生育酚,具有抗氧化、提高运动能力、抗衰老和调节体内某些物质合成的作用。长期缺乏维生素 E 可引起溶血性贫血。维生素 E 广泛存在于动、植物食品中,尤其以麦胚油、向日葵油、棉籽油等植物油中含量最高,其他如花生、芝麻、大豆等植物食品中也含有丰富的维生素 E,牛奶、蛋黄等动物食品及所有的绿叶蔬菜中都含有一定量的维生素 E。

(2)水溶性维生素 水溶性维生素指可溶于水的维生素,在体内仅有少量储存,满足组织外的多余部分随尿排出。水溶性维生素一般无毒性,但过量摄入时也可能出现毒性。如摄入过少,可较快地出现缺乏症状。水溶性维生素排泄率高,一般不在体内蓄积,包括 B 族维生素(维生素 B_1、维生素 B_2、维生素 B_6、叶酸、维生素 B_{12}、烟酸、泛酸、生物素、胆碱)和维生素 C。

维生素 B_1 又称硫胺素,具有辅酶功能,另外在维持神经、心肌、正常食欲等方面也有明显的作用。缺乏维生素 B_1 时易患脚气病、韦尼克脑病和科尔萨科夫精神病。大量摄入维生素 B_1 可使胃感到不适。维生素 B_1 存在于大多数天然食品中,含量较丰富的有动物内脏(肝、心及肾)、肉、豆类、花生和未加工的禾谷类。水果、蔬菜、蛋、奶等也含有维生素 B_1,但含量较低。

维生素 B_2 又名核黄素(riboflavin),是体内多种氧化酶系统的辅酶。另外,维生素 B_2 具有抗氧化活性、促进生长发育和保护皮肤作用。人类缺乏维生素 B_2 主要表现在唇、舌、口腔黏膜和会阴皮肤处的炎症反应,还会使视力下降、视物模糊、引起眼睑炎,易患贫血。维生素 B_2 广泛存在于动、植物食物中,动物性食品含量较植物性食物高,肝、肾、心脏、乳、蛋类、鳝鱼含量尤为丰富,大豆、蘑菇和各种绿叶蔬菜也是维生素 B_2 的重要来源。

维生素 B_6 又称吡哆素(pyridoxine),它参与蛋白质、碳水化合物和脂肪的代谢,对人的免疫系统也有影响。缺乏维生素 B_6 会引起蛋白质及氨基酸代谢异常,表现为贫血、抗体减少、皮肤损害(特别是鼻尖),幼儿还会出现惊厥和生长不良等。维生素 B_6 多存在于白色肉类中(如鸡肉和鱼肉),其次为肝脏、豆类、蛋类,水果和蔬菜中含量也较多,含量最少的是柠檬类水果、奶类。

叶酸(folic acid)也叫维生素 B_9。叶酸在机体内作为一碳单位转移系的辅酶，发挥一碳单位传递体的作用。叶酸辅酶参与嘌呤核苷酸和胸腺嘧啶核苷酸的生物合成，进一步合成 DNA、RNA。因此，叶酸参与氨基酸、蛋白质代谢和丝氨酸-甘氨酸转换等，影响 DNA 和 RNA 的合成，还通过蛋氨酸代谢影响磷脂、肌酸、神经介质以及血红蛋白的合成。缺乏维生素 B_9 可引起血红蛋白的减少，形成巨幼红细胞贫血，会表现出头晕、乏力、精神萎靡、面色苍白，并可出现舌炎、食欲下降以及腹泻等消化系统症状。孕妇缺乏叶酸易出现胎儿宫内发育迟缓、早产及新生儿出生体重低，怀孕早期缺乏可引起神经管未能闭合而导致以脊柱裂和无脑畸形为主的神经管畸形。叶酸对癌症的预防作用可能与 DNA 甲基化、DNA 修复有关。叶酸广泛存在于动植物性食物中，良好来源为肝脏、肾脏、鸡蛋、豆类和绿色蔬菜。

维生素 B_{12} 又称钴胺素或抗恶性贫血维生素，对维持造血系统和生殖系统的正常功能状态都有影响。维生素 B_{12} 广泛存在于动物内脏和肉类食品中，植物性食品中含量极少。

烟酸(niacin)又称尼克酸(nicotinic acid)或维生素 B_3、维生素 PP，是辅酶 Ⅰ 和辅酶 Ⅱ 的组成成分，参与细胞内生物氧化还原过程，还可以维护皮肤、消化系统和神经系统的正常功能以及降低血清胆固醇。缺乏烟酸可导致癞皮病，过量摄入烟酸也有副作用，会出现皮肤发红、高尿酸血症、肝和眼异常，以及偶然出现高血糖。烟酸广泛存在于植物和动物性食物中，如酵母、肉类(包括肝)、全谷及豆类等，奶类及其制品、各种绿叶蔬菜、鱼、咖啡和茶中均含有烟酸。

维生素 C 又名抗坏血酸(ascorbic acid)，它能维持细胞正常的能量代谢，促进胶原组织的合成，参与机体的造血功能，维持心肌功能，另外还具有抗氧化作用和解毒作用。膳食中维生素 C 长期缺乏会导致坏血病。维生素 C 在新鲜的蔬菜和水果，如辣椒、菠菜、苦瓜、柑橘、猕猴桃、山楂和红枣中含量较高，野生的蔬菜及水果，如苋菜、苜蓿、沙棘和酸枣中含量尤其丰富。

2. 矿物质和水

人体组织中几乎含有自然界存在的各种元素，而且与地球表层元素的组成基本一致。人体重量的 96% 是碳、氢、氧、氮等构成的有机物和水分，其余 4% 则由多种不同的无机元素组成，其中有 20 多种是人体必需或可能必需的，营养学中称这类营养为矿物质(minerals)，也称矿物盐或无机盐。这些矿物质分为两类，在体内含量较多，每日需要量在 100 mg 以上的称为常量矿物质(macro minerals)或常量元素，包括钙、磷、钠、钾、氯、硫和镁 7 种元素；在体内含量较少，每日需要量在 100 mg 以下，甚至以微克计的称为微量元素(trace elements)，共 13 种，其中铁、锌、硒、铜、碘、钼、钴及铬 8 种元素对人体生命活动必不可少，锰、硅、硼、钒和镍 5

种元素是人体可能必需的。现在认为铅、氟、镉、汞、砷、铝及锡 7 种元素,也属于微量元素,这些元素具有潜在的毒性,但在低剂量可能具有功能作用。

(1)常量元素

①钙。钙(Calcium)是人体中含量最丰富的矿物元素,占人体总量的 1.5%～2%。钙是构成机体骨骼和牙齿的主要成分,骨外钙对维持机体的生命过程具有重要作用。表 1-1 为一些食物中的含钙量。人体钙缺乏表现为生长发育迟缓,骨和牙质差,严重时骨骼畸形即佝偻病。钙主要在小肠上段被吸收,生长期的儿童、少年、孕妇或乳母对钙的需求量大,同时对钙的吸收率也较高。维生素 D 的适当供给有利于小肠黏膜对钙的吸收。一些植物性食物中植酸和草酸含量高,易与钙形成难溶性盐而不利于钙吸收,苋菜和圆叶菠菜等草酸含量很高,烹制时应先焯后炒。表 1-2 为某些蔬菜中钙和草酸的含量。膳食纤维食用过多、饮酒过量及食物中脂肪过高都会减少钙的吸收,活动很少或长期卧床的老人、病人,钙吸收率也会降低。奶及奶类制品中的钙不仅含量丰富而且吸收率高,是理想的供钙食品。水产品如海带、豆制品、芝麻和许多蔬菜含钙也很丰富,谷类及畜肉含钙较低。

表 1-1　一些食物中的含钙量   mg/100 g

食品名称	含钙量	食品名称	含钙量
人奶	34	大豆	367
牛奶	120	豆腐	240～277
奶酪	590	蛋黄	134
虾皮	2 000	猪肉(瘦)	11
海带(干)	1 177	牛肉(瘦)	6
发菜	767	羊肉	13
标准粉	13	标准米	10

表 1-2　某些蔬菜中的钙和草酸含量   mg/100 g

食品名称	钙含量	草酸含量	理论上可利用的钙量
小白菜	150	133	100
芹菜	181	231	79
球茎甘蓝	85	99	41
大白菜	67	60	38
厚皮菜	64	471	−145
圆叶菠菜	102	606	−167

资料来源:王光慈. 食品营养学. 北京:中国农业出版社,2002

②磷。磷(phosphorus)占人体重量的 1% 左右,磷与钙形成难溶性盐而使骨骼和牙齿结构坚固。磷也是软组织结构的重要成分。磷还参与体内能量代谢,维持体液的渗透压和酸碱平衡,是许多酶系统的组成成分和激活剂。蛋类、瘦肉、鱼类、干酪及动物肝、肾的磷含量高且易吸收;植物性食品如海带、芝麻酱、花生、坚果及禾谷类的磷含量也较高。

③钠。钠(sodium)可调节人体内水分,维持体液的渗透压和酸碱平衡,增强神经肌肉的兴奋性等。过多摄入钠会引起高血压。

④钾。钾(potassium)有很多生理功能,它可以维持碳水化合物、蛋白质的正常代谢,维持细胞内正常的渗透压,维持神经肌肉的应激性和正常功能,维持心肌的正常功能,降低血压。缺钾表现为肌无力及瘫痪、心律失常、横纹肌肉裂解症及肾功能障碍等。水果、蔬菜、面包、油脂、葡萄酒、马铃薯和糖浆中含钾量较丰富。

⑤镁。镁(magnesium)几乎涉及生命活动的各个环节,如参与构成骨骼和牙齿,作为许多酶的激活剂,参与体内核酸、碳水化合物、脂类和蛋白质等的代谢。镁和能量代谢也密切相关。镁还是心血管系统的保护因子,有利尿和导泻作用等。花生、芝麻、大豆、全谷、绿叶蔬菜中含镁丰富。加工过细的食品大部分镁被损失。

(2)微量元素

①铁。铁(iron)是人体必需微量元素中含量最高的一种,在体内主要作为血红蛋白、肌红蛋白的组成成分参与 O_2 和 CO_2 的运输。铁还是细胞色素系统、过氧化氢酶和过氧化物酶的组成成分,在呼吸和生物氧化过程中起重要作用。缺铁会引起缺铁性贫血,它是一种世界性的营养缺乏症。膳食中影响铁吸收的因素很多,维生素 C、胱氨酸、赖氨酸、葡萄糖及柠檬酸等的存在,对植物性铁的吸收有利;植物性食品中存在有草酸、磷酸、膳食纤维及饮茶、饮咖啡等均可对铁的吸收起抑制作用。人体生理状况及体内铁的贮备多少显著地影响铁的吸收,如在生长、月经和妊娠期间对铁的吸收会比平时增多,体内贮铁丰富,吸收减少,体内贮铁较少时吸收增加。动物内脏、血、精肉等含铁丰富且吸收率高,海带、芝麻、豆类、红糖、干果、油菜、苋菜、芹菜和韭菜等含铁量也较高。

②锌。锌(zinc)是人体必需的一种重要微量元素,被称为"生命的火花",又称抗衰老元素。锌是许多酶的组成成分或酶的激活剂,在机体的生长发育、组织再生、促进食欲、促进维生素 A 的正常代谢、促进性器官的正常发育、保护皮肤健康和增强免疫功能等方面有重要作用。缺锌会引起食欲不振,使伤口愈合慢,机体免疫力降低等。锌的吸收受膳食中含磷化合物如植酸的影响而降低其吸收率,发酵谷物制品因植酸有一部分被水解,锌的吸收率高于未发酵制品,过量纤维素及某些

微量元素也影响其吸收。一般动植物食品中均含有锌。表1-3为锌缺乏时的一些临床表现。

表 1-3　锌缺乏的临床表现

体征	临床表现
味觉障碍	偏食、厌食或异食
生长发育不良	矮小、瘦弱、脱发
胃肠道疾患	腹泻
皮肤疾患	皮肤干燥、炎症、疱疹、皮疹、伤口愈合不良、反复性口腔溃疡
眼科疾患	白内障和夜盲
免疫力减退	反复感染、感冒次数多
性发育或功能障碍	男性不育
认知行为改变	认知能力不良、精神萎靡、精神发育迟缓、行为障碍
妊娠反应严重	嗜酸、呕吐加重
胎儿宫内发育迟缓	生产小婴儿、低体重儿
分娩并发症增多	产程延长、伤口感染、流产、早产
胎儿畸形率增高	脑部、中枢神经系统畸形

资料来源:孙远明,余群力.食品营养学.北京:中国农业大学出版社,2002

③硒。硒(selenium)是人体必需微量元素,是谷胱甘肽过氧化物酶的重要组成成分。硒能促进动物生长,保护心血管和心肌健康,降低心血管的发病率,还能减轻体内重金属如铅、汞、镉的毒害作用,提高机体的免疫能力等。缺硒会发生克山病(心肌坏死为特征的心脏病)和大骨节病。硒摄入过量可致中毒,主要表现为头发变干、变脆、易断裂和脱落;肢端麻木、抽搐甚至偏瘫,严重时可死亡。

④铜。铜(copper)也是人体必需微量元素之一,在人体中的含量比铁少。铜主要以酶的形式起作用,通过影响铁的代谢维持正常的造血功能,还能维护中枢神经系统的健康,促进正常黑色素形成及维护毛发正常结构,也可以促进结缔组织的形成。铜普遍存在于各种天然食物中,一般不易缺乏。婴儿铜缺乏出现的症状是贫血、生长停滞、食欲降低、腹泻以及 Menkes 卷发综合征(进行性智力低下,毛发角化障碍、卷曲,体温过低和大脑血管扭曲)。摄入铜太多会引起中毒反应,主要表现为 Wilson 氏征。

⑤碘。碘(iodine)是甲状腺素的组成成分。碘能调节组织中的水盐代谢,促进多种维生素的吸收和利用等。地方性甲状腺肿(地甲肿)与地方性克汀病(地克病)为典型的缺碘疾病。碘摄入过量表现为心率加速、气短、急躁不安、失眠、多汗及食欲亢进等。海带、紫菜、发菜和淡菜含碘最为丰富。一般每日推荐摄入量:14 岁以

上青少年、成人 150 μg,孕妇、乳母 200 μg 可满足机体需要。

(3)水。水(water)是所有营养素中最重要的一种,是维持人体正常生理活动的重要物质。若断水 3 d 或失去体内水分的 1/5 将导致死亡。水占体重的百分比因年龄增大而减少。水在体内的作用很多,如作为细胞的重要组成成分、参与体内各种生化反应、参与一系列的生理活动、体内的重要溶剂、调节体温、血液的主要成分、具有润滑功能等。一个平均体重的人每天需要 1 800~2 500 g 水,其中约一半以尿的方式排出,另一半以出汗或呼气的形式排出。人体摄取的水分约一半来自饮用水,另一半则从食物中获取。

二、我国居民膳食指南

人类的膳食来源为植物性食物与动物性食物两大类,前者包括粮食(小麦和水稻为主)、植物油、食糖、蔬菜、水果、鲜瓜和酒类,后者包括肉类、蛋类、牛羊奶、水产品和动物油等。

我国居民的食物种类多样,各种食物所含的营养成分也不尽相同。除母乳外,任何一种天然食物都不能提供人体所需的全部营养素。人类每天的膳食要搭配多样的食物,才能满足人体对多种营养素的需要。中国营养学会根据我国居民膳食存在的具体问题,于 2019 年修订了"中国居民膳食指南",该指南由一般人群膳食指南、特定人群膳食指南和平衡膳食宝塔 3 部分组成。一般人群膳食指南共有 10条,适合于 6 岁以上的正常人群。这 10 条分别是:

(一)食物多样,谷类为主,粗细搭配

谷类食物是中国传统膳食的主体,是人体能量的主要来源。谷类包括米、面、杂粮,主要提供碳水化合物、蛋白质、膳食纤维、B 族维生素及矿物质。人们应保持每天适量的谷类食物摄入,一般成年人每天摄入 250~400 g 为宜。

另外,要注意粗细搭配,经常吃一些粗粮、杂粮和全谷类食物。稻米、小麦不可碾磨得太精,以免所含的维生素、矿物质和膳食纤维流失。

(二)多吃蔬菜、水果和薯类

新鲜蔬菜水果是人类平衡膳食的重要组成部分。蔬菜和水果能量低,是人体维生素、矿物质、膳食纤维和植物化学物质的重要来源。薯类含有丰富的淀粉、膳食纤维以及多种维生素和矿物质。富含蔬菜、水果和薯类的膳食对保持身体健康,保持肠道正常功能,提高免疫力,降低患肥胖、糖尿病、高血压等慢性疾病的风险具有重要作用。推荐我国成年人每天吃蔬菜 300~500 g,水果 200~400 g,并注意增加薯类的摄入。

(三)每天吃奶类、大豆或其制品

奶类除含丰富的优质蛋白质和维生素外,含钙量较高,且利用率也很高,是膳食钙质的极好来源。大豆含丰富的优质蛋白质、必需脂肪酸、多种维生素和膳食纤维,且含有磷脂、低聚糖,以及异黄酮、植物固醇等多种植物化学物质。成年人应适当多吃大豆及其制品,建议每人每天摄入 30~50 g 大豆或相当量的豆制品。

(四)常吃适量的鱼、禽、蛋和瘦肉

鱼、禽、蛋、瘦肉等动物性食物是优质蛋白质、脂类、脂溶性维生素、B 族维生素和矿物质的良好来源。鱼类和禽类都含有较多的多不饱和脂肪酸,脂肪含量一般较低。蛋类富含优质蛋白质,且营养成分比较齐全,是经济的优质蛋白质来源。瘦畜肉铁含量高且利用率好。

(五)减少烹调油用量,吃清淡少盐膳食

脂肪是人体能量的重要来源之一,并可提供必需脂肪酸,有利于脂溶性维生素的吸收,但是脂肪摄入过多可引起肥胖、高血脂、动脉粥样硬化等多种慢性疾病。膳食盐的摄入量过高与高血压的患病率密切相关。食用油和食盐摄入过多是我国城乡居民共同存在的营养问题。因此,建议我国居民养成吃清淡少盐膳食的习惯,也不要摄入过多的动物性食物和油炸、烟熏、腌制食物。烹调油每人每天不超过30 g。

(六)食不过量,天天运动,保持健康体重

进食量和运动是保持健康体重的两个主要因素,食物给人体提供能量,运动消耗能量。如果进食量多而运动量少,多余的能量就会在体内以脂肪的形式积存下来,增加体重,造成超重或肥胖;相反,若食量不足,可引起体重过低或消瘦。食不过量意味着每顿饭少吃几口,不要吃到十成饱。养成天天运动的习惯,每天坚持多做一些消耗能量的活动。

(七)三餐分配要合理,零食要适当

合理安排一日三餐的时间和进食量,进餐定时定量。早餐提供的能量应占全天总能量的 25%~30%,午餐应占 30%~40%,晚餐应占 30%~40%,可根据职业、劳动强度和生活习惯进行适当调整。一般情况下,早餐安排在 6:30—8:30,午餐在 11:30—13:30,晚餐在 18:00—20:00 为宜。要天天吃早餐并保证营养充足,午餐要吃好,晚餐要适量。不暴饮暴食。零食可在两餐之间合理食用,但来自零食的能量应计入全天能量摄入之中。

(八)每天足量饮水,合理选择饮料

水是膳食的重要组成部分。饮水最好选择白开水。合理选择饮料,乳饮料和纯果汁饮料含有一定量的营养素和有益膳食成分,部分运动饮料添加一定量的矿物质和维生素,适合热天户外活动和运动后饮用。

(九)饮酒应限量

酒会使食欲下降,导致营养素缺乏、酒精中毒和脂肪肝,甚至肝硬化。建议成年男性一天饮用酒的酒精量不超过 25 g,成年女性一天饮用酒的酒精量不超过 15 g。孕妇和儿童青少年应忌酒。

(十)吃新鲜卫生的食物

吃新鲜卫生的食物是防止食源性疾病、实现食品安全的根本措施。正确采购食物是保证食物新鲜卫生的第一关。有一些动物或植物性食物含有天然毒素,为了避免误食中毒,一方面要学会鉴别这些食物,另一方面应了解对不同食物去除毒素的具体方法。合理贮藏食物可使其保持新鲜,避免受到污染。冷藏温度 4～8℃,只适于短期贮藏;而冻藏温度 -23～-12℃,可保持食物新鲜,适于长期贮藏。高温加热能杀死食物中大部分微生物,延长保存时间。

烹调加工过程是保证食物卫生安全的一个重要环节。需要注意保持良好的个人卫生以及食物加工环境和用具的洁净,避免食物烹调时的交叉污染。

第三节　粮食安全

一、作物生产的发展概况

(一)世界作物生产概况

自 20 世纪中叶以来,世界人口迅猛发展(人口增长的历史与趋势见二维码 1-1),使农业面临巨大的压力和动力。农产品需求的压力,使各国政府不得不致力于发展农业生产。1961 年世界谷物(包括小麦、稻谷、玉米等)总产量为 8.77 亿 t,据联合国粮农组织(FAO)报告,2016 年增长为 25.71 亿 t,比 1961 年增加了 1.93 倍,年均增长 3.51%。产量的增加主要得益于单产的增加。单产的显著提高主要是由于农业科学技术的进步和农业生产条件的改善,如品种改良和育种技术的进步、

增施肥料和施肥技术进步、扩大灌溉与节水技术、作物病虫草防治和新技术的应用推广等。

在这些主要作物中,收获面积增幅最大的是大豆,其次是甘蔗和油料作物,烟叶、玉米和水稻也有明显增加,甜菜和小麦增加不多,而麻类作物、甘薯和马铃薯则明显减少,棉花也略有下降;总产量增幅最大的是大豆,其次是油料作物、玉米、甘蔗、小麦和水稻,然后是烟叶、皮棉、甜菜和甘薯,而麻类作物和马铃薯的总产有所下降;单产增幅最大的是小麦,其次是玉米、大豆、水稻、皮棉、麻类作物、甘薯和油料作物,最小的是甜菜、烟叶、马铃薯和甘蔗。

二维码 1-1　人口增长的历史与趋势

20 世纪末期,世界粮食单产有所增加,但是粮食播种面积和人均粮食产量均呈下降态势。目前,世界粮食总产继续增加,2018 年全球谷物产量为 29.19 亿 t,而世界谷物单产增长速度则出现下降趋势。

（二）我国作物生产概况

新中国成立后,我国的作物生产取得了举世瞩目的成绩,扭转了粮、棉、油等主要农产品供给长期短缺的局面,实现了供求基本平衡。1949 年,全国粮食、棉花和油料产量分别只有 1.13 亿 t、44.4 万 t 和 256 万 t,1960 年分别为 1.44 亿 t、106 万 t 和 194 万 t,1978 年则分别达到 3.05 亿 t、216.7 万 t 和 521.8 万 t。2000 年粮食产量为 4.63 亿 t,2007 年为 5.02 亿 t,自 2013 年突破 6 亿 t,达到 6.02 亿 t 以后,近年来我国粮食总产一直维持在 6 亿 t 以上并逐步提高（表 1-4）。我国作物生产发展如此迅速得益于农业科技的进步和作物生产条件的改善,如作物品种的改良、间套作多熟制种植技术的发展、作物栽培科学的发展、病虫草鼠害防治技术的发展和机械、灌溉等生产条件的改善。

表 1-4　中国近年粮食生产情况统计

项目	年份						
	2013	2014	2015	2016	2017	2018	2019
粮食总产/×10⁹ kg	630	640	661	660	662	658	664
粮食作物播种面积/×10⁸ hm²	1.16	1.17	1.19	1.19	1.18	1.17	1.16
粮食单位面积产量/×10³ kg/hm²	5.43	5.47	5.55	5.55	5.61	5.62	5.72

资料来源:2019 年中国统计年鉴

二、粮食需求

一个成年人每年消耗粮食 360 kg 可达温饱水平。国际公认每年人均粮食 400 kg 为粮食安全线,500 kg 则为粮食"过关线"。随着人们生活水平的提高,动物食品消耗量逐渐增加,而大多数动物食品均是由粮食转化而来,再加上粮食作为工业原料等因素,因此,给粮食供应造成越来越大的压力。

(一)世界粮食需求现状与预测

从目前全世界人均粮食的占有状况来看,南北美洲人均粮食 625 kg,欧洲人均 570 kg,大洋洲人均粮食超过 1 000 kg,亚洲人均粮食 330 kg,非洲人均粮食不到 200 kg。各洲之间差异较大是由粮食增长与人口增长的不平衡引起的。

尽管减少长期饥饿的工作在 20 世纪 80 年代和 90 年代前期取得了巨大进展,但是饥饿人数在过去 10 年中仍然在缓慢地增长,全球 2019 年的饥饿人口已达到 6.9 亿人。全世界营养不良人口大多生活在发展中国家,亚太地区约有 6.42 亿人,撒哈拉以南的非洲地区约有 2.65 亿人,拉美和加勒比地区有 5 300 万人,东南欧和非洲东北部地区有 4 200 万人,而发达国家总计有 1 500 万人。目前,全球因饥饿而死亡的人中非洲人占 3/4。饥饿人口近期的增多并非全球粮食歉收所致,而是因为世界范围的经济危机导致了收入降低、失业率激增,联合国相关机构认为,经济危机降低了穷人对粮食的购买力。

近年来,国际粮食供需发生深刻变化。由于国际冲突、极端天气、许多发展中国家粮食生产水平相对较低以及新冠疫情引发的经济衰退和粮食贸易供应链中断相互叠加等原因,世界粮食生产的不确定性大大增大,加剧了全球粮食供给体系的不稳定性和不确定性;受人口增加、生物燃料发展等因素影响,粮食需求将继续呈刚性增长;加上金融投机行为对粮食市场影响加大,粮价大幅度波动的可能性依然存在,世界粮食形势仍不容乐观。

如果不考虑农业资源减少和退化对粮食生产的不利影响,以及由饮食结构变化引起的粮食消耗膨胀,仅考虑人口增长对粮食的需求,那么到 2030 年全世界人口达 85 亿时,需要较 2020 年增加粮食约 3.2 亿 t(按人均粮食 400 kg 计算);当 2057 年人口预计突破 100 亿时,需要较 2020 年增加粮食约 9.2 亿 t。进入 21 世纪以来,世界粮食增长速度减缓,大多数专家都预测,今后单产的增长趋势将越来越缓慢,世界粮食安全面临新的挑战。因此,预计今后的粮食供求矛盾也将越来越尖锐。如果再考虑到环境污染、耕地减少和退化以及饮食结构变化等因素,那么全世界粮食需求的矛盾就变得更为尖锐,更为突出,粮食危机出现的可能性就越大。

(二)我国粮食需求现状与预测

目前,我国是世界上人口最大国,也是粮食生产与消费最大国。随着人口的持续增加、饮食结构的变化以及工业化、城市化及环境退化造成的农业资源减少,我国面临的粮食需求压力变得日益严峻。由于我国粮食供求关系将直接影响世界粮食市场,因此一些国内外学者甚至担心将来谁来养活中国人。

新中国成立后,我国人均粮食占有量发生了很大变化,大致可分为五个阶段。第一个阶段是 1949—1958 年快速增长阶段:1949 年仅为 209 kg,到 1956 年达到 307 kg,1958 年降为 299.5 kg,但依然稳定在 300 kg 左右。第二个阶段是 1959—1977 年滑坡恢复阶段:由于受"大跃进"和自然灾害的影响,1959 年开始直线下降,人均粮食占有量降到 253 kg,1960 年降为 217 kg,1961 年仅 207 kg,之后虽然逐步得到恢复和发展,但直到 1974 年才超过 300 kg,达到 303 kg,1975 年为 308 kg,1976 年为 305 kg,1977 年为 298 kg。第三个阶段是 1978—1995 年再次飞跃阶段:实行改革开放政策后,农业得到了全面发展,人均粮食也有了新的飞跃,从 1978 年的 317 kg 迅速增长到了 1983 年的 376 kg,1984 年达到 390 kg,1985 年为 350 kg,1994 年为 371kg,1995 年为 385 kg,基本稳定在 300 kg 以上。第四个阶段是 1996—2009 年维持徘徊阶段:1996 年我国人均粮食占有量首次突破 400 kg,达到 412 kg,1997 年为 400 kg,1998 年为 410 kg,1999 年为 404 kg,基本稳定在 400 kg 以上。2000 年至 2009 年人均粮食占有量徘徊在 333~398 kg 之间。第五个阶段是 2010 年至今逐步上升阶段:从 2010 年开始至 2019 年,我国人均粮食占有量分别达到 408、424、435、463、468、481、478、476、472、474 kg。

根据我国人口的增长趋势,即使不考虑人均消费量增长的影响,按照目前人均粮食占有量计算,那么到 2025 年人口为 14.90 亿人时,我国对粮食的需求量将是 7.06 亿 t,平均每年至少增加 70 亿 kg。但实际上,近年来我国粮食消费保持平稳增长。显然,我国必须继续采取切实可靠的有效措施,才有可能满足人民对粮食的需求。

三、粮食安全

(一)粮食安全的概念

1974 年 11 月联合国粮食及农业组织(FAO)第一次提出粮食安全的概念,当时的定义是:"保证任何人在任何时候都能得到为生存和健康所需要的足够的食品。"1983 年 4 月 FAO 根据世界粮食的新情况,将上述定义进行了修改:"粮食安全的最终目标应该是确保所有人在任何时候,既能买得到又能买得起他们所需要的基本食品"。1996年11月在第二次世界粮食首脑会议上,对粮食安全的内涵新表述为"只有当所有人在任何时候都能在物质上和经济上获得足够、安全和富有营养的粮食,来满足其积极和健康生活的膳食需求及食物爱好时,才实现了粮食安全。"

粮食安全是一个国际性概念,是动态的和发展变化的,其内涵和外延与不同时期的国际经济情况相联系。

(二)世界粮食安全

全世界仍有相当数量的人口处于"粮食不安全"的状态之中。据FAO统计数据,目前世界粮食不足(食物营养不足)人口数量还有7.94亿人。按照世界千年发展目标衡量,目前世界粮食不足人口比例为10.9%。《中国新闻网》2017年4月以"联合国报告:全球一亿多人粮食安全没有保障"为题报道,2017年3月由多个联合国机构在布鲁塞尔发布的报告称,全球各地面临严重粮食不安全的人口为1.08亿人,而且这一数字仍在持续增长之中。

由于人口增长、气候变化、世界工业化和城市化的快速推进、生物能源产业发展的威胁以及地区冲突和战争等诸多因素的影响,未来世界的粮食安全生产存在不确定性和形势的严峻性,粮食安全问题已成为全世界面临的紧迫问题。

(三)我国粮食安全

在我国传统农业时期,粮食安全问题始终是一把悬剑。从公元前108年(西汉中期)到1911年我国发生了1 828次饥荒,平均每0.9年发生1次,发生频率大大高于世界其他国家和地区。我国传统农业时期形成以世界9%的耕地养活世界20%人口的局面,因此粮食安全问题始终是我国最重要的社会经济问题。

中国近代以来,粮食供求关系处于临界平衡状态。虽然我国粮食生产连年丰收,国内已解决粮食生产和分配问题,国外也有足够的粮食生产和全球化市场,看似发生饥荒的可能性等于零,但是在市场经济机制下,在国家粮食库存和外汇收入充足的情况下依然存在粮食安全问题。数据统计显示,在国际上,每年粮食交易总量大概有4亿t,我国就进口了1.3亿t,每年国际上的可交易粮食总量只剩下2亿t左右,而且还有很多贫困的国家一直受到饥荒的威胁。

在我国人均耕地和农用水资源仍将继续减少、农村劳动力继续下降、人均粮食消费需求受经济水平提高持续上涨的情况下,粮食安全始终是中国农业永恒的主题与难题。我们始终要有粮食安全危机意识,绝不能掉以轻心。

四、粮食安全问题的解决途径

确保粮食安全,就是要确保所有人在任何时候既买得到又买得起他们所需的基本食品,这就要求确保全世界生产足够数量的粮食,并能最大限度地供应,从而确保世界各国所有需要粮食的人都能获得粮食。由于各国自然资源和政治、社会、经济等条件差异悬殊,因此解决粮食安全的途径应该因地制宜,不能千篇一律。但控制人口增长速度,政府重视农业可以说是缺粮国家避免粮食不安全的最基本要求。农业发展依赖于农业政策、加大农业投入和发展农业科技三个方面。具体到我国当前实际,显然已经采取了一些有效的措施,具体包括以下几方面。

(一)保护和合理利用农业资源

1. 耕地资源

2019 年中国统计年鉴的数据显示,2017 年我国耕地面积为 1.35 亿 hm^2,同期人均耕地面积为 0.097 hm^2。联合国规定了人均耕地的危险点为 0.053 hm^2/人,即养活 1 个人必须有不少于 0.053 hm^2 的耕地,而我国目前已有近 1/3 的省区接近或低于这个危险点。预计今后几十年内,因工业化、城市化和交通网络建设而占用大量耕地仍是一个不可避免的事实。如果我国发展所需的人均土地控制在 0.059 hm^2 左右,则每年需要土地 6.67×10^5 hm^2,假定其一半来自粮食作物耕地,则每年损失的面积为 3.33×10^5 hm^2。因此,在强化耕地保护法制、建立农田保护政策的同时,开发开垦宜农荒地,减少耕地损失也是一项刻不容缓的任务。根据各方面的资料,我国现有宜农荒地和沿海滩涂共 3.5×10^7 hm^2,其中约 40% 即 1.40×10^7 hm^2 能用于发展粮食作物生产,开垦利用系数按 60% 计,可净得耕地约 8.0×10^6 hm^2,以每年开垦 2.67×10^5 hm^2 计,则可使每年损失的粮食作物耕地下降到 6.67×10^4 hm^2。

除了耕地数量不足外,我国的耕地质量也不容乐观。我国的耕地中高产田仅占 21.5%,而低中产田占到了 78.5%。全国有 1.0×10^7 hm^2 耕地受工业"三废"危害,有 20 个省(自治区、直辖市)出现酸雨,污染农田 3.0×10^5 hm^2。全国水土流失面积已高达 3.69×10^6 km^2,华北、西北、东北地区有 1.0×10^7 hm^2 耕地处于沙漠化边缘。因此,在确保耕地面积的同时,改造中低产田、开发高产田和保护生态环境也是保证农业持续发展的重要环节。

2. 水资源

我国是一个淡水资源紧缺的国家。2012—2015 年和 2017—2018 年间,6 年全国平均人均淡水资源不足 2 200 m^3(表 1-5),仅为世界平均值的 1/4,尤其是北方地区人均水资源量不足 1 000 m³。正常年份全国农业缺水为 300 亿 m³。随着人口的不断增长和城镇化、工业化与社会经济的不断发展,可供农业利用的水资源还将不断减少,农业缺水问题日益突出,已成为制约粮食生产的首要因素。据水利部、中国工程院等预测,在不增加灌溉用水的情况下,2030 年全国缺水量将高达 1 300 亿～2 600 亿 m³,其中农业缺水达 500 亿～700 亿 m³。

表 1-5　全国水资源变化情况

项目	年份								
	2000	2010	2012	2013	2014	2015	2016	2017	2018
水资源总量/亿 m³	27 701	30 906	29 529	27 958	27 267	27 963	32 466	28 761	27 462
人均水资源量/(m³/人)	2 194	2 310	2 186	2 060	1 999	2 039	2 355	2 075	1 972

资料来源:2019 年中国统计年鉴

我国旱区面积约占总国土面积的 74%,我国平均每年农业因旱成灾面积达 2.3×10^8 hm²。发展灌溉是旱区增加粮食生产和减少旱灾危害最有效的方法。我国灌溉水的利用效率仅为 40%,远低于世界先进水平。如能通过各种节水技术将利用率提高到 80%,则至少可增加灌溉面积 2.4×10^7 hm²。

(二)提高单位面积产量

提高单位面积产量包括提高复种指数和提高作物单产两个方面。我国目前的复种指数为 156% 左右,理论值为 198%,尚有 42% 的潜力可挖。复种指数每提高 1%,可增加作物播种面积 9.33×10^5 hm²。

在提高作物单产方面,要进一步发挥科学技术的增产潜力。我国每年有 6 000 多项科技成果问世,但转化率只有 30%～40%,远落后于发达国家 60%～80% 的水平。目前,全国粮食作物单产虽然高于世界平均水平,但与先进国家相比还有很大差距。因此,提高作物单产的潜力还相当巨大。提高作物单产的途径有很多,除了改造中低产田、开发高产田,提高灌溉水利用率、扩大灌溉面积和优化施肥技术等方面外,增加叶面积指数和收获指数、提高生物量、培育生态理想型植物、提高作物的光合作用效率、发展适用技术等都具有很大潜力。

(三)减少产后损失

来自国家粮食和物资储备局的数据显示,目前,我国粮食在收获、运输、加工、贮藏、销售、消费 6 个环节的总损失率为 18.1%,每年损失量达 350 亿 kg。例如,水稻收获各环节的损失率为:人工收获 1%～3%、联合机械化收获 3%～4%、搬运 2%～7%、脱粒 2%～5%、晒干 1%～5%、贮藏 2%～5%、碾米 2%～10%。小麦的人工收获损失率为 5.87％,联合机械化收获的损失率为 4.28％。粮食部门的统计数据显示,如果将收获至消费过程中的损失降至最低点,每年可节约粮食 2 000 万 t。

(四)调整粮食发展战略

随着生活水平的提高和膳食结构的改变,人们对植物性食物的消费需求增长由快变慢,而对动物性食物的需求则由慢变快,对谷类和薯类的消费量有所下降。今后畜、禽、蛋、奶、鱼等动物性食品仍会保持较快的增长,因此饲料用粮、工业用粮等间接粮食消费量将大大增加,代替口粮消费的趋势也将继续。因此,粮食生产必须从传统的单一的粮食观念转变为多样化、营养化的食物观念,需要对种植业结构进行必要的调整,建立新型的作物种植制度,发展高产优质的饲料作物,提高粮食作物的综合利用效益。

(五)开发新的食物源

微生物发酵可以生产大量的微生物蛋白,不仅可供人类直接食用,也可作为家畜、家禽的高蛋白饲料,为我们提供质优价高的肉类蛋白。1967 年在美国召开的第一次国际单细胞蛋白学术会议上,这种微生物发酵产品被正式命名为单细胞蛋白(SCP)。利用微生物发酵工业生产单细胞蛋白饲料,是国际科技界公认的解决蛋白质资源匮乏的重要途径。我国每年有农作物秸秆 5 亿 t,据测算,假如其中20％的秸秆即 1 亿 t 通过微生物发酵变为饲料,可获得相当于 0.4 亿 t 的饲料粮。微生物工厂生产是节约土地型的工业,一座占地不多的年产 10 万 t 单细胞蛋白的微生物工厂,相当于 12 万 hm^2 耕地生产的大豆蛋白或 2 000 万 hm^2 草原饲养牛羊生产的动物蛋白。

海洋是巨大的生物宝库。例如,可加工成人类食物的近海领域自然生长的藻类植物,年产量相当于目前世界小麦总产量的 15 倍以上。海洋食物产品富含各种营养物质,种类齐全,极易被人体吸收,而且味道鲜美,是人类的优质食物。我国有18 000 km 的大陆海岸线,近海有丰富的资源,水深在 200 m 以内的大陆架至少有1.47 亿 hm^2。因此,充分利用我国的浅海资源,发展农牧场化的海水养殖业,具有广阔的前景。

(六)立足自给,适当进口

我国用全球 9％的耕地、6％的淡水资源生产的粮食,养活了全球近 20％的人口。我国是一个人口大国,粮食必须立足于自给。但在此基础上,适当的进口也不失为缓和我国粮食紧缺的一个途径。2014 年以来,我国年粮食进口总量已经连续6 年达到 1 亿 t 以上。中国正在成为全球第一大粮食进口国。

2017年中国粮食累计进口13 062万t,其中,大豆累计进口9 553万t,如果按国内单产每亩123 kg计算,要种出进口的9 553万t大豆需要增加7.7亿亩种植面积。如果我国自己生产这些大豆,就要挤占小麦或玉米高产作物的同等种植面积。换而言之,进口大豆就是"进口土地"。2017年中国粮食累计出口280万t,其中,大豆累计出口11万t,稻米累计出口120万t,玉米累计出口8.6万t。

2018年中国进口的粮食总量达到了10 850万t,其中,进口大豆8 803.1万t,进口的谷物及谷物粉达到了2 046.9万t(其中小麦309.9万t、大米307.7万t、玉米352.4万t),进口大豆占粮食总进口量的80%以上,不过我国每种主粮的进口量只有300万t左右,与庞大的国内需求相比,可以说是微乎其微。

 ## 复习思考题

1. 农学的概念、地位与特点各是什么?

2. 什么是营养素? 它包括哪几类?

3. 试述不同种类碳水化合物的主要生理意义。

4. 摄取适宜量的膳食纤维可预防哪些疾病?

5. 蛋白质有何生理功能?

6. 何谓必需氨基酸? 必需氨基酸包括哪几种?

7. 钙、铁、锌是人体最易缺乏的矿物质,影响三者吸收的因素有哪些?

8. 何谓维生素? 脂溶性维生素和水溶性维生素有何区别?

9. 简述维生素A、维生素D、维生素B_1、维生素B_2和维生素C的生理功能及缺乏症。

10. 什么是粮食安全? 试述我国粮食安全的现状以及解决途径。

第二章

种植业资源与农田生态系统

作物生产的实质是通过作物的光合作用把太阳能转化为化学能贮藏在植物体中，供人类和动物食用，而作物生产量的高低受到种植业资源和农田生态系统双重因素的制约。种植业资源是作物赖以生存和发展的物质基础；而维护农田生态系统平衡，是提高作物生产效率的基础。

第一节　我国种植业资源及其特点

资源，泛指人类从事社会活动所需要的全部物质和能量基础。种植业资源是人类从事作物生产所需要的全部物质要素和信息，它包括自然资源和社会资源两大类。

自然资源是指在一定的经济技术条件下，自然界中对人类有用的一切物质和能量。它是人类赖以生存的环境条件和社会经济发展的自然基础。自然资源分为可再生资源和非再生资源两类，前者指可以连续不断地或周期性地被生产、补充和更新的资源，如太阳辐射、水、风、土壤、热量和各种生物构成的资源等，后者指那些不可补充和更新，或者其补充和更新周期相对于人类经济活动而言非常漫长的资源，如煤、石油、天然气、铁矿等。

社会资源指人类从事作物生产所涉及的一切人工要素和物质基础，包括工业产品资源、人力资源、经济资源等。随着传统农业向现代农业转化进程的推进，科学技术和信息正成为日益重要的社会资源。

一、气候资源

我国幅员辽阔,地形复杂,南北跨越纬度近 50°,东西贯穿经度 60°。我国从南到北、从东到西气候资源的水平差异大,从低海拔到高海拔气候资源垂直差异悬殊。因此,我国气候资源丰富、类型多样,丰富多样的气候资源蕴藏着巨大的农业生产潜力,为我国农、林、牧、渔业的综合发展提供了物质基础。但同时,由于我国季风气候明显,大陆性气候强烈,气候资源的季节变化和年际变化大,光热水资源在时间上和地域上匹配不尽合理,农业气象灾害频繁,影响了气候资源的利用效率。

(一)光资源

太阳辐射能是一切生命活动和有机物质形成的基本条件,光资源的多少和利用效率的高低,决定了一个地区的作物基础产量的高低。衡量光资源的 3 个指标为光质、光强和日长。

1. 光质

光质指光谱成分,一般以辐射波长表示。由于大气层对太阳辐射的吸收和散射具有选择性,太阳辐射通过大气层时不仅辐射强度减弱,光质也发生变化。光质在空间上的变化是低纬度地带短波光多,随纬度增高长波光增多,随着海拔的升高短波光也逐渐增多;在季节变化中,夏季短波光较多,冬季长波光增多;一天之内,中午短波光较多,早晚长波光多。

2. 光强

光强即光照强度,指单位时间内单位面积上所接受的太阳辐射的能量。我国的太阳辐射资源十分丰富,大部分地区全年总辐射量为 $3\,300\sim8\,300\ \mathrm{MJ/m^2}$,$6\,000\ \mathrm{MJ/m^2}$ 等值线从内蒙古自治区东部斜向西延至青藏高原东侧,将全国分为东低、西高两大部分,西半部年值在 $6\,000\sim8\,300\ \mathrm{MJ/m^2}$,呈南高北低趋势,青藏高原年值在 $7\,000\ \mathrm{MJ/m^2}$ 以上,是世界上年太阳总辐射的高值中心;东半部年值在 $3\,300\sim6\,000\ \mathrm{MJ/m^2}$,川黔等地为低值中心,年值小于 $4\,000\ \mathrm{MJ/m^2}$。

3. 日长

日长即日照长度。我国各地年日照长度在 $1\,400\sim4\,700$ h,呈西多东少的趋势,总辐射高值区年日照时数多在 $3\,000$ h 以上;而低值区如黔、川南、桂西年日照时数仅为 $1\,000$ h。

(二)热量资源

热量是作物生长发育、产量和品质形成的主要条件。表示热量的单位是温度。

决定温度高低的主要因素是太阳辐射能,而太阳辐射能受纬度、海拔、季节等因素的影响。一般来说,纬度每增加1°或海拔上升100 m,平均温度大约降低0.5℃。我国领土辽阔,南北纬度相差50°左右,所以我国南方和北方的热量资源相差很大。

衡量一个地区的热量资源,可用≥0℃积温、≥10℃积温、无霜期长短和特值温度(如年平均温度、最热月平均温度、最冷月平均温度)等作为指标。我国各地热量资源分布不均,如≥0℃积温在海南省的南端达9 000℃以上,而黑龙江省的北部不足2 000℃,长江中下游地区为5 000℃左右。我国西部受地形的影响,改变了随纬度分布的地域性特征,而随着海拔高度的升高而减少。如青藏高原的南部谷地≥10℃积温在3 000℃以上,高原的大部分地区在1 700～2 000℃,有的地方则不足500℃。丰富多样的热量资源为作物生产中选择不同种类作物和采用不同种植制度提供了适宜的气候环境。

(三)水资源

水是生命起源的先决条件,没有水就没有生命。农业的丰歉很大程度上受到水资源的影响。水资源是指可以更新、补充和永续利用的水源,一个地区的水资源状况经常以降水量、径流量和地下水埋深(指地下水水面至地面的距离)等来评价。

1. 降水

降水是地表水、地下水的补给来源,因此降水量是决定水资源量的直接因素。全球平均年降水量约为800 mm,亚洲为740 mm,我国平均为629 mm。我国年降水总量超过$6.0×10^{12}$ m³,但降水的时空分布十分不匀。从时间分布来看,由于受东南暖湿气流的影响,夏半年的降水量远大于冬半年,夏秋季连续4个月的降水量可达全年的60%～80%,而且年际间差异明显,年最大与最小降水量比,大致从东南的2倍变化到西北的8倍。从空间分布来看,我国年降水量分布趋势大致自东南沿海向西北内陆递减,降水量的等值线大体呈东北至西南走向。900 mm年降水量等值线(相当于年湿润度1.0——年降水量与年可能蒸散量之比的等值线)相当于半湿润与湿润地区的分界线,此线通过淮河、秦岭至横断山以东。此线以南以东地区是以水田为主的水田农作区,占我国国土总面积的25%;年降水量900 mm以北至400 mm等值线,年湿润度为1.0～0.67,为半湿润地带,农作物常受季节性干旱影响,为我国主要旱地农业区,占我国国土面积的28%;年降水量250～400 mm区域年湿润度为0.29～0.67,如内蒙古东部,属半干旱的半农半牧区,年降水量＜300 mm区域没有灌溉就没有农业,占我国国土面积的18%;年降水量少于250 mm(相当于湿润度＜0.29)为干旱区,包括内蒙古西部地区和我国西北地区,约占我国国土总面积的29%。一般降水山地比平原多,迎风坡比背风坡多。

2. 地表水和地下水

用于灌溉的水资源主要来自地表水和地下水。据统计,2019 年我国的地表水和地下水资源总量为 $2.8×10^{12}$ m^3,居世界第四位(巴西 $5.2×10^{12}$ m^3、俄罗斯 $4.3×10^{12}$ m^3、加拿大 $2.9×10^{12}$ m^3),但人均水资源只有 2 077 m^3,约为世界人均占有量的 1/4,世界排名第 121 位,被列为世界人均水资源贫乏的 13 个国家之一。我国每公顷耕地的水资源为 27 200 m^3,而世界平均为 36 000 m^3。因此,我国是一个水资源短缺的国家。

据统计,我国河川径流量,即地表水资源量年平均约为 $2.7×10^{12}$ m^3,浅层地下水年平均资源量约为 $8.0×10^{11}$ m^3,由于山区丘陵地区的浅层地下水是枯水期地表水的主要补给源,因此大部分地下水资源已包含在河川径流量之中。据估计,河川径流中 71% 来自降雨形成的地表径流,27% 来自枯水期山区浅层地下水的回补,2% 来自高山冰川和冰雪融化的补给。多年平均年河川径流深的分布与年降水量的分布趋势相似,也是由东南向西北递减,东南的高值区年径流深 1 800 mm,局部大于 2 000 mm,西北低值区年径流深在 10 mm 以下,且有大面积无流区。河川径流量年际间也有很大变化,长江以南各河年径流极值比(最大与最小年径流量之比)一般在 5 以下,而北方河流可达 10 以上。河川径流的年内分配也比较集中,长江以南、云贵高原以东大部分地区 4—7 月份的径流量占全年的 60% 左右,长江以北 6—9 月份的径流量占到全年的 80%~90%,西南地区 6—9 月份或 7—10 月份的径流量占全年的 60%~70%。

3. 我国水资源的特点与问题

(1)水资源分布不均,差别很大　我国水资源的地域分布不均衡,呈现南多北少、东多西少的局面,与我国耕地分布状况极不相称。长江流域及以南地区水资源占全国的 81%,而耕地只占全国的 36%。长江以北地区水资源占全国的 19%,而耕地占到了 64%。特别是北方的海河、辽河流域仅占全国 3.6% 的水资源,担负着 14.5% 的人口和 17.6% 的耕地用水,人均水量、每 666.7m^2 耕地平均水资源占有量只相当于全国平均数的 10%,成为全国水资源最为紧缺的地区(表 2-1)。

(2)水质恶化和地下水超采导致的水资源短缺问题日趋严重　由于防污和排污技术的落后,水资源污染造成的水资源短缺问题也十分突出。全国 80% 左右的污水未经过处理就直接排入水域,造成 1/3 以上的河段受到污染,90% 以上城市水域污染严重,近 50% 的重点城镇水源地不符合饮用水标准,部分河段鱼虾绝迹,部分湖泊发生富营养化。

表 2-1　全国各流域人均水资源量与耕地平均水资源量比较

流域片名称		流域片占全国/%	水资源总量		占全国人口/%	占全国耕地/%	人均水量/m³	666.7 m²平均水量/m³
			水资源量/亿 m³	占全国/%				
	内陆河片	35.3	1 303.9	4.6	2.1	5.8	6 290	1 470
北方五片	黑龙江流域	9.5	1 351.8	4.8	5.1	13.0	2 690	679
	辽河流域	3.6	576.7	2.1	4.7	6.7	1 230	558
	海河流域	3.3	421.1	1.5	9.8	10.9	430	251
	黄河流域	8.3	743.6	2.6	8.2	12.7	912	382
	淮河流域	3.5	961.0	3.4	15.7	14.9	623	421
	合计	28.2	4 054.2	14.4	43.5	58.2	938	454
南方四片	长江流域	19.0	9 613.4	34.2	34.8	24.0	2 760	2 620
	珠江流域	6.1	4 708.1	16.7	10.9	6.8	4 300	4 530
	浙闽台诸流域	2.5	2 591.7	9.2	7.2	3.4	3 590	4 920
	西南诸河流域	8.9	5 853.1	20.8	1.5	1.8	38 400	21 800
	合计	36.5	22 766.3	81.0	54.4	36.0	4 180	4 130
	总计	100.0	28 124.4	100.0	100.0	100.0	2 230	1 870

为缓和水资源的供求矛盾,许多地方过量开采地下水,导致地下水位迅速下降,形成所谓的"漏斗"状分布,全国已经形成了 56 个漏斗区。沿海地区地下水的超采,还会造成海水入侵,导致耕地盐碱化,人畜饮水困难。另外,由于近年来工业的迅速发展和人民生活水平的提高,环境污染特别是水污染的问题有日益严重的趋势。

(3)农田灌溉水资源浪费现象十分严重　目前,全国农田灌溉大都用土渠输水,渠道水的利用系数为 0.5 左右,进入田间的水由于采用大水漫灌,又有近一半渗漏、蒸发掉了,真正被农作物利用的只是灌溉总水量的 1/3 左右。我国单方水的效益平均不到 1 kg 粮食,而不少国家利用现代的先进灌溉技术,单方水的效益均在 2 kg 粮食以上。

(四)光热水资源组合与农业气候区域形成

由于光热水资源的不同组合,在我国形成 3 个农业气候大区域,即东部季风农业气候大区、西北干旱农业气候大区和青藏高寒农业气候大区(各区特点详见二维码 2-1)。3 个一级大区又分成 14 个二级农业气候带和 44 个三级农业气候区。由于受地形因子的影响,光热水资源随着海拔高度的变化而变化,又形

二维码 2-1　东部季风区、西北干旱区、青藏高寒区气候特点

成 14 个以基带为基础的垂直农业气候带,从而影响农业的立体布局。图 2-1 为我国的综合自然区划。

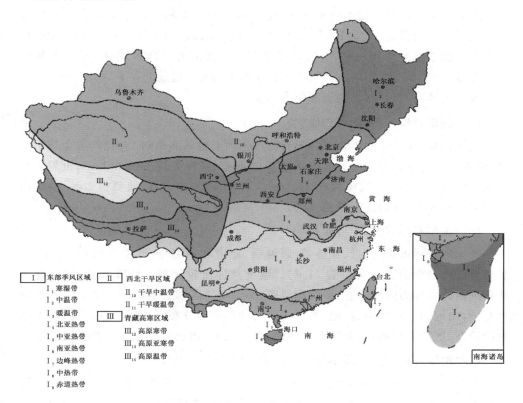

图 2-1　我国的综合自然区划

资料来源:周立三.中国农业区划的理论与实践.合肥:中国科学技术大学出版社,1993

东部季风湿润半湿润农业气候大区,占我国国土总面积的 46.2%,从北到南又分为:寒温带、中温带、暖温带、北亚热带、中亚热带、南亚热带、边锋热带、中热带和赤道热带 9 个农业气候带。

西北干旱农业气候大区,占国土总面积的 28.2%,以下又分干旱中温带、干旱暖温带 2 个农业气候带。

青藏高寒农业气候大区,占国土面积的 25.6%,以下又分高原寒带、高原亚寒带、高原温带 3 个农业气候带。

二、土地资源

土地资源不仅是作物生产的场所,也是人类最基本和最重要的综合性自然资源。我国土地面积为 $9.6 \times 10^6 \, km^2$,约占世界陆地面积的 1/15,占亚洲面积的 1/4,面积仅次于俄罗斯和加拿大,居世界第三。但我国人口众多,2019 年年末我国人口总数达 14.05 亿,平均人口密度达到 146 人/km²,超过世界平均人口密度的 3 倍。人均土地面积很少,土地资源压力明显。

(一)绝对数量大,人均占有量少

我国耕地 2017 年约 1.35 亿 hm²,约占全国土地总面积的 14.1%,居全球第四位,但人均占有量很低。世界人均耕地 0.37 hm²,我国人均仅 0.09 hm²,世界人均草地平均为 0.76 hm²,我国为 0.35 hm²。发达国家 1 hm² 耕地负担 1.8 人,发展中国家负担 4 人,我国则需负担 8 人。

(二)类型多样、区域差异显著

我国地跨赤道带、热带、亚热带、暖温带、温带和寒温带,其中亚热带、暖温带、温带合计约占全国土地面积的 71.7%,温度条件比较优越。从降水量来分,我国从东到西又可分为湿润地区、半湿润地区、半干旱地区和干旱地区。又由于地形条件复杂,山地、高原、丘陵、盆地、平原等各类地形交错分布,形成了复杂多样的土地资源类型,区域差异明显,为综合发展农、林、牧、副、渔业生产提供了有利的条件。

(三)难以开发利用和质量不高的土地比例较大

在全国国土总面积中,沙漠占 7.4%,戈壁占 5.9%,石质裸岩占 4.8%,冰川与永久积雪占 0.5%,加上居民点、道路占用的 8.3%,全国不能供农林牧业利用的土地占全国土地面积的 26.9%。此外,还有一部分土地质量较差。在现有耕地中,涝洼地占 4.0%,盐碱地占 6.7%,水土流失地占 6.7%,红壤低产地占 12%,次生潜育性水稻土为 6.7%,各类低产地合计 0.36 亿 hm²。从草场资源看,年降水量在 250 mm 以下的荒漠、半荒漠草场有 0.6 亿 hm²,分布在青藏高原的高寒草场约有 1.33 亿 hm²,草质差、产草量低,需 4～4.67 hm²,甚至 6.67 hm² 草地才能养 1 只羊,利用价值低。

(四)环境污染和污水灌溉导致土壤污染和破坏

土壤污染的污染源主要来自工业、生活、农业和交通。在工业方面,特别是近年来乡镇企业的蓬勃发展,大量污染物质随"三废"排入河流、农田。目前,我国每年工业废水的排放量均在 200 亿 t 以上;工业固体废物累计堆存量超过 65 亿 t,占地 5 万 km² 以上；还有堆存的大量城市生活垃圾，不但占用了大量土地，也对水体和土壤等产生了污染，甚至发生了十分严重的污染事件；工业所排放的废气、烟尘等所引发的酸雨，也直接或间接地污染了大片土地。另外，我国长期以来大部分的城市生活污水和部分工业废水未经处理就直接排入河道或灌溉系统，且在一些水源不足的地区甚至直接引用污水灌溉农田，不少污灌区已发现重金属在表面土层积累。农业方面，大量地不合理施用化肥和农药，直接或间接污染土壤，进而影响农作物的产量和质量，并最终随食物链进入人体。此外，矿产的开采，尾矿的不合理堆积，也会直接或间接地破坏大量的土地。

三、生物资源

生物资源，包括野生和人工培育的各种动植物，是生态系统的重要组成成分。随着科学技术的发展，生物资源很可能成为最重要的种植业资源。因此，保护生物资源、维护生物资源的多样性具有非常重要的意义。

我国地处欧亚大陆东南部，东南濒临太平洋，西北深处欧亚大陆腹地，西南与南亚次大陆接壤，幅员辽阔。地势西高东低，西南部有世界最高的青藏高原。我国山峦重叠，河流交错，湖泊众多，拥有渤海、黄海、东海及南海四大海域，南北相距 5 500 km，跨越温带、亚热带及热带，地貌、土壤及自然条件复杂多样，具有适宜众多生物物种生存和繁衍的各种生境。据统计，全国高等植物有 300 多个科，2 980 多个属和 32 800 个种。

在植物资源中，可分为野生植物和栽培植物两类，其中野生植物占绝对多数。我国的野生植物资源可分为果树资源、药用植物资源、芳香油植物资源、油脂植物资源、纤维植物资源、淀粉植物资源、观赏植物资源等多个类别。中国的中部和西部山区及其毗邻的低地，是世界农业和栽培植物最早和最大的起源地，起源于中国的栽培植物有 136 种，居各起源中心之首，其中主要农作物有黍、稷、粟、稗、大麦、荞麦、大豆、红小豆、山药、苎麻、大麻、苘麻、紫云英等。

四、社会资源

社会资源是指除自然资源以外的所有其他资源的总称，包括工业产品、人力、财力、信息等，不仅内容丰富，而且彼此关系密切、复杂。社会资源是实现自然资源开发利用的更活跃的要素。在经济建设和社会发展过程中，社会资源的状态，将影响到自然资源开发和社会经济发展的方式、性质、程度、规模和水平。同时，随着社会经济活动的日益广泛深入，社会资源的内涵也在不断深化和丰富。如社会经济信息、社会经济活动场所的空间区位，在现代条件下都被越来越多的人视为新的社会资源。从总体上看,我国基础差,底子薄,各地发展不平衡,社会资源还有待于不断开发。

第二节 生态因子与作物的关系

作物生产与周围环境有着密切关系。一方面,作物从周围的环境中取得它生活所必需的物质以建造自身,并在同化环境的过程中形成作物生长发育的内在规律;另一方面,作物对环境的变化也产生各种不同的反应和多种多样的适应性。因此,了解作物生长发育要求的环境条件,并采取相应的技术措施和手段以调控作物的生长发育和产量形成,是实现优质、高产、高效作物生产的基础。

一、影响作物的生态因子

自然环境中影响生物生命活动的一切因子,均称为生态因子(ecological factor)。农田生态因子配合度的高低对于作物生产的优质、高产和高效至关重要。

(一)生态因子的分类

环境是生物有机体生活空间的外界自然条件的总和,根据外界自然条件的性质,可划分为4类,第一类为气候生态因子,包括光照、温度、空气、水分、雷电等因子;第二类为土壤生态因子,包括土壤的结构、有机物质和无机物质的数量、物理与化学等的性能;第三类为地理地形生态因子,包括纬度经度、海拔高低、坡度、坡向、平原、高原、山地、丘陵等因子;第四类为生物生态因子,包括农田中的生物和人类自身。

(二)生态因子作用机制

生态因子在综合环境中的质量、性能和强度,都会对作物产生主要或次要、直接或间接、有利或有害的生态作用。而这些生态作用在时间上或空间上都是可变的,在不同情况下,它们的作用也是不相同的。

1. 生态因子相互联系的综合作用

生态环境是由许多生态因子组合起来的综合体,通常所谓环境对作物的作用,就是指环境生态因子的综合作用。各个单生态因子之间不是孤立的,而是互相联系、互相促进、互相制约的,任何一个单生态因子的变化,必然引起其他生态因子发生不同程度的变化。例如,光照强度的变化与温度是分不开的,它不仅直接影响空气的温度和湿度等的变化,同时也会引起土壤因子的温度、湿度和蒸发等的变化。

2. 主导因子的作用

在一定条件下,组成环境的所有生态因子中必有一个或两个起主导作用。主导因子包括两方面的含义:第一,当所有的因子在质和量两方面达到平衡时,某一因子的变化会引起作物全部生态关系的变化,这个因子称为主导因子。第二,由于某一因子的存在与否和数量变化,使作物的生长发育发生明显变化,这类因子称为主导因子。

3. 生态因子间的不可代替性和可调节性

光、热、水分、空气、无机盐等生态因子对作物的作用虽不是等价的,但都是同等重要和不可缺少的。如果缺少其中任何一个因子,都会引起作物的正常生活失调,而且任何一个因子都不能由另一个因子来代替,这就是作物生态因子的不可代替性。在一定条件下,某一因子在量上的不足,可以由其他因子的增加或加强而得到调剂补偿,并且仍然有可能获得相似或相等的生态效益。

4. 生态因子作用的阶段性

作物对生态因子的需要是分阶段的,作物的一生并不需要固定不变的生态因子,而是随着生长发育阶段的推移而变化。例如,低温在某作物春化阶段中是必需的生态条件,但在以后的生长时期中,低温对作物却是有害的。

5. 生态因子的直接作用和间接作用

四类生态因子中,气候、土壤和生物因子属于直接作用因子,对作物的生长发育产生直接调控作用;地理地形因子属于间接作用因子,其本身对作物没有直接影响,但它可以通过影响气候和土壤因子,进而影响作物。

二、作物与光照

光是作物生产的基本条件之一。绿色植物吸收太阳光能并通过光合作用将二氧化碳和水合成有机物质,把光能转变为贮存于有机物中的化学能,实现能量的吸收、转变和贮备。人类栽培作物以获得收获物,作物产量的 95% 以上来自光合作用,而来自土壤中的无机盐部分则不足 5%。光通过 3 个特性,即光质(光谱成分)、光照强度、日照长度(光周期)影响作物的生长发育。

(一)光质与作物

1. 光质对作物光合作用的影响

太阳辐射光谱中,只有可见光区(400~760 nm)的光可被作物利用,即对作物光合作用有效的辐射光,这部分光长的光波称为光合有效辐射。光合有效辐射的能量占陆地太阳总辐射能的 45％～50％,这部分能量的 1％～5％可转变为生物化学能,其余大部分能量消耗于农田叶面蒸发和空气乱流的交换之中。可见光中,红光和蓝紫光是同化作用利用最大的光线部分。绿光与黄光被称为生理无效光,这是因为植物绿色的叶片反射及透射绿光和黄光的结果。

不同波长的光对于光合产物的成分也有影响,红光有利于碳水化合物的合成,蓝光则有利于蛋白质的合成。表 2-2 为不同波长光的光合作用机制。

表 2-2 不同波长光的光合作用机制

波长范围/nm	光色	光合作用机制
600～700	橙黄色	具有最大光合活性,是光合作用主要的能源,促进叶肉质、根茎形成、开花、光周期过程等以最大速度完成
500～600	绿色	光合活性最小,略有造型作用,刺激茎延长、叶扩展、色素形成等
400～500	蓝紫色	是植物正常生长必需的,叶绿素和叶黄素吸收最强,有造型作用,促进蛋白质合成
300～400	紫外线	对产量影响不大,但影响植物的化学成分,可提高组织中蛋白质及维生素含量,尤其对维生素 E 有重要作用,可提高种子萌芽率,促进种子成熟

资料来源:董钻.作物栽培学总论.3 版.北京:中国农业出版社,2018

2. 光质对作物生长的影响

不同波长的光对作物生长有不同的影响。可见光中的蓝紫光与青光对作物的生长及幼芽的形成有很大作用,能抑制植株的伸长,使其形成矮粗的形态;蓝紫光是支配细胞分化最重要的光线,还影响作物的向光性。不可见光中的紫外线能抑制作物体内某些激素的形成,因而也能抑制茎的伸长。此外,可见光中的红光和不可见光中的红外线能促进种子萌发和茎的伸长。

3. 光质在农业生产中的应用

根据光质对作物生长的不同影响,人们可以通过改变光质来改善作物的生长情况,如近年来有色薄膜在农业上已得到广泛的应用。用浅蓝色地膜育苗与用无色薄膜相比,前者秧苗及根系都较粗壮,移栽后成活快,分蘖早而多,叶色浓绿,鲜重和干重都有所增加,这是因为浅蓝色的薄膜可以大量通过光合作用所需要的400～760 nm 波长的光,因而有利于作物的光合作用。

(二)光照强度对作物生长发育的影响

1. 光照强度对作物生长发育的影响

光照强度对作物的生长及形态建成有重要的作用。光能促进细胞的增大和分化、作物体积的增长、重量的增加；光还能促进组织和器官的分化，制约器官的生长和发育速度，使作物各器官和组织保持正常的比例关系。植物叶肉细胞中的叶绿素必须在一定的光照条件下才能形成与成熟。"黄化现象"就是光照强度对作物生长及形态建成产生明显影响的例子。

光照强度也影响作物的发育。作物体内积累一定量的养分是花芽分化的重要因素。在作物完成光周期诱导，开始进行花芽分化的基础上，光照时间越长，强度越大，形成的有机物质越多，越有利于花的发育。光照不足或遮光后，同化量减少，花芽形成也减少，已经形成的花芽由于体内养分供应不足而发育不良或早期死亡。开花结实期，光强也有利于果实和种子的成熟，充足的光照可以使籽粒饱满，粒重增加。

2. 光照强度与作物的光合作用

光合作用强度一般用光合速率表示。作物对光照强度的要求通常用光补偿点和光饱和点表示。夜晚，作物只有呼吸消耗，没有光合积累。白天随着光照强度的增强，光合速率渐渐增加，等达到某一速率时，光合速率和呼吸速率达到平衡，净光合速率等于零。此时的光照强度为光补偿点。随着光照强度的进一步增强，光合速率也逐渐上升，当达到一定值之后，光合速率便不再因光照强度的增强而升高。此时的光照强度为光饱和点。如图2-2所示。

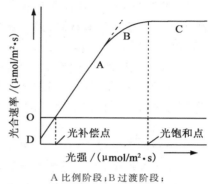

A 比例阶段；B 过渡阶段；
C 饱和阶段；OD 呼吸速率

图2-2　光合曲线模式图

资料来源：曹卫星. 作物栽培学总论. 3版.
北京：科学出版社，2017

(三)日照长度与作物

1. 作物的光周期现象及作物对光周期的反应

许多作物在它发育的某一阶段，要求一定长短的昼夜交替才能开花结果，这种现象称为作物的光周期现象。作物的开花、休眠、落叶、地下贮藏器官的形成等都受日照长度的调节。根据大多数作物对光周期的不同反应，可将作物分为长日照作物、短日照作物、日中性作物和定日照作物4种类型。

2. 光周期理论在生产中的应用

(1)引种　在作物引种时应特别注意作物开花对光周期的要求。一般来说，短日照作物由南方(短日照、高温)向北方(长日照、低温)引种时，由于北方生长季节内日照时数比南方长，气温比南方低，往往出现营养生长期延长，开花结实推迟的现象,所以北移作物必须在出苗后连续进行短日照处理。短日照作物由北方向南方引种,则往往出现营养生长期缩短、开花结实提前的现象。利用短日照作物的这种反应,将北方作物品种引到南方,用于夏季播种,争取一茬收成。

(2)品质调节 作物的品质受光周期的影响。在地域分布上,纬度较高、日照较长、光照充足、温度适中的地区,如我国东北大部、新疆北部、甘肃河西走廊和内蒙古西部一带是高脂肪的大豆区;纬度较低、日照较短的我国南方地区大豆蛋白质含量则较高。

(3)控制花期 在现代花卉栽培中,利用光周期来控制花卉开花时间已得到了广泛应用。如菊花是短日照植物,在自然条件下秋季开花,若对其进行遮光处理,缩短光照时间,可使其提前至夏季开花。而某些长日照花卉植物如杜鹃、山茶花等,进行人工延长光照处理,可使其提早开花。

(4)调节作物营养生长和生殖生长发育进程 日照长度影响长日照作物和短日照作物从营养生长向生殖生长过渡,而且也影响作物营养器官和植株整体的形成。短日照条件下的大麦和小麦不能进入生殖阶段,但却进行旺盛的分蘖。短日照有利于马铃薯形成大的块茎,使经济产量提高。我国华南生产的大麻、黄麻及红麻引种到北方种植,不仅提高了产量,麻纤维的质量也相应提高。

(5)育种 我国北方甘薯不能开花结实,为进行杂交育种,可以进行短日照处理,人为缩短光照时间,使其正常开花结实。利用我国地域气候多样的特点,在育种工作中可进行南繁北育:短日照作物如水稻、玉米可到海南岛繁育;长日照作物小麦,夏季在黑龙江,冬季在云南满足其对光、温的要求,一年内可繁殖2~3代。

三、作物与温度

(一)温度对作物生长发育的影响

1. 作物生长发育的"三基点"温度

温度是作物生长发育的重要条件之一。作物生长发育需要一定的热量,只有在适宜的温度范围内,作物的生理活动和生化反应才能顺利进行。作物在生长发育过程中,对温度的要求一般有最适点、最低点和最高点3个指标,称为温度三基点。图2-3为作物对温度的适应范围。在最适温度范围内,作物

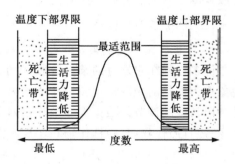

图2-3 作物对温度的适应范围
资料来源:董钻.作物栽培学总论.3版.
　　　　北京:中国农业出版社,2018

生长发育良好。超出作物正常生长的最高点、最低点的温度范围后,作物生长发育停止,并开始出现伤害,甚至死亡。

作物的三基点温度有如下特征:

①不同作物的三基点温度不同(表2-3);

表 2-3　一些作物生理活动的基本温度范围　　　　　　　　　　　℃

作物名称	最低温度	最适温度	最高温度
水稻	10～12	30	38～42
小麦	3～4.5	25	30～32
玉米	8～10	32	40～44
棉花	12～14	30	40～45
烟草	13～14	28	35
黑麦	1～2	25	30
大麦	3～4.5	20	28～30
燕麦	4～5	25	30
豌豆	1～2	20	30
蚕豆	4～5	35	30
甜菜	4～5	28	28～30
油菜	3～5	20	28～30

资料来源:董钻.作物栽培学总论.3版.北京:中国农业出版社,2018

②同一作物不同生育时期所要求的三基点温度不同,一般作物种子萌发的温度常低于营养器官生长的温度,而后者又低于生殖器官发育的温度;

③一般最适温度比较接近于最高温度,而离最低温度较远;

④最高温度一般不是很高,也就是说高温危害比较少。相反,低温造成的危害却比较多。

作物生长发育的各个时期对温度要求的敏感性有所差异,通常作物发育阶段要比生长阶段对温度的要求敏感,性细胞进行减数分裂和开花时对温度条件最为敏感,称为温度临界期,这时期如受低温或高温的影响,生长发育明显受到抑制,导致作物严重减产。例如,水稻在抽穗扬花期最低温度是18℃,最适温度是30℃,最高温度是38℃左右,远比营养生长期的温度三基点窄。这一时期,若遇到低于18℃的气候条件,水稻花粉会发育障碍,抽穗后产生大量白浮不孕花,造成“翘穗头”,导致水稻严重减产。

作物的温度三基点理论已在生产中得到广泛应用。如棉花的育苗移栽,使生育期提早,这样可以充分利用夏季的热量资源,增加伏前桃和伏桃比例。旱地秸秆覆盖技术调节了土壤温度,保蓄了土壤水分,有利于作物的生长发育,进一步提高了作物的产量。

2. 积温

作物需要有一定的温度总量,才能完成其生命周期。通常把作物整个生育期或某一发育阶段内高于一定温度以上的昼夜温度总和,称为某作物或作物某发育阶段的积温。

积温可分为有效积温和活动积温两种。活动积温是作物全生育期内或某一发育时期内活动温度的总和。如棉花早熟品种要求≥10℃的积温为2 600～2 900℃,中熟品种为3 400～3 600℃,而晚熟品种要求4 000℃。

对于作物生产来说,积温具有重要的意义。一是可以根据积温来制定农业气候区划,合理安排作物。一个地区的栽培制度和复种指数,在很大程度上取决于当地的热量资源,而积温是表示热量资源既简单又有效的方法,比年平均温度等指标更可靠。二是积温是作物对热量要求的一个指标,它表示作物某一生育时期或全生育期所要求的温度之总和。如果事先了解某作物品种所需要的积温,人们就可以根据当地气温情况确定安全播种期,根据植株的长势和气温预报资料,估计作物的生育速度和各生育时期到来的时间。从更宏观的角度来说,人们还可以根据作物所需要的积温和当地长期气温预报资料,对当年作物产量进行预测,确定是属于丰产年、平产年还是歉产年。

3. 无霜期

无霜期是指某地春季最后一次霜冻到秋季最早一次霜冻出现时的这一段时间,是满足作物生长安全温度的一个指标。无霜期的长短是衡量一个地区热量资源的又一个指标,也是作物布局和确定种植制度的依据。在无霜期内,各种作物能够正常生长,而在无霜期以外的有霜期,由于温度较低,并经常出现霜冻,喜温作物会受到冻害。

(二)温度逆境对作物的危害及预防措施

对作物不利的温度(低温或高温)叫作温度逆境。

1. 低温的危害及预防

(1)低温的危害   生产上低温对作物的危害主要有冷害和冻害两种。

①冷害。又称为寒害,指作物遇到零度以上低温,生命活动受到损伤的现象。冷害的作用机理主要是水分平衡的失调。低温时,根系吸水力降低,蒸腾减弱,导致水分平衡失调,从而破坏了酶促反应的平衡,扰乱了正常的物质代谢,使植株受害。

②冻害。作物遇到低于零度的低温,组织体内发生冰冻而引起伤害的现象,称为冻害。冻害的作用机理有两种情况:一种是细胞间隙结冰。当气温逐渐降低到冰点以下,会引起细胞间隙中水分结冰。因细胞间隙中水液比细胞液浓度低,所以引起细胞内水分外渗,一方面使冰晶范围扩大,对细胞产生一种机械挤压的力量;另一方面细胞严重脱水,原生质浓度愈来愈大,内部有毒物质(如酸、酚类等)浓度提高,结果使原生质发生变性,使细胞受到伤害。这时细胞的死活取决于解冻过程的情况,如果气温缓慢回升,冰晶融化的水分能被细胞重新吸收,细胞可恢复正常;若气温突然升高,解冻太快,冰晶融化后的水分没有来得及被细胞吸收,就流失到体外去了,造成组织缺水作物枯萎。另一种是当气温突然下降,细胞内水分来不及渗透到细胞间隙,也可能在细胞内直接结冰,使原生质结构遭到破坏,引起细胞死亡。

(2)低温危害的预防　低温危害预防的农业措施,主要从以下两方面入手:

①提高作物自身抗寒性,培育抗寒品种。

②栽培管理措施。培育稳健生长的壮苗是作物栽培中抗寒的关键措施。秋冬季作物可以适时早播,促进根系发育,累积较多的营养物质,增强抗寒能力;春播作物可采用育苗培育壮苗移栽的方法。此外,适宜的播种深度,施用有机肥、磷钾肥等,都可增强作物的抗寒性。早春气候变化较为剧烈,作物如遇晚霜,容易受冻,可采取熏烟、灌水等措施来防止受害。

③改善田间气候。可以通过设置风屏、覆盖等,改变田间小气候,避免低温侵害作物。例如,稻秧在寒冷来临时,可采用灌水防冻护秧;气温回升后,呼吸耗氧增多,要及时排水。

2. 高温的危害及预防

(1)高温对作物的危害可以分为直接伤害和间接伤害。

①直接伤害:高温可使蛋白质凝固,失去其原有的生物学特性;另外,高温使细胞生物膜结构遭到破坏,膜中的类脂物质游离出来,造成细胞死亡。

②间接伤害:高温破坏了作物的光合作用和呼吸作用的平衡,使呼吸强度超过光合强度,作物因长期饥饿而死亡;高温促进蒸腾作用,破坏水分平衡,使植物萎蔫干枯;高温使作物体内含氮化合物的合成受到阻碍,因而体内易积累氨及其他含氮的有害中间代谢产物,造成作物中毒。

(2)高温危害的预防。对高温危害的预防,可以采取以下措施:

①增加作物的抗热性,培育抗热新品种。

②通过改善作物环境中的温度条件,如营造防护林带,增加灌溉,调节小气候来减少高温的伤害。

③通过避害,即调整播期,把作物对高温最敏感的时期(开花受精期)和该地区

的高温期错开来预防高温危害。

四、作物与水分

水分是生物存在最重要的生态因子,水分的多少在很大程度上决定了作物的分布和种植制度,也是当今世界作物产量进一步提高的重要限制因素。

(一)水分对作物的生理生态作用

(1)水是细胞原生质的重要组成部分 原生质含水量在 70%~80% 才能保持代谢活动正常进行。一般植物组织含水量占鲜重的 75%~90%,水生植物含水量可达 95%。

(2)水是代谢过程的重要物质 水分是绿色植物进行光合作用的基本原料之一。在呼吸作用以及许多有机物质的合成和分解过程中都有水分子参与。

(3)水是各种生理生化反应和运输物质的介质 植物体内的各种生理生化过程,如矿质元素的吸收、运输、气体交换,光合产物的合成、转化和运输以及信号物质的传导都需要以水为介质。

(4)水分是支撑整个植物体的主要因素之一 作物细胞吸足了水分,才能保持膨胀状态,使作物保持固有的姿态,枝叶挺立,花朵开放,根系得以伸展。

(5)水分存在是植株蒸腾作用的必要条件。

(6)水还可以通过水的理化性质调节植物周围的环境,如增加大气湿度,改善土壤及土壤表面大气的温度,提高肥料效率等。

(二)作物需水量和需水临界期

1. 作物需水量

作物的需水量通常用蒸腾系数表示。蒸腾系数是指作物每形成 1 g 干物质所消耗水分的克数。表 2-4 是几种作物的蒸腾系数。作物的蒸腾系数不是固定不变的,同一作物不同品种的需水量不一样,同一品种在不同的条件下种植,需水量也不相同。

表 2-4　几种作物的蒸腾系数

作物	粟、黍、高粱	玉米、大麦、棉花	小麦、马铃薯、甜菜	黑麦、蚕豆、豌豆
蒸腾系数	200~400	300~600	400~600	400~800
作物	荞麦、向日葵、豇豆	燕麦、水稻	大豆、苜蓿、苕子	油菜、亚麻
蒸腾系数	500~600	500~800	600~900	700~900

资料来源:官春云. 现代作物栽培学. 北京:高等教育出版社,2011

作物一生中对水分的需要量以中期最大,前期和后期相对较少,原因是中期生长旺盛,需水较多。影响作物需水量的因素主要是气象条件。大气干燥、气温高、风速大,蒸腾作用强,作物需水量多,反之需水量少。

2. 作物的需水临界期

作物一生中对水分最敏感的时期,称为作物的需水临界期。在这一时期,水分供应不足对作物生长发育和产量影响最大。小麦的需水临界期是孕穗期,在此时期,植株体内代谢旺盛,细胞液浓度低,吸水能力小,抗旱能力弱。如果缺水,幼穗分化、授粉、受精、胚胎发育均受阻碍,最后造成减产。表 2-5 是几种作物的需水临界期。

表 2-5 几种作物的需水临界期

作　物	需水临界期	作　物	需水临界期
小麦、大麦、燕麦、黑麦	孕穗至抽穗	水稻	孕穗至扬花
玉米	大喇叭口期	高粱、糜子	孕穗至开花
豆类、荞麦、花生、油菜	开花期	棉花	花铃期
瓜类	开花至成熟	马铃薯	开花至块茎形成
向日葵	葵盘的形成至灌浆	甘蔗、麻类	茎迅速伸长期

(三)水分逆境对作物的影响及作物的抗性

1. 干旱对作物的影响及作物的抗旱性

当水分低到不能满足作物的正常生命活动时,便出现干旱。作物遇到的干旱有大气干旱和土壤干旱两类。大气干旱是指空气过度干燥,相对湿度低到 20% 以下的干旱。大气干旱伴随着高温,使作物的蒸腾大于水分的吸收,从而破坏体内水分平衡。土壤干旱是指土壤中缺乏作物可利用的有效水分而造成的干旱,土壤干旱对作物危害极大。

(1)干旱对作物的影响　①降低作物的各种生理过程。干旱时,气孔关闭,减弱了蒸腾降温作用,引起叶温的升高,使光合作用减弱并扰乱氮素和脂类的代谢,从而损伤细胞膜。当叶片失水过多时,使原生质脱水,叶绿体受损和气孔关闭,从而抑制光合作用,同时抑制叶绿素的形成。②影响作物产量及品质。水分供应不足,呼吸增强,光合减弱,物质合成减少,物质贮藏和转运能力下降,严重阻碍作物产量的形成。

(2)作物的抗旱性　作物的抗旱性表现在 3 个方面:①一般栽培作物具有一定的旱生结构,如形成庞大的根系或深入土壤深层;②干旱时由于运动细胞先失水,体积缩小而使小叶卷曲;③原生质黏性和弹性较高。作物种类不同,抗旱性不同,糜子(黍、稷)、谷子、高粱等抗旱性较强,甘薯、小麦次之,棉花、甜菜抗性较差;同一作物种类的不同品种之间,抗旱能力也有差异。

(3)抗旱农艺措施　①抗旱锻炼。生产中常采用蹲苗来提高作物的抗旱能力。所谓蹲苗,就是在作物苗期减少水分供应,使之经受适度缺水的锻炼,促使根系发达下扎,根冠比增大,叶绿素含量增多,光合作用旺盛,干物质积累加快。经过锻炼的作物如再次碰上干旱,植株体内保水能力增强,抗旱能力显著增加。②肥料调控。通过增施磷、钾肥来提高植株的抗旱性。磷、钾肥能促进蛋白质的合成,提高胶体的水合度;改善作物的碳水化合物代谢,增加原生质的含水量;促进作物根系发育,提高作物吸收能力。多施有机肥能增加土壤中腐殖质的含量,从而有利于增强土壤的持水能力。

2. 涝害对作物的影响及作物的抗涝性

(1)涝害对作物的影响　田间水分过多对作物构成的危害称为涝害。田间水分过多一般有两种程度:一种是指土壤水分处于饱和状态,根系完全生长在沼泽化的泥浆中,这种涝害也叫湿害;另一种是指水分不仅充满土壤,而且田间大量积水,作物的局部或整株被淹没,造成涝害。湿害和涝害使作物处于缺氧的环境,严重影响作物的生长发育,直接影响产量和产品质量。

(2)涝害的生理机制　①作物生长停滞。涝害导致作物根系缺氧,抑制了有氧呼吸,阻止水分和矿物元素的吸收。植株生长矮小,叶黄化,根尖变黑,叶柄偏上生长。缺氧对亚细胞结构也产生深刻的影响,如水稻根细胞在缺氧时线粒体发育不良。②生理代谢损害。作物在淹水情况下,首先是光合作用的抑制,其次是各种生理活动发生变化,有氧呼吸衰退,无氧呼吸增加,呼吸基质消耗殆尽,植物呼吸停止而死亡。无氧呼吸所产生的酒精在作物体内积累,对作物细胞也有毒害作用。

土壤水分过多还会影响作物的品质,如使烟叶中尼古丁和柠檬酸的含量都降低,品质变劣。

(3)作物对涝害的生态适应　作物对于水分过多引起的土壤缺氧有一定的适应性。如果是逐步淹水引起土壤中的氧慢慢下降,植物根系随之木质化。这种木质化的细胞吸收养分和水分比较困难,所以木质化了的根对土壤还原物有较强的抗性,耐湿性增大。

不同作物的耐涝能力有所差别。陆生喜湿作物中,芋头比甘薯抗涝。旱生作物中,油菜比马铃薯、番茄抗涝,荞麦比胡萝卜、紫云英抗涝。水稻中,籼稻比糯稻抗涝,糯稻又比粳稻抗涝。同一作物不同生育时期抗涝程度也不同。水稻一生中幼穗形成期到孕穗中期受害最严重,其次是开花期,其他生育时期受害较轻。孕穗期是花粉母细胞及胚囊母细胞减数分裂期,此期如果稻苗地上部淹水,就可破坏花粉母细胞发育,造成颖花与枝梗退化,形成大量的空瘪籽粒。

作物抗涝性的强弱决定于其地上部分向根系供氧能力的大小,是决定作物抗涝性的主要因素。如果作物具有发达的通气系统,地上部吸收的氧气可通过胞间空隙系统输送到根或者缺氧部位。例如,水稻之所以能在较长期的淹水条件下生长,就是由于水稻根表皮下有显著木质化的厚壁细胞,而且具有从叶向根输送氧气的通气组织,使根系不断地取得氧气。

(4)作物抗涝农艺措施　防御湿害和涝害的中心是治水,首先要因地制宜地搞好农田排灌设施,加速排除地面水,降低地下水和耕层滞水,保证土壤水气协调,以利于作物正常生长和发育。同时,采取开沟、增施有机肥料以及田间松土通气等综合措施,也能有效地改善水、肥、气、热状况,增强作物的耐湿抗涝能力。

五、作物与空气

(一)空气成分及其对作物的生态作用

空气的成分非常复杂,按体积计算,在标准状态下,N_2 约占 78%,O_2 约占 21%,CO_2 约占 0.03%,其他气体约占 0.97%。在这些气体成分中,CO_2 影响着作物的光合作用,O_2 影响作物的呼吸作用,N_2 影响豆科作物的根瘤菌固氮,SO_2 等有毒气体造成大气污染而直接或间接地影响作物的产量和品质。

1. CO_2 对作物的生态作用

作为光合作用主要原料之一,CO_2 的浓度直接影响光合作用的光合速率。光合速率随 CO_2 浓度提高而增加,当光合速率与呼吸速率相等时,此时的 CO_2 浓度即为 CO_2 补偿点,当 CO_2 浓度达到一定水平时,光合速率达到最大值,此时的 CO_2 浓度称为 CO_2 饱和点。

当前全球 CO_2 浓度呈现持续上升的趋势,CO_2 含量的富集将促进作物增产,从而缓和世界上粮食短缺的状况。但是,也有专家认为事情并不那么乐观。由于提高 CO_2 浓度可促使某些作物增加产量,于是就出现了 CO_2 施肥的问题。迄今为止,CO_2 施肥多半还是在温室中或在塑料薄膜保护下进行的。目前,推广 CO_2 施肥还有很大的难处。首先,每生产 1 kg 干物质大约要消耗 15 kg CO_2,用量大,体积更大,特别是以气体状态存在,流动性也大,应用起来比较困难。其次,不论利用干冰或液化石油燃烧来生成 CO_2,价格都很昂贵,成本过高,难以推广。提高 CO_2 浓度比较现实的措施是增施有机肥。有机肥施入土壤后,能增加土壤中好气性细菌的数量,并增强其活力,释放出更多的 CO_2。

2. 氧气对作物的生态作用

呼吸作用是指生活细胞氧化分解有机物,并释放能量的过程,它为生命过程提供能量。作物的呼吸根据是否需要氧气,分为有氧呼吸与无氧呼吸两种形式,其中有氧呼吸是作物呼吸的主要形式。

O_2 供应状况直接影响作物呼吸速率与呼吸性质。O_2 不足不仅使呼吸速率下降,还会使无氧呼吸升高。短时间无氧呼吸影响不大,长时间无氧呼吸会使作物死亡。原因有 3 个方面:一是无氧呼吸产生酒精,引起原生质蛋白质变性;二是无氧呼吸产生的能量少,物质消耗多;三是没有丙酮酸氧化过程,许多中间产物不能合成。作物受涝死亡,就是由于无氧呼吸过久。此外,O_2 浓度也并非愈多愈好,过高的 O_2 浓度对作物反而有毒。

(二)大气环境对作物生产的影响

1. 温室效应

大气层中的某些微量气体组分能使太阳的短波辐射透过,加热地面,而地面增温后所释放出的热辐射,却被这些组分吸收,使大气增温,这种现象称为温室效应。近年来,由于大量的 CO_2、CH_4、N_2O 等温室气体的排放,温室效应逐步加强,对于农田生态系统来说,其负效应也越来越明显。

(1)农田环境改变 两极冰帽的消融将引起海平面的上升,使沿海低地受海水入侵,地下水分含盐量提高。由于气温上升,降雨量分布也将发生不同的变化,其中赤道附近和两半球纬度 50°以上的地区将出现降雨量增加,相反,在纬度 10°～50°地区土壤含水量趋于缺乏。不仅如此,湿度减少地区还会随季节的不同而扩大,秋、春两季蒸发量增强,使土壤更加干旱,夏季因缺水而导致的干旱程度增加,对作物生产有着不利的影响。

(2)大气 CO_2 含量继续增长 据预测,如大气中 CO_2 继续增加,作物和植物的产量均可增加,虽然作物产量增加了,但是栽培植物与野生植物之间的竞争将加剧,杂草防治将更加困难。

(3)对病虫害的影响 由温室效应导致的气温和降水量的变化,会进一步影响各种作物病虫害的发生、分布、发育、存活、迁移、生殖、种类、动态,可能加剧某些病虫害的发生。

2. 臭氧

臭氧是 NO_2 在太阳光下分解产物与空气中分子态氧反应的产物。近几十年来大气中 NO_2 浓度的增加,导致了臭氧浓度的增加,这种高浓度的臭氧成了伤害作物的主要气态污染物之一。臭氧对作物的伤害表现在增加作物细胞膜透性并导致离子外渗、钝化某些酶并使光合作用碳还原率降低、改变代谢途径、刺激乙烯的产生、促进体内蛋白质的水解、干扰蛋白质合成,从而引起作物生长缓慢,提早衰老,产量降低。有研究表明,臭氧浓度增加与作物减产率呈正相关。另外,当臭氧和大气中的 SO_2 或酸雨同时存在时,将增强对作物的不良影响。

3. 酸雨

酸雨(大气酸沉降)是指 $pH<5.7$ 的大气酸性化学组分通过降水的气象过程进入到陆地、水体的现象。严格地说,它包括雨、雾、雪、尘等形式。酸雨使作物受到双重危害。酸雨在落地前首先影响叶片,落地后则影响作物根部。试验表明,酸雨可加速破坏叶面蜡质,淋失叶片养分,破坏作物的呼吸、代谢,引起叶片坏死性损害,并诱发叶簇器官产生病理变化;对处于生殖生长中的作物,则会影响种子的萌发率,缩短花粉的寿命,减弱繁殖能力,从而影响产品产量和质量;酸雨还会降低作物的抗病能力,诱发病原菌对作物的感染,抑制豆科作物根瘤菌生长和固氮作用。

六、作物与土壤

土壤是指地球表面能够生长绿色植物的疏松表层,由固、液、气三相物质组成,为作物生长提供水、肥、气、热及支撑固定作用等,是作物赖以生长发育的基础。土壤性质是指土壤所具有的内在特性,包括物理、化学、生物 3 方面。土壤肥力(soil fertility)是指土壤能够提供作物生长所需的养分、水分、空气和热量等各种养分的能力,是土壤物理、化学和生物学性质的综合反映,也是土壤的基本属性和本质特征。土壤肥力从有机质、全氮、全磷、全钾、碱解氮、有效磷和速效钾含量、pH、质地、耕层厚度、土壤质量等方面影响作物产量。

(一)土壤的物理性质对作物生长的影响

土壤的物理性质是三相体系中所产生的各种物理现象和过程,包括土壤质地、结构、水分、温度、空气及通气性、孔隙、容重、母质、厚度、颜色等特性。其中,土壤质地、结构、水分、空气和温度占主导地位,它们的变化常引起土壤其他物理性质和过程的变化。不同的土壤物理性质造成土壤水、气、热的差异,影响土壤中矿质养分的供应情况,从而影响作物的生长发育。

1. 土壤质地

土壤质地(soil texture)是指土壤中直径大小不同的矿物颗粒的组合状况。通俗地说,土壤质地就是土壤的沙黏性。土壤质地影响土壤水分和空气的保持和有效性、根系发育状况、土壤的透水速率和耕性等。土壤质地一般分为沙土、壤土和黏土 3 种类型。

(1)沙土类(sandy soil great group)　土粒以沙粒(粒径 1～0.05 mm)为主,占 50%以上。土质疏松、易耕作、透水性强、保水性差、保肥能力差。沙土适合种植块根类以及生长期短、耐旱、耐瘠薄的作物,如芝麻、花生、西瓜等。在这种土壤上生长的作物容易出现前期猛长,后期脱肥早衰的现象,施肥时应勤施少施。

(2)黏土类(clayed soil great group)　土粒以细粉粒(粒径小于 0.01 mm)为主,占 30%以上。这种类型土壤紧实板结、通气透水性差、耕作困难、有机质分解慢、保水保肥强、易积水、不耐旱不耐涝。黏土适合种植小麦、玉米、水稻、枇杷等。在这种土壤上生长的作物常有缺苗现象,幼根生长慢,表现为"发老苗不发小苗"。

(3)壤土类(loamy soil great group)　土粒以粗粉粒(粒径小于 0.5～0.01 mm)为主,占 40%以上,细粉粒小于 30%。这种土壤类型土壤土粒适中、通气透水良好、保水保肥能力强、供肥性能好、耕性良好、耐旱耐涝,是耕地中的"当家地"和高产田。壤土适合种植各种作物。

2. 土壤结构

土壤结构(soil structure)是指土壤固相颗粒的排列形式、孔隙度以及团聚体的大小、多少及其稳定度。良好的土壤结构是土壤肥力的基础。土壤结构类型有块状、片状、柱状、团粒结构等。团粒结构(granular structure)是疏松多孔、近似于球形的小土团,这种土壤结构有机质含量丰富,水、肥、气、热的协调状况好,可为作物的生长发育提供良好的生活条件,有利于根系活动和吸取水分和养分,是肥沃土壤的标志特征。

3. 土壤水分

土壤水分(soil moisture)主要来自大气降水、农业灌水、地下水、大气中气态水凝结等。在我国北方,土壤中的含水量也称为墒情,土壤有一定的墒情才能耕作、播种。

4. 土壤空气

土壤空气(soil air 或 soil atmosphere)和水分共同存在于土壤孔隙中。土壤空气由氧气、二氧化碳、氮气等组成,土壤中的氧气含量低于大气含量,二氧化碳和水汽含量则高于大气含量。通气不良的土壤中还含有甲烷、硫化氢、氢气等还原性气体。

土壤空气影响种子萌发和根系的发育。种子萌发需要氧气与水分,氧气不足会造成烂种、烂根。

土壤空气影响土壤养分的状况。氧气多少会影响矿化和养分供给,影响根对养分的吸收,如玉米缺氧时对钾、钙、镁、氮、磷的养分吸收能力依次递减。

土壤空气影响植物抗病性。土壤中的二氧化碳过多,造成土壤酸度增高,使霉菌发育,植株生病。

(二)土壤的化学性质对作物生长的影响

1. 土壤酸碱性与作物生长

土壤的酸碱性(acidity-alkalinity of soil)通常用 pH 表示。土壤的 pH 是影响土壤肥力的重要因素之一。不同作物适宜生长的 pH 范围不同,马铃薯适宜 $4.8\sim5.4$,花生、甘薯、烟草等适宜 $5.0\sim6.0$,水稻、小麦、玉米、大麦、大豆、紫云英、苕子等适宜 $6.0\sim7.0$,豌豆、向日葵、甘蔗、甜菜等作物适宜 $6.0\sim8.0$。我国南方分布有大面积的酸性红黄壤,北方和内陆有大面积的碱性、石灰性土壤。

2. 土壤养分与作物生长

土壤养分(soil nutrients)指由土壤提供的植物生长所必需的营养元素。土壤中能直接或经转化后被植物根系吸收的矿质营养成分包括氮、磷、钾、钙、镁、硫、铁、硼、钼、锌、锰、铜和氯等 13 种元素。土壤养分按其化学形态可分为有机态和无机态两大类,植物以吸收无机态养分为主,吸收有机态养分较少。

土壤养分的重要指标主要包括土壤有机质、全氮、有效磷和速效钾,其含量的多少是土壤肥力的重要体现。影响土壤养分有效性的主要因素有难溶态养分转化为溶解态养分的速度、土壤溶液中养分的强度和数量因素、土壤养分与根系的接触等。

二维码 2-2　作物与矿质营养

作物与矿质营养详见二维码 2-2。

3. 土壤有机质与作物生长

土壤有机质(soil organic matter,SOM)是土壤固相物质组成之一,是土壤中除碳酸盐及二氧化碳以外的各种含碳化合物的总称。土壤中的有机质主要来自植物及土壤内的微生物和动物,以及各种有机肥料。有机质含量高低是评价土壤肥力的重要标志之一。我国耕地土壤中耕层有机质的含量一般为小于 $50\ g/kg$。有机质有助于提高土温和增强土壤保水性能,增施有机肥料(如绿肥、厩肥)是提高土壤有机质含量和提高土壤肥力的重要措施。

(三)生物性质对作物生长的影响

土壤的生物性质是指土壤动物、植物和微生物活动所造成的一种生物化学和生物物理学特征。土壤中的生物包括脊椎动物、蚯蚓、线虫、螨虫、昆虫、真菌、细菌和放线菌等。

蚯蚓的数量是评价土壤肥力指标之一。蚯蚓在土壤中的活动显著增强土壤的通气和透水性,改善土壤的物理性质。蚯蚓的排泄物含有效养分多,且保水保肥。大量的蚯蚓是土壤高度肥沃的标志。

土壤中的固氮细菌、硝化细菌、亚硝化细菌等在土壤碳、氮、硫、磷的循环中担当着重要角色。

土壤真菌参与动、植物残体的分解,成为土壤中氮、碳循环不可缺少的动力,特别是在植物有机体分解的早期阶段,真菌比细菌和放线菌更为活跃。许多土壤真菌是重要的植物病原菌。有些真菌可以侵入作物的根部,与作物形成共生体,称作菌根。

第三节　农田生态系统

在作物生长发育的过程中,农田环境中多个生态因子彼此间以及因子与作物间时刻都在发生交互作用。因此,要取得理想的产量和效益,就需要用系统的观点来分析农田中各个生态因子,使它们能与作物生长最大限度地协调和配合。另外,作物生产实际上是作物利用自然资源和社会资源的一个生物再生产的过程,要合理持续地利用资源、提高资源利用效率,就必须用生态学的原理和方法来人工调节和控制作物及其环境。

农业生态系统(agroecosystem)是以农业生物为主要组分、受人类调控、以农业生产为主要目标的生态系统。例如,珠江三角洲传统的桑基鱼塘里,农民在低洼地挖塘,把塘泥堆在塘基上,在塘基上种桑,用桑喂蚕,蚕沙(粪和叶)喂鱼,塘泥回基,这是一个典型的农业生态系统——桑基鱼塘生态系统。

根据系统的主要生产项目,农业生态系统可分为农田生态系统、林业生态系统、渔业生态系统、牧业生态系统、农牧生态系统、林牧生态系统、农林生态系统等。

一、农田生态系统

(一)农田生态系统的定义

农田生态系统(farmland ecosystem)是指人类在以作物为中心的农田中,利用生物和非生物环境之间以及生物种群之间的相互关系,通过合理的生态结构和高效生态机能,进行能量转化和物质循环,并按人类社会需要进行物质生产的综合体。它是农业生态系统中的一个主要亚系统,是一种被人类驯化了的生态系统。农田生态系统不仅受自然规律的制约,还受人类活动的影响;不仅受自然生态规律的支配,还受社会经济规律的支配。

(二)农田生态系统的组分

自然生态系统在结构上包括两大组分,生物组分和非生物环境组分(环境组分)。非生物环境组分又可分为辐射、气体、水体和土体等要素;生物组分则可分为生产者、消费者和分解者3大功能类群(图2-4)。

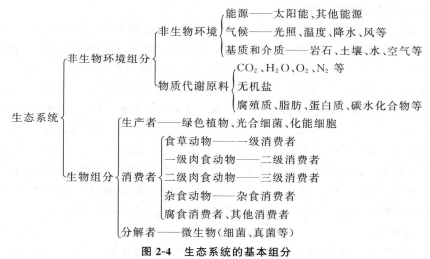

图 2-4　生态系统的基本组分

资料来源:陈阜.农业生态学.北京:中国农业大学出版社,2002

与自然生态系统一样,农田生态系统也包括生物与环境两大组分。与自然生态系统不同的是,农田生态系统的两大组分都受人为的支配和干预。

1. 生物组分

农田生态系统的生物,按功能区分可以分成以绿色作物为主的生产者,以动物为主的大型消费者和以微生物为主的小型消费者。然而,在农田生态系统中,占据主要地位的生物是经过人工驯化的农作物、人工林木等,其次是一些人工放养于农田的某些动物,以及与这些农业生物关系密切的生物种群,如专食性害虫、寄生虫、根瘤菌等。由于人类有目的地选择与控制,其他的生物种类和数目一般较少,生物多样性显著低于同一地区的自然生态系统。

2. 环境组分

农田生态系统的环境组分包括自然环境组分和人工环境组分两部分。自然环境组分是从自然生态系统中继承下来的部分,但都不同程度地受到人类的调节与控制,如作物群体内的温度、光照、土壤的理化特性等。人工环境组分主要指对农田生态系统的各种社会资源的投入,如施肥、灌溉、防治病虫害、设施栽培等。人工环境组分是自然生态系统中不存在的,通常以间接的方式对生物施加影响。

(三)农田生态系统的结构

1. 组分结构

组分结构(component structure),也称为物种结构,指农田生态系统内生物种类的组成、数量及其相互关系。

农田生态系统的物种组成和数量受自然条件和社会条件的双重影响。农田生物种群结构调整与品种更换、农田措施变更(如施用农药)影响系统内生物种类组成和数量,遗传育种和引入新种可导致生物基因构成的改变。毁林造田、围筑堤坝、平整土地等人为干扰能显著改变农田生态环境,从而改变系统内的组分结构。

物种结构可分为单一结构和复合结构。冬小麦、玉米、大豆、水稻为常见的单一结构。为了发挥更大的效益,人们采用不同方式将农、林、牧、副、渔各业联系起来,合理布局,充分利用资源,形成多种多样的农田生态系统结构。例如,将农作物秸秆等废弃物和家畜排泄物肥料化,向农田提供经过发酵的高效有机肥料,可逐年提高土壤的有机质含量。这样,农作物的果实、秸秆和家畜排泄物都得到循环利用,输出各种清洁能源和清洁肥料,获得良好的生态、社会和经济效益。

2. 时间结构

随着季节变化而种植不同作物形成的结构,称为农田生态系统的时间结构(temporal structure)。在农田生态系统中,时间结构反映各物种在时间上的相互关系,同时也反映每个物种所占的时间位置。如农田生物类群有不同的生长发育阶段、生态类型和季节分布类型,适应不同季节的作物按人类需求可以实行复种、套作或轮作,占据不同的生长季节,这是当前产业中提高复种指数的有效手段之一。

3. 空间结构

空间结构(space structure)是指农田生态系统中各个组成成分的空间配置,又分为水平结构与垂直结构。

①水平结构。是指在一定区域内,水平方向上各种农田生物类群的组合与分布,亦即由农田中多种类型的景观单元所组成的农田景观结构。在水平方向上,常因地理原因而形成环境因子的纬向梯度或经向梯度,如温度的纬向梯度、湿度的经向梯度,农田生物会因为自然和社会条件在水平方向的差异而形成带状分布、同心

圆式分布或块状镶嵌分布。如农田生产中采用的间作、套种就是典型的水平结构。

②垂直结构。垂直结构是指农田生物类群在同一土地单元内,垂直空间上的组合与分布。在垂直方向上,环境因子因地理高度、水体深度、土壤深度和生物群落高度而产生相应的垂直梯度,如温度的高度梯度、光照和水深梯度,农田生物也因适应环境的垂直变化而形成立体结构。在农业生产上,人们利用生物在形态上、生态上、生理上的不同而创建复合群体,实行高矮相间的立体种植或深浅结合的立体养殖,以及种养结合的立体种养方式,形成了多种多样的人工立体结构。

4. 营养结构

营养结构(trophic structure)又称食物链结构,是指农田生物以营养为纽带而形成的若干条链状营养结构。在农田生态系统中,营养结构反映各种生物在营养上的相互关系,同时也反映每一种生物所占的营养位置。农田生态系统不仅具有与自然生态系统相同的输入、输出途径,还有人类有意识地输入和强化了的输出。有时,人类为了扩大农田生态系统的生产力和经济效益,常采用食物链"加环"来改造营养结构;为了防止有害物质沿食物链富集而危害人类的健康与生存,而采用食物链"解链"法来中断食物链与人类的连接,从而减少对人类的健康危害。

(四)农田生态系统的功能

农田生态系统通过由生物与环境构成的有序结构,可以把环境中的能量、物质、信息和价值资源,转变成人类需要的产品。农田生态系统具有能量转换功能、物质转换功能、信息转换功能和价值转换功能,在这种转换之中形成相应的能量流、物质流、信息流和价值流。

1. 能量流

农田生态系统不但可利用太阳能和其他能源,如风能、水势能等,还可通过食物链在生物间进行传递,形成能量流。为提高生产力,农田生态系统还可利用人力和畜力,以及机械作业中的煤、石油等矿物提供的能量为动力而进行的农机生产、化肥和农药生产、田间排灌、栽培操作等,从而形成辅助能量流。

2. 物质流

以各种化学元素为基础的物质,如氮、磷、钾、碳、氧、氢等,在农田生态系统中被转换到不同形态的分子中,传递到不同的组分里,形成连续的物质流。农田生态系统物质流中的物质不但有天然元素和化合物,而且有大量人工合成的化合物。

3. 信息流

每个信息过程都包括产生、传送和接收 3 个环节。多个信息过程相连就使系统形成信息网。当信息在信息网中不断被转换和传递时,就形成了信息流。在自然生态系统中,生物体通过产生和接收形、声、色、气、味、压、磁、电等信号,并以气体、土体、水体为介质,频繁地转换和传递信息,形成一个无形的信息网。与自然生态系统一样,农田生态系统中也有这种信息网存在。

与自然生态系统不同的是,调节农田生态系统的生产者,不但要利用自然信息,还需要利用各种社会信息;不但靠自然过程获得信息,也靠社会渠道(如广播、电视、出版物、计算机网络等)获取信息,从而形成一个有形的人工信息网。

4. 价值流

价值可在农田生态系统中转换成不同的形式,并且可以在不同的组分间转移。以实物形态存在的农业生产资料的价值,在人类劳动的参与下,转变成生产形态的价值,最后以增值了的产品价值形态出现。价格是价值的表现形式,以价格计算的资金流是价值流的外在表现。

农田生态系统的能量流、物质流、信息流和价值流之间相互交织。能量、信息和价值依附于一定的物质形态。物质流、信息流和价值流都要依赖能量的驱动。信息流在较高的层次调节着物质流、能量流和价值流。与人类利益或需求发生关系的物质流、能量流和信息流都与价值变化和转移相联系。

(五)农田生态系统与自然生态系统的区别

农田生态系统起源于自然生态系统,因而与自然生态系统有很多相似的特征。然而,农田生态系统又经过了人类长期的改造和调节控制,因此又明显区别于一般的自然生态系统。二者的主要区别有以下 5 个方面。

1. 系统的生物构成不同

农田生态系统的主要生物——作物,是人为选择和种植的产物。同时,由于栽培作物是人类长期驯化和培育的植物,其遗传性状已受到人为的干预,因此其特性与自然界的植物有很大的区别。除了通常意义的生物组成外,农田生态系统还包括人类本身。

2. 系统的稳定性不同

自然生态系统保持平衡的机制是通过其生物多样性和复杂的食物网来实现的,但在农田生态系统中,作物是主要的优势种群。在多数情况下,作物以外的生物都受到人类强有力的干预。因此,农田生态系统的物种要远比自然生态系统单一,系统的自动调节机制被削弱,系统的稳定性也低于自然生态系统。

3. 系统的开放程度不同

自然生态系统的生产是一种自给自足的生产,生产者所生产的有机物质,大部分保留在系统之内,许多营养元素基本上可以在系统内部循环和平衡;而农田生态系统的生产除了满足日益增长的人类生活需求以外,还要满足市场与工业等行业发展所必需的商品和原料,这样要有大量的农产品离开系统,留下少部分残渣等副产品参与系统内再循环。为了维持系统的再生产过程,除了太阳能以外,人类还需要向系统大量输入化肥、农药、机械、电力、灌水等物质和能量。此外,除了人类有意识的输入和输出外,无意的输入和输出也会增加。如农药、化肥的施用带来的环境污染,开垦坡地造成的水土流失等,农田生态系统的这种"大进大出"现象,表明了农田生态系统的开放程度远远超过自然生态系统。

4. 系统的生产力不同

农田生态系统的生产力相比同一区域内的自然生态系统要高,例如,热带雨林的初级生产力为 7 500 kg/hm²,而一年两季的水稻谷物产量可达 15 000 kg/hm²。

5. 系统运行"目标"不同

自然生态系统运行的"目标"是使自然资源最大限度地被生物利用,并使生物现存量达到最大。而农田生态系统的"目标"是使农业生产在有限的自然与社会条件制约下,最大限度地满足人类的生存、致富和持续发展的需要。

二、农田生态系统的能量转化

(一)农田生态系统的能源

农田生态系统中的能量来源包括太阳能和辅助能两类。其中太阳辐射是能量的主要来源。照射在作物上的辐射能,大约有一半被作物的光合机制所吸收,这部分能量的 1%～5% 可转变为生物化学潜能,其余能量以热的形式离开农田生态系统。

除太阳辐射能外,农田生态系统接收的其他形式的能量均称为辅助能。辅助能投入到农田生态系统之后,并不能转化成为生物体内的化学能,而是通过促进生物种群对太阳光能的吸收、固定及转化效率,从而扩大生态系统的能量流通量,提高系统的生产力。

根据辅助能的来源,可将辅助能划分为自然辅助能和人工辅助能。自然辅助能的形式有风力作用、沿海和河口的潮汐作用、水体的流动作用、降水和蒸发作用等。人工辅助能包括生物辅助能和工业辅助能两类。前者是指来自生物有机物的能量,如劳力、畜力、种子、有机肥、饲料等;后者是指来源于工业的能量投入,也称为无机能、商业能、化石能,包括以石油、煤、天然气、电等含能物质直接投入到农田生态系统的直接工业辅助能,以及以化肥、农药、机具、生长调节剂和农业设施等本身不含能量,但在制造过程中消耗了大量能量的物质形式投入的间接工业辅助能。

(二)农田生态系统的能量流动路径

生态系统的能量流动始于初级生产者对太阳辐射能的捕获,通过光合作用将日光能转化为贮存在植物有机物质中的化学潜能,这些被暂时贮存起来的化学潜能由于后来的去向不同而形成了农田生态系统能量流动的不同路径,如图 2-5 所示。

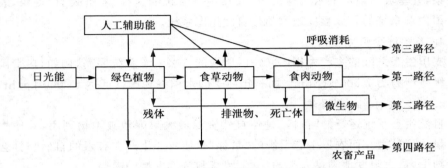

图 2-5 农田生态系统能量流动路径示意图

1. 第一条路径(主路径)

植物有机体被一级消费者取食消化,进而又被二级消费者取食消化,依次进行。能量沿食物链(各种生物通过一系列吃与被吃的关系,把这种生物与那种生物紧密地联系起来,这种生物之间以食物营养关系彼此联系起来的序列,称为食物链)各营养级流动,每一营养级都将上一级转化而来的部分能量固定在本营养级的生物有机体中,但最终随着生物体的衰老死亡,经微生物分解将全部能量散逸归还于非生物环境。

2. 第二条路径

在每个营养级中都有一部分死亡的生物有机体,以及排泄物或残体进入到腐食食物链,在分解者的作用下,这些复杂的有机化合物被还原为简单的 CO_2、H_2O 和其他无机物质,有机物质中的能量以热量的形式散发于非生物环境。

3. 第三条路径

无论哪一级生物有机体在其生命代谢过程中都要进行呼吸作用,在这个过程中生物有机体中存贮的化学潜能做功,维持了生命的代谢,并驱动了生态系统中物质流动和信息传递,生物化学潜能也转化为热能,散发于非生物环境中。

4. 第四条路径

以上 3 条路径是所有生态系统能量流动的共同路径,对于主要供给人类需要的农田生态系统而言,大量的辅助能量的投入间接地促进了农田生态系统的能量流动与转化。从能量的输入来看,随着人类从生态系统内取走大量的农畜产品,在大量的能量与物质流向系统之外,形成了一股强大的输出能流,这是农田生态系统区别于自然生态系统的一条能流路径,也称为第四条能流路径。

(三)林德曼效率与生态效率定律

美国生态学家林德曼 20 世纪 30 年代末在对 Cedar Gog 湖的食物链进行研究时发现,营养级之间的能量转化效率平均大致为 1/10,其余 9/10 由于消费者采食时的选择浪费,以及呼吸、排泄等被消耗了,这个发现被人们称为林德曼效率或十分之一定律,它的重要意义在于开创了生态系统能量转化效率的定量研究,并初步揭示了能量转化的耗损过程和低效能原因。

林德曼效率只是揭示了营养级之间的能量转化效率,此后的研究表明能量转化效率不仅反映在营养级之间,还反映在营养级内部,因为发生在营养级之内的大量能量耗损,也是影响能量转化效率的重要方面(图 2-6)。能量转化效率在生态学上又被称为生态效率,因此,这一定律也被称为生态效率定律。

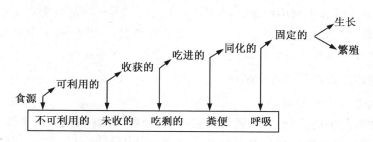

图 2-6　能量在营养级内和营养级间的损耗

按照能量在营养级内外的转化关系,可将生态系统的生态效率定律分为两类。

1. 营养级之间的生态效率定律

营养级之间的生态效率定律包括摄食效率、同化效率、生产效率和利用效率。摄食效率(林德曼效率)指该营养级摄食量与上一级摄食量之比。同化效率指该营养级同化量与上一营养级同化量之比。生产效率指该营养级生产量与上一级生产量之比。利用效率指该营养级生产量与上一级营养级的同化量之比。

2. 营养级内部的生态效率定律

营养级内部的生态效率定律包括组织生长效率、生态生长效率、同化效率和维持价。组织生长效率指生产量与同化量之比。生态生长效率指生产量与摄食量之比。同化效率指同化量与摄食量之比。维持价指生产量与呼吸量之比。

三、农田生态系统的物质循环

生物有机体和生态系统为了自己的生存与发展,不仅要不断地输入能量,而且还要不断地完成物质循环。物质在有机体和生态系统中起着双重作用,它既是用以维持生命活动的物质基础,又是能量的载体。生态系统是一个物质实体,包含着许多种生命所必需的无机和有机物质,在生态系统的物质转移流动过程中,被生物有机体丢失的部分返回环境后,可以重新被生物再吸收利用,因此,物质能够在生态系统中被反复利用而进行循环。

(一)参与农田生态系统循环的物质种类

农田生态系统是作物、环境与人工控制的三元系统,它的物质循环不仅依赖于作物本身生产的有机物质的分解和再循环,而且还依赖于社会经济系统的物质能量的投入和输出。在许多情况下,后者往往起着决定性的作用。人为控制输入和输出的依据就是保持生态系统的动态平衡,促进生态系统的改善和优化。

参与农田生态系统物质循环的物质一部分直接来自环境,包括土壤中的有机质、各种营养元素和土壤中的水,空气中的 CO_2、N_2 等;另一部分来自人工的投入,如种苗、肥料、农药、生长调节剂等。人工投入的物质,一部分经土壤水溶解、微生物分解等过程后参与物质的循环过程,一部分则残留在系统内。

(二)农田生态系统的养分循环

1. 养分循环的一般模型

农田生态系统的养分循环,通常是在土壤、植物、畜禽和人类 4 个养分库之间进行的。同时,每个库都与外系统保持着多条输入与输出流。图 2-7 列出了农田生态系统养分循环的一般模型。

2. 有机质与农田养分循环

(1)有机质在养分循环中的作用　土壤有机质不仅是土壤微生物的主要能源,而且是各种营养元素的重要载体。土壤有机质丰富,可以促进土壤微生物的活动,增加土壤腐殖质的含量,改善土壤物理性状,提高土壤的潜在肥力。有机质具有和硅酸盐同样的吸附阳离子的能力,有助于土壤中阳离子交换量的增加,又能与磷酸形成螯合物,从而提高磷肥肥效,减少铁、铝对磷肥的固定。此外,有机质还能增加土壤保水能力、提高土壤的抗旱能力,抑制有害生物如土壤线虫的繁殖,以及形成对作物生长有刺激作用的腐殖酸等。因此,土壤有机质含量是土壤肥力水平高低的重要指标。

(2)有机质的来源　在农田生态系统内,土壤有机质的主要来源是作物残体,

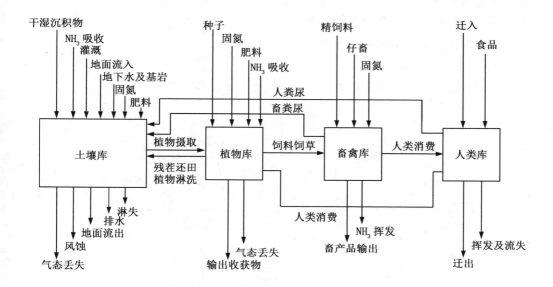

图 2-7　农田生态系统养分循环的一般模型

资料来源:沈亨理.农业生态学.北京:中国农业出版社,1996

此外还有人畜粪便以及各种土壤生物的遗体和排泄物等。这些新鲜的有机物经过土壤微生物的作用后,可转化成土壤腐殖质贮存起来,也可以进一步被微生物分解消耗,形成矿物质供作物吸收利用。因此,土壤有机质的含量主要取决于新鲜有机物的供应量和土壤微生物的分解速度。在我国南方地区,水热条件十分有利于土壤微生物的活动,新鲜有机物的腐熟非常快,在很短的时间内,土壤有机质就能完成其腐殖化和矿质化的过程,因而不利于土壤有机质的积累。而在我国东北及高山阴湿地区,由于温度低不利于微生物的活动,因而很有利于土壤有机质的积累和贮存。在一些干旱、荒漠或半荒漠地区,由于进入土壤的新鲜有机物很少,所以土壤有机质含量也很低。

　　(3)保持农田有机质养分循环平衡的途径　作物生产的大部分有机物都被人类带出系统,留在农田内的非常有限,而且会被土壤微生物所消耗,导致土壤肥力下降。增加土壤有机质的途径有:①直接增加投入的有机物的量。②在种植制度中安排和插入一些自然回归率较高的作物。作物残体为作物回归土壤有机质的主要载体,一般占到作物全生物量的 18% 左右,其中水稻、小麦等较低,为 15% 左右,豆类作物在 20% 以上,而油菜可达 30% 左右。③采用秸秆还田的形式,可显著增加土壤有机质含量。④建立合理的轮作制度,如周期性的播种绿肥和牧草等作物,对提高土壤有机质含量有明显的作用。

(三)农田生态系统矿质营养的循环

1. 氮的循环与平衡

农田生态系统的氮素循环模式大体可以概括如图 2-8 所示。

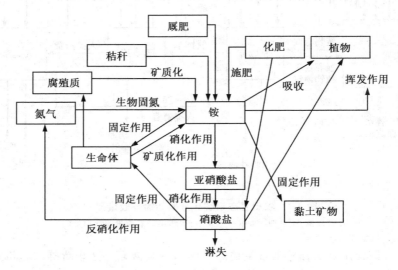

图 2-8 农田生态系统的氮素循环

资料来源:Frissel,农业生态中矿质养分的循环.北京:农业出版社,1981

(1)农田生态系统中的氮素来源 一是生物固氮和自然固氮。农作物中有少数作物(主要为豆科作物)和一些土壤原生生物能直接固定利用空气中的氮素。除生物固氮外,降雨、雷电也可为农田提供一定的氮素。二是新鲜有机物,包括作物残体、土壤生物遗体等自然回归的有机物和以人畜粪便等形式或以秸秆还田、绿肥的形式人工施入农田中的有机物,这些有机物中都含有一定量的氮素。三是人工投入,主要为化学肥料的投入,其次是随灌溉水进入农田的氮素。一般来说,农田中的氮素主要来自人工施入的有机物和氮素肥料。

(2)农田生态系统中的氮素循环 进入农田生态系统有机物中的氮素,经土壤微生物分解后,可从有机物中释放出来形成硝态氮和氨态氮。这些无机氮素与人工施入的无机氮肥一起,成为作物可直接吸收利用的形式。无机氮除了被作物利用外,一部分可成为有机氮贮存在土壤中,另一部分则经淋溶进入地下水,经反硝化或挥发进入空气,随水土流失进入水域等过程而离开农田生态系统。来自有机物中的氮素,由于释放速度比较缓慢,因此大部分都会被作物吸收利用,损失的比例较小;而来自于化肥的氮素,由于被溶解或分解成硝态氮和氨态氮的速度快,一般只有 40% 左右能被作物吸收利用,即流失和挥发的比例较大,可达 60% 左右。作物吸收利用的氮素,大部分则以有机物的形式随农副产品的输出而离开农田生态系统。输出物中的氮素,经人畜利用后,一部分又变成排泄物作为有机肥归还农田。

要保持农田生态系统中氮素的平衡,提高土壤含氮量特别是速效氮含量,减少氮素的损失,提高无机氮肥的利用率是关键。具体的方法有增施有机肥、保持有机氮和无机氮的合理配比、提高无机氮的施肥技术以及开发一些长效、缓效的新型肥料等。

2. 磷的循环与平衡

农田生态系统中磷主要来源于新鲜有机物和人工投入的矿质磷肥。有机物中的磷经过微生物的分解矿质化后和人工投入的矿质磷肥一起成为可溶性磷,变成作物可以吸收利用的状态。可溶性磷和吸收性磷都可成为易变态磷($H_2PO_4^-$ 和 HPO_4^{2-})。易变态磷很容易被土壤颗粒固定,其利用程度随时间推移而下降。另外,部分可溶性磷也可随水土流失而进入水域,脱离农田生态系统。被作物吸收利用的无机磷大多转变成有机磷的形式,随农副产品输出后,一部分以人畜粪便或有机肥的形式归还农田。

在农田生态系统中,要提高磷的有效性以促进作物的吸收利用,就需要减少有效磷被土壤固定的机会和提高磷肥的利用率。具体的措施有:提高有机磷肥的比例或把矿质磷肥混入有机物,待有机物腐熟后施用,还可采用施颗粒磷肥或采用集中施用磷肥的方法等。

3. 钾的循环与平衡

农田生态系统中钾的循环与磷的循环相似,主要来源于新鲜有机物和人工投入的矿质钾肥,主要随农副产品而输出,另外有一小部分可随水土流失而进入水域。土壤中的钾有 4 种存在形式:一是作物可以吸收利用的水溶性钾,钾以阳离子的形式溶解于土壤溶液中;二是代换性钾,钾以离子的形式吸附于土壤颗粒表面,随着土壤溶液中钾离子的减少,代换性钾可转变成水溶性钾;三是固定态钾,已被土壤颗粒固定,属于活性贮备钾;四是晶格钾,已成为土壤结构的一部分,属于惰性贮备钾。

提高种植业资源的利用效率详见二维码 2-3。

二维码 2-3　提高种植业资源的利用效率

复习思考题

1. 何谓种植业资源？包括哪些类型？

2. 何谓生态因子？有哪些分类和作用机制？

3. 何谓作物温度的三基点？如何利用三基点理论采取栽培措施提高作物产量？

4. 何谓积温？有哪些类型？

5. 简述积温在作物生产中的意义。

6. 分别叙述光照强度、日照长度和光谱成分对作物的生态作用。

7. 简述作物冻害、冷害的概念及其对作物伤害的生理原因。如何防止低温对作物的危害？

8. 简述高温对作物伤害的生理原因。如何防止或减轻作物的高温伤害？

9. 简述水分对作物生长、发育、产量和品质的影响。

10. 简述干旱对作物的危害和作物抗旱性的特点。

11. 简述涝害对作物的影响和作物的抗涝特点。

12. 简述水体污染对作物的危害和治理污水的方法。

13. 简述田间气体浓度变化规律和气体浓度与作物产量的关系。

14. 简述温室效应、二氧化硫、氟化物和氮氧化物、臭氧以及酸雨对作物生育的影响和保护大气环境的对策。

15. 简述土壤的理化性质对作物生长的影响。

16. 何谓农业生态系统？包括哪些组分？

17. 何谓农田生态系统？与自然生态系统有哪些区别？

第三章

作物的起源、分类与分布

第一节 作物的起源与传播

一、作物的起源

(一)作物的起源过程

人类现在种植的作物是野生植物经过长期驯化选育而来的。在从猿到人的进化过程中,古人类获得食物的手段除了渔猎外,主要靠采集野生植物。人们常常把所采集到的植物带到临时或半临时住地食用,其中一部分被遗弃或埋藏起来,那些具有繁殖能力的果实、种子、块根、块茎等可能落地长出了新的植物,结出了新的果实、种子、块根。这些现象多次出现就引起了原始人类对这类植物的注意,使他们诞生了种植这些植物的意识,逐渐从野生植物群落中把它们分离出来并加以保护,这是由采集野生植物转变为栽培植物的萌芽。

当人们对某些植物的生长规律比较了解,感觉种植更有利于保障生活所需时,便开始有意识地种植这些植物,并注意选择其中果型大、生产多、成熟后脱落损失少的类型。薯类和禾谷类作物可能是最早被驯化的植物。因为薯类被采挖后,遗留在土壤里的根茎又长成新薯,于是给人以人工种薯的启示。禾谷类的种子适应性强,结实多,成熟期较一致,易贮藏,所以易被驯化、种植。

人类在种植野生植物的过程中,不断积累经验和改进栽培技术,在此基础上通过长期的自然选择和人工选择,适合人类需要的那些变异类型被保留下来,野生植物逐步转变为栽培作物。

(二)栽培作物与其野生祖先的差异

栽培作物起源于野生植物,但与其野生祖先之间有着较大差异。主要表现在:

(1)栽培作物产品器官变大　经过长期选择,那些被人类利用的器官不断变大,为提高产量奠定了基础。如野生大豆种子百粒重仅 2~3 g,而栽培大豆种子百粒重可达 20~30 g。

(2)栽培作物品质改良　栽培作物在人类的长期定向选择下,产品的品质在不断改良。如甜菜,1747 年刚被发现时,其块根含糖量不足 5%,经过 200 多年的选择和培育,现在的含糖量已达 19%,最高超过了 25%。

(3)栽培作物成熟期一致　在自然界中,野生植物为了提高生存能力,成熟期较不一致,且时间拖得很长。这种生存特性对作物栽培极为不利。在人类长期选择过程中,淘汰了成熟期不一致的类型,选出成熟期较一致的类型。

(4)栽培作物传播手段退化　野生植物有其固有的传播方式,例如野生豆类植物在成熟时豆荚能自然炸裂,将种子弹到较远的距离,实现了传播。栽培作物在人类的选择下,其传播手段退化,必须在人类的干预下才能传播。

(5)栽培作物种子休眠性减弱　野生植物为了适应自然条件,种子休眠期长。而栽培作物休眠性逐步变弱,适于作物生产。

(6)栽培作物防护机能减退　野生植物机械保护组织发达,栽培作物的防护机能逐步减退。例如野生谷类植物穗部均有芒保护,而许多栽培谷类作物如小麦、水稻的一些品种则芒较短或已退化。在抵抗不良环境的时候,栽培作物往往不如野生植物。

(三)栽培作物的起源中心

现今栽培作物起源于何地的问题很早就为植物学家、育种学家和栽培学家所重视。解决栽培作物的起源问题,目的在于寻找植物资源、建立种质资源库,为作物育种提供育种材料。

苏联植物学家瓦维洛夫在其 1935 年所著的《育种的植物地理学基础》一书中,根据栽培植物的地理分布和遗传变异最丰富的地方,把世界重要的栽培植物划分为 8 个独立的起源中心。1968 年苏联的茹可夫斯基将瓦维洛夫确立的 8 个起源中心扩大到 12 个。1975 年瑞典的泽文和茹可夫斯基共同编写了《栽培植物及其变异中心检索》,对茹可夫斯基原先提出的 12 个基因中心做了修订,扩大了地理基因中心起源概念,其起源中心有:

（1）中国—日本中心 中国基因中心是主要的,初生的,由它发展了次生的日本基因中心。泽文和茹可夫斯基认为黍、稷、粟、荞麦、大豆、裸燕麦等作物,中国是初生基因中心,普通小麦和高粱是次生中心。另外,茹可夫斯基认为中国是栽培稻（*Oryza sativa* L.）的起源中心之一,纠正了瓦维洛夫认为水稻仅仅起源于印度的说法。

（2）印度支那—印度尼西亚中心 这里是爪哇稻和芋的初生基因中心,这里还具有丰富的热带野生植物区系。

（3）澳大利亚中心 除美洲外,澳大利亚是烟草初生中心之一,并有稻属的野生种。

（4）印度斯坦中心 该中心的重要农作物有稻、绿豆、甘蔗、豇豆等。

（5）中亚细亚中心 该中心为中国和印度之间的转换区,主要作物有小麦、豌豆、山鹫豆等。

（6）近东中心 该中心位于富饶的旧土耳其、苏丹,主要作物有小麦、黑麦等。

（7）地中海中心 该中心靠近农业摇篮近东中心,从许多作物品种和种组成来看,这里是次生起源地,很多作物在此区被驯化,如燕麦、甜菜、亚麻、三叶草、羽扇豆等。

（8）非洲中心 该中心对世界作物影响很大,多种作物都起源于非洲,例如高粱、棉、稻等属的种。

（9）欧洲—西伯利亚中心 起源于该中心的农作物有甜菜、苜蓿、三叶草等。

（10）南美洲中心 该中心驯化了多种作物,如马铃薯、花生、木薯、烟草、棉、苋菜等。

（11）中美洲—墨西哥中心 该中心主要农作物有甘薯、玉米、陆地棉等。

（12）北美洲中心 该中心驯化的作物有向日葵、羽扇豆等。

二、作物的传播

（一）作物传播的方式

1. 自体传播

依靠植物体自身进行传播。果实或种子本身具有重量,成熟后,果实或种子会因重力作用直接掉落地面;而有些蒴果及角果,果实成熟开裂之际产生的力量,将种子弹射出去,实现了传播。

2. 自然力

利用自然界中的风力、水流等力量,可以把种子传播到较远的地方。有些种子有翅状或羽毛状的附属物,可乘风飞行;有些细小的种子,它的表面积与重量的相对比例较大,种子因此能够随风飘散。靠水传播的种子其表面蜡质不沾水(如睡莲)、果皮含有气室、密度较水小,可以浮在水面上,经由溪流或洋流传播。

3. 动物传播

包括鸟类、蚂蚁、哺乳动物等。鸟类传播的种子,大部分都是肉质的果实,例如浆果、核果及隐花果。蚂蚁在种子传播上,通常扮演二次传播者的角色,将鸟类等动物摄食、掉在地上的种子,进行传播。

4. 人类活动

随着农业的发展,人们通过有意识的引种和其他活动,如民族迁移、贸易、战争、传教、探险、外交等,把作物种子有目的地、大规模地传播到其他地区。

(二)部分作物的传播情况

栽培作物的传播从史前时期已经开始。人类通过陆路或海路,使起源中心的作物逐渐向世界各地传播。

1. 小麦

普通小麦发源于近东,新石器时代由于民族大迁移,将小麦向西传播到欧洲,进一步传到非洲北部,15世纪末,从西班牙经海路传入西印度群岛,18世纪英国移民者将小麦引入澳大利亚。

2. 稻

起源于中国的栽培稻,以云南高地为中心呈放射状,沿着大河川的河谷及河谷之间的小路漫长曲折地向东、向南、向西传播。在公元前1 000年以前向南传至菲律宾,约公元前一、二世纪向东传到日本。

3. 玉米

玉米是由美洲传到西班牙,再扩展到欧洲、非洲,16世纪30年代又由陆路从土耳其、伊朗和阿富汗传入东亚,另外又经非洲好望角传到马达加斯加岛、印度和东南亚各国。传入我国的途径可能由西班牙到沙特阿拉伯再经中西亚传入我国西北部和内陆,也可能从沙特阿拉伯传入印度和我国云南、贵州、四川等地,再向北、向东传入各省。

4. 甘薯

甘薯于16世纪由美洲传入西班牙,后由西班牙人将其传播到菲律宾和印度尼西亚。明朝万历二十八年(1594年),甘薯首次从菲律宾吕宋岛经海路传到中国的福建,后又由陆路经越南传到中国广东。

(三)传播作物的适应性

栽培作物通过传播,有些作物表现为在新的地区比原产地生长更好,发展更快。这些作物生产水平的提高,极大地保障了世界粮食的供应,减少了粮食危机。如大豆原产于中国,但现在美国、巴西、阿根廷播种面积最大,总产量最高。花生原产于南美,现在种植面积最大的国家是中国;原产于南美的马铃薯,现在已成为东欧、中国重要的粮食作物之一;原产于美洲的陆地棉,传入亚洲后,在中国和印度发展迅速,现在印度成为世界最大的产棉国。

(四)我国作物的来源

我国现今栽培的大田作物有 90 多种。这些作物中,有些是我国土生土长的本土作物,有些是在不同的历史时期从世界各地传入或引进的。

1. 本土作物

起源于我国本土的作物有:稻、小麦、裸燕麦、六棱大麦、粟(谷子)、稷、黍、稗、穄子、高粱、大豆、赤小豆、山黧豆、荞麦、苦荞、山药、芋、紫芋、麻芋、油菜、紫苏、大麻、苎麻、苘麻、红麻、中国甘蔗、紫云英、草木樨等。

2. 公元前 100 年前后从中亚和印度一带引入的作物

这一时期引入我国的大田作物有蚕豆(胡豆)、豌豆、绿豆、黑绿豆、芝麻(油麻)、红花(红蓝花)、苜蓿等。

3. 公元后从亚、非、欧各洲引入的作物

公元后的 2 000 年中,随着我国同亚、非、欧各洲交往的增加,相互之间的栽培植物交换和交流也增多了。这一时期,从海路和陆路引入我国栽培的大田作物包括:燕麦、黑麦、硬粒小麦、圆锥小麦、非洲高粱、魔芋、饭豆、蓖麻、草棉、三叶草等。在这些作物中,有的增加了我国原有作物的类型(如小麦类、非洲高粱、红麻、甘蔗);有的则填补了我国这类作物的空白(如魔芋、蓖麻、亚麻、三叶草等)。

4. 从美洲引入的作物

哥伦布于 1492 年发现了新大陆,使这个大陆的许多珍贵的作物得以传向全世界,也传到了我国。美洲本土起源的作物包括玉米、甘薯、马铃薯、粒用菜豆、花生、向日葵、陆地棉(美棉)、海岛棉、剑麻、烟草等。

玉米在 1496 年传入西班牙,只过了 15 年,在我国地方志《留青日札》(1511 年)上就记述了这个作物。李时珍的《本草纲目》著于 1578 年,其中也提及玉米,距新大陆发现也不到百年。甘薯是在明代末年传入我国的,徐光启曾亲自试种并积极推广甘薯。玉米和甘薯两大作物在我国普遍种植后,在满足人们粮食需求和备荒上起了很大的作用。马铃薯在 16 世纪末至 17 世纪初传入我国,京津地区和东南沿海各省种植较早。花生、向日葵以及棉花等原产美洲的作物现已成为我国重要的经济作物。

第二节　作物的分类

目前,我国栽培的农作物有 90 多种,各种作物还有众多的类型和品种。为了便于研究和利用,将众多的作物进行了分类。

一、按照植物学分类

按植物的科、属、种进行分类,国际上通用。如玉米学名为 *Zea mays* L.,属禾本科。常见作物的科、中文名、学名、英文名及主要用途对照见表 3-1。

表 3-1　常见作物的科、中文名、学名、英文名及主要用途对照表

中文名	学　名	英文名	主要用途
禾本科	**Gramineae**		
稻	*Oryza sativa* L.	Rice	籽实食用
小麦	*Triticum aestivum* L.	Wheat	籽实食用
大麦	*Hordeum sativum* Jess.	Barley	籽实食用、饲用
黑麦	*Secale cereale* L.	Rye	籽实食用
燕麦	*Avena sativa* L.	Oat	籽实食用、饲用
玉米	*Zea mays* L.	Corn(Maize)	籽实食用、饲用
高粱	*Sorghum bicolor*(L.)Moench	Sorghum	籽实食用、饲用
苏丹草	*Sorghum sudanense*(piper)stap f.	Sudan grass	饲用
黍(稷)	*Panicum miliaceum* L.	Proso millet	籽实食用
粟	*Setaria italica*(L.)Beaur	Foxtail millet	籽实食用
薏苡	*Coix lacrymajobi* L.	Joba-tears	籽实食用
甘蔗	*Saccharum officinarum* L.	Sugar-cane	榨糖
蓼科	**Polygonaceae**		
荞麦	*Fagopyrum* Mill	Buck wheat	籽实食用
豆科	**Leguminosae**		
大豆	*Glycine max*(L.)Merrill.	Soybean	种子油用、食用
花生	*Arachis hypogaea* L.	Peanut	种子油用、食用
蚕豆	*Vicia faba* L.	Broad bean	种子食用
豌豆	*Pisum arvonse* L.	Garden pea	种子食用

续表 3-1

中文名	学　名	英文名	主要用途
豇豆	*Vigna cylindrica*（L.）Skeels.	Common cowpea	种子食用
绿豆	*Phaseolus radiatus* L.	Mung bean	种子食用
紫云英	*Astragalus sinicus* L.	Milk vetch	全株绿肥、饲料
苜蓿	*Medicago sativa* L.	Alfalfa	全株绿肥、饲料
草木樨	*Melilotus* spp.	Sweet clover	茎叶绿肥
旋花科	**Convolvulaceae**		
甘薯	*Ipomoea batatas* Lam.	Sweet potato	块根食用
薯蓣科	**Dioscoreaceae**		
山药	*Dioscorea batatas* Decne.	Chinese yam	块根食用
茄科	**Solanaceae**		
马铃薯	*Solanum tuberosum* L.	Potato	块茎食用
烟草	*Nicotiana tabacum* L.	Tobacco	叶制烟
锦葵科	**Malvaceae**		
棉花	*Gossypium* spp.	Cotton	种子纤维纺织用
红麻	*Hibiscus cannabinus* L.	Kenaf	韧皮纤维用
苘麻	*Abutilon avicennae* Gaertn.	Chingma abutilon	韧皮纤维用
大麻科	**Cannabinaceae**		
大麻	*Cannabis sativa* L.	Hemp	韧皮纤维用
亚麻科	**Linaceae**		
亚麻	*Linum usitatissimum* L.	Common Flax	韧皮纤维用
十字花科	**Cruciferae**		
油菜	*Brassica* spp.	Rape	种子油用
胡麻科	**Pedaliaceae**		
芝麻	*Sesamum indicum* DC.	Sesame	种子油用、食用
菊科	**Compositae**		
向日葵	*Helianthus annus* L.	Sunflower	种子油用
菊芋	*H. Tuberosus* L.	Jerusalem artichoke	块茎食用
大戟科	**Euphorbiaceae**		
蓖麻	*Ricinus communis* L.	Castor	种子油用
木薯	*Manihot utilissima* Pohl.	Cassava	块根食用
藜科	**Chenopodiceae**		
甜菜	*Beta vulgaris* L.	Sugar beet	块根糖用

二、按照作物生物学特性分类

(一)按作物对温度条件的要求分类

(1)喜温作物 作物生长发育所需的最低温度为 10℃左右,全生育期需要较高的积温。稻、玉米、高粱、谷子、棉花、花生、烟草等均属于此类作物。

(2)耐寒作物 作物生长发育所需的最低温度在 1~3℃,全生育期所需积温一般也较低,如小麦、大麦、黑麦、燕麦、马铃薯、豌豆、油菜等属于耐寒作物。

(二)按作物对光周期的反应分类

(1)长日照作物 在日照变长时开花的作物称长日照作物,如麦类作物、油菜等。

(2)短日照作物 在日照变短时开花的作物称短日照作物,如稻、玉米、大豆、棉花、烟草等。

(3)日中性作物 日中性作物是指那些对日照长短没有严格要求的作物,如荞麦。

(4)定日照作物 甘蔗的某些品种,只能在 12.75 h 的日照长度下才能开花,长于或短于这个日长都不能开花,这种作物叫作定日照作物。

(三)按作物对 CO_2 同化途径分类

(1)三碳(C_3)作物 三碳途径的 CO_2 受体是 1,5-二磷酸核酮糖(RuBP),CO_2被固定后形成 3-磷酸甘油酸(PGA),三碳作物光合作用的 CO_2 补偿点高。水稻、小麦、大豆、棉花、烟草等属于三碳作物。

(2)四碳(C_4)作物 四碳作物光合作用最先形成的中间产物是带 4 个碳原子的草酰乙酸等双羧酸,其 CO_2 补偿点低,光呼吸作用也低。四碳作物在强光高温下光合作用能力比三碳作物高。玉米、高粱、谷子、甘蔗等属于四碳作物。

(3)CAM 作物 这些作物绿色组织上的气孔夜间开放,吸收并固定 CO_2,形成以苹果酸为主的有机酸;白天则气孔关闭,不吸收 CO_2,但同时却通过光合碳循环将从苹果酸中释放的 CO_2 还原为糖。

三、按照作物用途和植物学系统相结合分类

(一)粮食作物(或称食用作物)

(1)谷类作物 也叫禾谷类作物,绝大部分属禾本科,主要有小麦、大麦、燕麦(莜麦)、黑麦、稻、玉米、谷子、高粱、黍、稷、稗、龙爪稷、薏苡等。荞麦属蓼科,其籽

粒可供食用,习惯上也列入此类。

(2)豆类作物　属豆科,主要提供植物性蛋白质,常见的有大豆、豌豆、绿豆、小豆、蚕豆、豇豆、菜豆、小扁豆、蔓豆、鹰嘴豆等。

(3)薯芋类作物　植物学上科属不一,主要提供淀粉类食物,主要有甘薯、马铃薯、木薯、豆薯、薯蓣、芋、魔芋、菊芋、蕉藕等。

(二)经济作物(或称工业原料作物)

(1)纤维作物　其中有种子纤维作物,如棉花;韧皮纤维作物,如大麻、亚麻、黄麻、洋麻(红麻)、苘麻、苎麻等;叶纤维作物,如剑麻、蕉麻、菠萝麻等。

(2)油料作物　有花生、油菜、芝麻、向日葵、油用亚麻(胡麻)、蓖麻、苏子、红花等。

(3)糖料作物　有甘蔗和甜菜,还有甜叶菊、甜芦粟等。

(4)嗜好作物　主要有烟草、茶叶、可可、咖啡等。

(5)其他作物　桑、橡胶、薄荷、啤酒花、芦苇等。

(三)饲料及绿肥作物

(1)豆科饲料及绿肥　苜蓿、苕子、紫云英、草木樨、田菁、柽麻、三叶草、沙打旺等。

(2)禾本科饲料及绿肥　苏丹草、黑麦草、雀麦草、羊茅等。

(3)水生饲料及绿肥　红萍、水葫芦、水浮莲、水花生等。

(四)药用作物

药用作物包括人参、三七、大黄、山药、天麻、甘草、半夏、芦荟、百合、红花、杜仲、茯苓、蒲公英、党参、黄芪、柴胡等。

(五)调料作物

调料作物包括花椒、胡椒、葱、蒜、姜、八角、茴香等。

(六)再生能源作物

再生能源作物包括荻、甜高粱、胡柳、油菜等(生物质能源的分类与利用详见二维码 3-1)。

以上分类并不是绝对的,有些作物有多种用途,可根据具体用途归入相应的类型。如大豆种子既可食用,也可榨油,其秸秆是较好的饲料;亚麻既是纤维作物,种子又是油料;玉米种子既可食用,也可榨油,其植株也可作为青贮饲料等。

二维码 3-1　生物
质能源的分类
与利用

第三节　作物分布

全世界种植的作物种类繁多,其分布遍及全球。作物的分布与作物的生物学特性、气候土壤条件、社会经济条件、生产技术水平、人们的习惯和社会需求状况等因素有关。随着科技进步和新品种的育成,作物分布也会发生变化。

一、禾谷类作物

禾谷类作物是人类主要的粮食作物,生产面积最大,分布最广。据联合国粮农组织(FAO)提供的数据显示,2014—2018 年世界谷物播种面积平均为 72 903.8 万 hm²;其中亚洲谷物播种面积最大,占世界谷物播种总面积的 47.2%,中国是谷物面积种植最大国,占世界谷物总面积的 13.9%,印度谷物播种面积仅次于中国,占世界总面积的 13.8%,美国谷物播种面积第三,占世界的 7.7%(详见二维码 3-2)。

二维码 3-2　世界主要作物生产情况

全世界谷物总产量 2014—2018 年年平均为 29.2 亿 t,谷物总产量以中国最高,占世界总产量的 20.8%,美国谷物总产量第二,占世界总产量的 15.8%。谷物中小麦、水稻和玉米播种面积和产量均最多,称为世界三大作物。

(一)小麦

小麦喜冷凉湿润气候,适应范围广,栽培面积遍布各大洲,主要分布于北半球欧亚大陆和北美洲。小麦在世界上播种面积最大,是世界上第一大粮食作物,但总产量低于玉米和水稻。种植小麦面积前五的国家有印度、俄罗斯、中国、美国、澳大利亚。中国为世界小麦总产量最高的国家,年总产量占世界小麦总产量的 17.6%,印度、俄罗斯居第二、三位(详见二维码 3-3)。小麦单产水平较高的国家主要分布于欧洲,爱尔兰单产水平最高。

二维码 3-3　世界三大粮食作物生产情况

中国除海南省外的 30 个省、直辖市、自治区都有小麦种植,主要分布在秦岭以北、长城以南的北方冬麦区。小麦为我国第三大粮食作物,播种面积仅次于水稻和玉米。2014—2018 年平均数据显示,小麦种植面积和总产量最大的省份均为河南省,播种面积占全国的 23.1%,总产量占全国的 27.0%。山东、安徽、河北、江苏、新疆、湖北、陕西等也有较大面积分布(表 3-2)。

表 3-2　中国小麦主产省生产情况(2014—2018 年平均)

位次	省份	播种面积/万 hm²	占全国比例/%	省份	产量/万 t	占全国比例/%
1	河南	567.3	23.1	河南	3 567.8	27.0
2	山东	403.4	16.5	山东	2 434.8	18.4
3	安徽	284.9	11.6	安徽	1 625.9	12.3
4	江苏	240.8	9.8	河北	1 472.4	11.2
5	河北	238.4	9.7	江苏	1 261.0	9.6
6	新疆	112.9	4.6	新疆	637.8	4.8
7	湖北	112.4	4.6	湖北	428.3	3.2
8	陕西	98.3	4.0	陕西	403.9	3.1
9	甘肃	78.5	3.2	甘肃	277.1	2.1
10	四川	70.7	2.9	四川	268.2	2.0

资料来源:根据国家统计局统计数据整理

(二)水稻

水稻是高温短日照作物,生长期间要求有较多的热量和水分。水稻播种面积居于粮食作物第三,产量居粮食作物第二位。全世界稻谷主要集中分布在温暖湿润的东南亚季风地区,亚洲稻谷播种面积约占世界稻谷播种面积的 90.3%,美洲和非洲种植面积较小,欧洲和大洋洲很少种植。中国为世界最大稻谷生产国,年总产量占世界总产量的 28.0%;印度稻谷收获面积居世界第一,但年总产量低于中国(详见二维码 3-3)。水稻单产水平澳大利亚最高,可达 10 217.7 kg/hm²,中国水稻单产为 6 902.8 kg/hm²,位居世界第 12 位。

中国除青海省外,其他 30 个省、直辖市、自治区都有水稻种植。中国水稻种植南方主要为籼稻,北方主要为粳稻。水稻播种面积和产量均居中国粮食作物第二,面积较大的省份有湖南、黑龙江、江西、安徽、湖北等;其中湖南播种面积第一,占全国的 13.8%(表 3-3),黑龙江省近年来水稻面积增长较快,已经上升为全国第二大水稻生产省。

表 3-3　中国水稻主产省生产情况(2014—2018 年平均)

位次	省份	播种面积/万 hm²	占全国比例/%	省份	产量/万 t	占全国比例/%
1	湖南	421.8	13.8	黑龙江	2 757.3	13.0
2	黑龙江	390.9	12.8	湖南	2 725.7	12.9
3	江西	350.6	11.4	江西	2 132.0	10.1
4	安徽	251.7	8.2	江苏	1 909.9	9.0
5	湖北	234.1	7.6	湖北	1 897.0	9.0
6	江苏	223.9	7.3	安徽	1 607.8	7.6
7	四川	187.9	6.1	四川	1 467.1	6.9
8	广西	183.7	6.0	广西	1 056.6	5.0
9	广东	180.6	5.9	广东	1 042.4	4.9
10	云南	89.1	2.9	吉林	648.2	3.1

资料来源:根据国家统计局统计数据整理

(三)玉米

玉米是高产的 C_4 作物,为世界栽培面积第二大粮食作物,总产量居谷物总产量之首,占谷物总产量的 37.9%。玉米主要分布于亚洲和美洲,其次为非洲和欧洲,大洋洲分布最少。玉米种植面积最大的国家有中国、美国、巴西、印度、墨西哥等。美国为世界玉米年总产量最大国,年总产量占世界玉米总产量的 34.5%。中国居第二,约占世界玉米总产量的 22.8%。玉米单产水平最高的国家是阿联酋,达 28 438.9 kg/hm²(详见二维码 3-3)。

玉米为中国第一大粮食作物,播种面积和总产量均居第一。中国玉米栽培几乎遍及全国,主产区集中分布在从东北黑龙江、吉林、辽宁经山东、河北、山西、河南、内蒙古到西南的四川、云南、贵州及陕西的斜长弧形玉米分布带上。北方为春玉米产区,黄淮流域为夏玉米产区,西南为春夏玉米产区。我国栽培的玉米以饲用为主,专用玉米如甜玉米、糯玉米、高油玉米等栽培面积较小。玉米种植面积和总产量最大省均为黑龙江省,种植面积占全国种植面积的 15.1%,总产量占全国总产量的 15.3%(表 3-4)。

表 3-4　中国玉米主产省生产情况(2014—2018 年平均)

位次	省份	播种面积/万 hm²	占全国比例/%	省份	产量/万 t	占全国比例/%
1	黑龙江	655.6	15.1	黑龙江	3 961.5	15.3
2	吉林	419.0	9.7	吉林	3 096.0	12.0
3	河南	406.6	9.4	内蒙古	2 583.2	10.0
4	山东	395.3	9.1	山东	2 557.9	9.9
5	内蒙古	381.4	8.8	河南	2 223.0	8.6
6	河北	357.5	8.2	河北	1 960.9	7.6
7	辽宁	277.5	6.4	辽宁	1 669.0	6.4
8	山西	183.6	4.2	四川	1 026.3	4.0
9	四川	182.8	4.2	山西	999.5	3.9
10	云南	176.8	4.1	新疆	891.5	3.4

资料来源:根据国家统计局统计数据整理

二、豆类作物

豆类作物分布遍及世界各大洲,以美洲和亚洲种植面积最大,大洋洲分布极少。豆类包括大豆、鹰嘴豆、蚕豆、豌豆、绿豆、红小豆等,以大豆种植面积最大。

二维码 3-4　世界大豆、薯类、棉花生产情况

大豆起源于中国,但在美洲有较大发展。美洲大豆种植面积占全世界大豆种植面积的 77.0%。美国种植面积、年总产量均为最大,分别占世界种植面积的 28.2% 和世界年总产量的 34.5%。巴西和阿根廷播种面积和总产量分别居第二、三位,中国播种面积居全球第五,年总产量居全球第四。单产水平最高的国家是土耳其(详见二维码 3-4)。

我国的豆类作物种类多、分布广,遍及全国 31 个省市区。我国的豆类主要有大豆、蚕豆、绿豆、红小豆等,其中以大豆播种面积最大,占豆类的 81.6%,总产量占豆类总产量的 82.3%(表 3-5、表 3-6)。全国除了青海省,其他 30 个省份都有大豆种植,黑龙江省是我国最大的大豆生产省,栽培面积较大的省份还有内蒙古、安徽、河南、四川等。东北三省及内蒙古为春大豆区,黄淮海平原为夏大豆区。

表 3-5　我国豆类作物主产省生产情况(2014—2018 年平均)

位次	省份	播种面积/万 hm²	占全国比例/%	省份	产量/万 t	占全国比例/%
1	黑龙江	336.3	35.9	黑龙江	604.5	35.6
2	内蒙古	108.1	11.6	内蒙古	165.4	9.7
3	安徽	67.2	7.2	云南	116.4	6.9
4	四川	49.3	5.3	四川	113.4	6.7
5	云南	46.5	5.0	安徽	96.9	5.7
6	河南	39.3	4.2	河南	61.4	3.6
7	吉林	32.6	3.5	江苏	60.5	3.6
8	贵州	30.5	3.3	吉林	58.0	3.4
9	江苏	25.3	2.7	重庆	39.8	2.3
10	山西	24.5	2.6	湖北	37.7	2.2

资料来源:根据国家统计局统计数据整理

表 3-6　我国大豆主产省生产情况(2014—2018 年平均)

位次	省份	播种面积/万 hm²	占全国比例/%	省份	产量/万 t	占全国比例/%
1	黑龙江	319.6	41.9	黑龙江	584.6	41.8
2	内蒙古	91.3	12.0	内蒙古	146.9	10.5
3	安徽	63.0	8.3	安徽	92.9	6.6
4	河南	35.9	4.7	四川	81.3	5.8
5	四川	34.8	4.6	河南	58.2	4.2
6	吉林	22.2	2.9	江苏	46.6	3.3
7	江苏	19.7	2.6	吉林	43.0	3.1
8	贵州	19.6	2.6	云南	42.9	3.1
9	湖北	18.3	2.4	山东	35.4	2.5
10	云南	16.8	2.2	湖北	32.7	2.3

资料来源:根据国家统计局统计数据整理

三、薯类作物

薯类作物包括甘薯、马铃薯、木薯等作物。甘薯喜温,主要分布于亚洲和非洲,全世界有 110 个国家和地区种植甘薯。其中,中国种植面积最大,占世界甘薯种植面积的 30.7%,年总产量占世界年总产量的 58.3%。甘薯种植面积较大的国家有尼日利亚、坦桑尼亚、乌干达等(详见二维码 3-4)。

中国除宁夏、青海、甘肃、西藏外,其他各省份都有甘薯种植。中国甘薯主产区为四川、重庆、广西、河南、广东、山东等省份(表 3-7)。

表 3-7　我国甘薯、马铃薯主产省生产情况(2014—2018 年平均)

位次	甘薯				马铃薯			
	省份	播种面积/万 hm²	省份	总产量/万 t	省份	播种面积/万 hm²	省份	总产量/万 t
1	四川	58.1	四川	249.5	贵州	69.3	四川	271.7
2	重庆	33.7	重庆	159.4	四川	67.3	贵州	229.2
3	广西	20.3	山东	107.2	甘肃	56.6	甘肃	194.4
4	河南	19.8	河南	84.0	云南	47.7	云南	147.1
5	广东	15.8	广东	74.4	内蒙古	43.4	内蒙古	142.7
6	山东	13.5	湖南	57.9	重庆	33.3	重庆	115.4
7	贵州	13.2	福建	52.9	陕西	30.0	河北	79.9
8	湖南	11.8	贵州	49.6	湖北	20.5	陕西	77.0
9	福建	9.5	广西	33.7	河北	15.9	黑龙江	75.1
10	湖北	7.9	河北	30.7	山西	15.9	湖北	62.5

资料来源:根据中国农业信息网数据整理

马铃薯喜凉,主要分布于亚洲、欧洲和美洲,全世界有 157 个国家和地区种植,世界总播种面积为 1 775.7 万 hm²,总产量达 36 698.4 万 t。中国是马铃薯的最大生产国,占全世界马铃薯播种面积的 27.2%,其次为印度,俄罗斯居第三。

中国马铃薯主要分布于东北、西北和西南地区。我国除北京市、上海市、江苏省、山东省、河南省外,其他省份均种植马铃薯。贵州播种面积最大,分布较多的省份还有四川、甘肃、云南、内蒙古等(表 3-7)。

四、油料作物

(一)世界油料作物

油料作物为世界第二大类作物,各大洲均有种植,以亚洲种植面积最大。大豆、油菜、花生和向日葵为世界 4 大油料作物(表 3-8)。

表 3-8   世界各大洲主要油料作物播种面积(2014—2018 年平均)   万 hm²

作物	世界	亚洲	欧洲	美洲	大洋洲	非洲
油菜	3 534.6	1 397.4	888.3	964.7	271.4	12.8
花生(带壳)	2 754.1	1 135.7	0.2	138.3	1.1	1 478.8
向日葵	2 603.5	353.8	1 757.0	244.6	2.2	245.8

资料来源:根据 FAO 统计数据整理

油菜喜冷凉,是第二大油料作物,世界总播种面积为 3 534.6 万 hm²。亚洲分布最多,占世界总播种面积的 39.5%,其次是美洲,占世界总面积的 27.3%,非洲分布最少。油菜播种面积最大国是加拿大,占世界总面积的 24.6%,中国居第二位,占世界总面积的 19.5%,印度为第三。油菜年总产量以加拿大居第一,占世界年总产量的 26.4%,中国居第二位,占世界总产量的 18.8%。

花生集中分布在亚洲和非洲,总收获面积为 2 754.1 万 hm²,亚洲收获面积占世界收获面积的 41.2%,非洲占 53.7%。印度、中国、尼日利亚为世界最大的花生生产国,其中印度花生收获面积占世界收获面积的 17.7%,中国花生收获面积占世界的 16.5%。中国花生年总产量居世界第一,为 1 670.8 万 t,占世界总产量的 36.7%。

世界向日葵主要分布于欧洲和亚洲,欧洲收获面积占世界总收获面积的 67.5%。播种面积较大的国家有俄罗斯、乌克兰、阿根廷、坦桑尼亚、罗马尼亚、中国等国,其中俄罗斯播种面积占世界总面积的 27.3%,居世界第一。

(二)中国油料作物

我国的油料作物有大豆、油菜、花生、向日葵、芝麻、胡麻等。中国除海南外,全国 30 个省市区都有油菜种植。油菜主要分布于华东和华南地区,东北与华北油菜分布较少。湖南播种面积最多,四川总产量最高(表 3-9)。

我国花生栽培主要分布于黄淮平原和华南沿海地区。河南、山东、广东、河北、辽宁、四川等是我国花生主产省,其中河南省花生种植面积最大,总产量最高(表 3-10)。

向日葵也是我国主要油料作物之一,除海南、西藏、青海外,我国有 28 个省份种植向日葵,种植面积较大的省份有内蒙古、新疆、吉林、甘肃、河北、山西等地,内蒙古播种面积和产量均居全国第一(表 3-11)。

芝麻是我国传统的调味油料作物,除西藏、青海外,全国其他省份都有芝麻栽培,但栽培面积较少,主要集中分布于河南、湖北、江西、安徽、湖南等省份,河南播种面积占全国播种面积的 35.3%，湖北播种面积占全国的 25.3%。

表 3-9 我国油菜主产省生产情况（2014—2018 年平均）

位次	省份	播种面积/万 hm²	占全国比例/%	省份	产量/万 t	占全国比例/%
1	湖南	119.7	17.6	四川	278.8	20.7
2	四川	117.9	17.3	湖北	217.3	16.1
3	湖北	101.2	14.9	湖南	194.6	14.4
4	贵州	52.1	7.7	安徽	101.8	7.5
5	江西	51.9	7.6	贵州	88.5	6.6
6	安徽	43.4	6.4	江西	70.9	5.3
7	内蒙古	30.8	4.5	江苏	56.2	4.2
8	云南	24.5	3.6	云南	49.8	3.7
9	重庆	23.6	3.5	重庆	45.7	3.4
10	江苏	20.0	2.9	河南	43.6	3.2

资料来源：根据中国农业信息网数据整理

表 3-10 我国花生主产省生产情况（2014—2018 年平均）

位次	省份	播种面积/万 hm²	占全国比例/%	省份	产量/万 t	占全国比例/%
1	河南	109.1	24.3	河南	507.9	30.7
2	山东	71.7	16.0	山东	313.9	19.0
3	广东	31.9	7.1	河北	102.6	6.2
4	河北	27.2	6.1	广东	96.9	5.9
5	辽宁	26.3	5.9	吉林	82.9	5.0
6	四川	26.0	5.8	安徽	79.5	4.8
7	吉林	25.0	5.6	湖北	76.8	4.6
8	湖北	22.7	5.1	辽宁	68.7	4.2
9	广西	20.0	4.5	四川	65.1	3.9
10	江西	16.3	3.6	广西	58.0	3.5

资料来源：根据中国农业信息网数据整理

我国油用亚麻（胡麻）主要分布在西北和华北北部的干旱、半干旱地区。全国有 13 个省份种植胡麻，全国种植面积为 24.5 万 hm²，其中甘肃、内蒙古、山西、河北、宁夏、新疆种植面积较大。河南播种面积占全国播种面积的 28.9%，内蒙古播种面积占全国播种面积的 26.7%，山西播种面积占全国的 17.1%。

表 3-11　我国向日葵主产省生产情况(2014—2018 年平均)

位次	省份	播种面积/ 万 hm²	占全国 比例/%	省份	产量/ 万 t	占全国 比例/%
1	内蒙古	60.4	55.8	内蒙古	159.5	55.7
2	新疆	15.2	14.0	新疆	47.0	16.4
3	吉林	7.8	7.2	甘肃	22.5	7.9
4	甘肃	6.4	5.9	吉林	16.3	5.7
5	河北	5.5	5.1	河北	15.6	5.4
6	山西	3.1	2.8	山西	5.3	1.9
7	黑龙江	2.2	2.0	黑龙江	4.1	1.4
8	陕西	1.8	1.7	陕西	3.8	1.3
9	贵州	1.3	1.2	宁夏	3.5	1.2
10	宁夏	1.2	1.1	贵州	2.1	0.7

资料来源:根据中国农业信息网数据整理

五、纤维作物

(一)世界纤维作物

世界纤维作物有棉花、黄麻、红麻、亚麻等。棉花是世界上分布最广,种植面积最大的纤维作物,主要分布于亚洲,其次为美洲和非洲,欧洲和大洋洲再次。世界棉花生产面积最大的国家为印度,其次为美国,中国居第三;中国是棉花年总产量最高的国家,年总产量占世界棉花年总产量的 24.3%,印度年总产居第二,美国第三(详见二维码 3-4)。

(二)中国纤维作物

我国的纤维作物主要有棉花和麻类,麻类播种面积比较小,为 5.62 万 hm²,我国棉花播种面积近年来减少明显。除青海、宁夏、重庆、西藏、黑龙江、广东、海南外,其他 24 个省份均有棉花种植,以新疆、山东、河南、河北、湖北、安徽、湖南为主产区(表 3-12)。随着种植业结构的连续调整,新疆已成为我国最大的产棉区,其播种面积占全国播种面积的 62.6%,产量占全国的 75.4%,长江流域和黄河流域传统产棉区的栽培面积减少明显。

中国麻类作物主要以苎麻为最多,大麻次之,黄麻和亚麻种植较少。麻类种植以华南地区为最多,其次为东北地区,华北和西北地区种植较少。

表 3-12　全国主要省份棉花生产情况（2014—2018 年平均）

位次	省份	播种面积/万 hm²	占全国比例/%	省份	产量/万 t	占全国比例/%
1	新疆	221.7	62.6	新疆	441.9	75.4
2	山东	31.7	8.9	山东	36.5	6.2
3	河北	27.2	7.7	河北	26.6	4.5
4	湖北	23.6	6.7	湖北	23.6	4.0
5	安徽	15.6	4.4	安徽	15.6	2.7
6	湖南	10.0	2.8	湖南	11.5	2.0
7	江西	7.0	2.0	江西	10.5	1.8
8	河南	5.6	1.6	河南	5.6	1.0
9	江苏	3.9	1.1	甘肃	4.2	0.7
10	甘肃	2.6	0.7	江苏	3.5	0.6

资料来源：根据 FAO 统计数据整理

六、糖料作物

（一）世界糖料作物

世界糖料作物以甘蔗和甜菜为主。据 2014—2018 年的数据统计，全世界有 103 个国家（地区）种植甘蔗，以亚洲和南美洲为集中产区。世界甘蔗总收获面积为 2 654.2 万 hm²，巴西为最大甘蔗生产国，其次为印度，中国居第三。全世界甘蔗年总产量为 187 879.7 万 t，巴西年总产量占全球总产量的 40.0%，印度占 18.6%，中国占 5.9%。

据 2014—2018 年数据统计，全世界有 56 个国家（地区）种植甜菜，播种面积为 461.9 万 hm²，主要分布于欧洲，其次为亚洲。主产国有俄罗斯、美国、德国、法国、土耳其等。全世界甜菜年总产量为 27 554.6 万 t，总产量俄罗斯最高，占世界的 15.8%，其次为法国，占世界的 13.9%，美国居第三。

（二）中国糖料作物

我国糖料作物主要为南方的甘蔗和北方的甜菜。据 2014—2018 年数据统计，甘蔗种植面积占甘蔗和甜菜总种植面积的 90.8%。中国有 17 个省份种植甘蔗，主要分布在华南地区和西南地区，华北、东北地区无甘蔗种植。全国甘蔗种植面积为

145.9 万 hm²,年总产量为 10 771.4 万 t,种植面积最大的省(区)是广西,占全国播种面积的 63.0%,年总产量占全国的 66.9%;较大的省市还有云南、广东、海南、江西、贵州、四川等。

中国有 17 个省份种植甜菜,大部分在华北、东北和西北地区,南方种植甜菜较少。据 2014—2018 年数据统计,全国甜菜种植面积为 14.8 万 hm²,其中以内蒙古种植最多,占全国种植面积的 47.2%,其次为新疆、河北、黑龙江、甘肃、辽宁、山西等。甜菜年总产量新疆最高,为 355.7 万 t,占全国年总产量的 45.1%。

七、嗜好作物

全世界嗜好类作物主要包括烟草、茶叶、咖啡、可可等。茶叶栽培以亚洲为主,中国、印度、巴基斯坦、肯尼亚为主要产茶国。咖啡、可可栽培主要分布于赤道两侧地区,南美洲的巴西、哥伦比亚是世界最大的咖啡生产国,非洲的科特迪瓦、埃塞俄比亚、赤道几内亚等国以生产咖啡、可可著称。

烟草主要分布于亚洲,据 2014—2018 年数据统计,亚洲烟草种植面积占世界种植面积的 61.1%,其次为美洲、非洲和欧洲,大洋洲极少种植。中国的烟草种植面积最大,占世界烟草种植面积的 32.5%,其他烟草主产国有印度、巴西、印度尼西亚、坦桑尼亚、美国等。全世界烟草年总产量为 660.8 万 t,中国烟草年总产量居世界第一,占世界年总产量的 39.0%。

我国烟草除了北京、天津、上海、西藏外,其他 27 个省份区都有种植,但中国烟草主要分布于西南地区,其次为华南地区,华北地区种植最少。据 2014—2018 年数据统计,烟草种植面积为 121.0 万 hm²,总产量为 254.6 万 t,主要是烤烟,播种面积占烟草总面积的 95.3%,总产量占烟草总产量的 94.5%。云南省为最大烟草生产省,占全国烟草种植面积的 36.7%,总产量占全国总产量的 35.5%,其次为贵州和河南。此外,湖南、四川、福建、湖北、重庆、江西、山东、黑龙江等省份种植面积也较大。

 ### 复习思考题

1. 现在种植的栽培作物与野生植物有哪些差异?

2. 1975 年瑞典的泽文和茹可夫斯基共同修订的作物起源中心内容是什么?

3. 小麦、玉米、水稻、甘薯是如何传播的?

4. 我国栽培作物分别来源于哪些地区?

5. 按照作物的用途和植物学系统相结合将作物如何分类?

6. 小麦、玉米、水稻在世界上分布情况是怎样的？

7. 世界大豆的分布与生产情况如何？

8. 世界马铃薯和甘薯的分布与生产情况是怎样的？

9. 世界棉花的分布与生产情况是怎样的？

10. 世界油料作物分布情况如何？

11. 通过学习作物分布情况内容，分析我国作物生产在全球的地位和作用。

第四章

作物的生长发育及其产量、品质形成

第一节 作物的生长发育

一、作物生长和发育的概念

（一）生长

生长是指作物个体、器官、组织和细胞在体积、质量和数量上的增加，是作物植株或器官由小到大、或由轻到重的不可逆的量变过程，它是通过细胞分裂和伸长来完成的。作物的生长包括营养体（根、茎、叶）的生长和生殖体（花、果实、种子）的生长。风干种子在水中的吸胀，只是体积上的量变，不是通过细胞分裂和伸长来完成的数量增长过程，因而不是生长。

（二）发育

发育是指作物一生中其形态、结构、机能的质变过程，表现为细胞、组织和器官的分化，最终导致植株根、茎、叶和花、果实、种子的形成。发育是作物发生形态、结构和功能上质的变化，这种过程有时是可逆的，如幼穗分化、花芽分化、维管束发育、分蘖的产生、气孔发育等。

叶的长、宽、厚、质量的增加称为生长，而叶脉、气孔等组织和细胞的分化则为发育。

（三）生长与发育的关系

作物的生长和发育是交织在一起进行的。没有生长便没有发育，没有发育也不会有进一步的生长，因此生长和发育是交替推进的。

二、营养生长与生殖生长的关系及其调控

（一）营养生长与生殖生长的概念

作物营养器官（根、茎、叶）的生长称为营养生长；生殖器官（花、果实、种子）的生长称为生殖生长。

作物营养生长和生殖生长的划分通常是以穗分化或花芽分化为界限，把生长过程分为两段，穗或花芽分化之前，为营养生长阶段，其后开始进入生殖生长阶段。实际上两种生长之间并无严格界限，有相当一段时间营养生长和生殖生长是同时进行的，常常交错在一起，称为并进时期。例如，麦类作物，在拔节前幼穗已分化，同时茎、叶也继续生长，两者并进生长（图 4-1）。

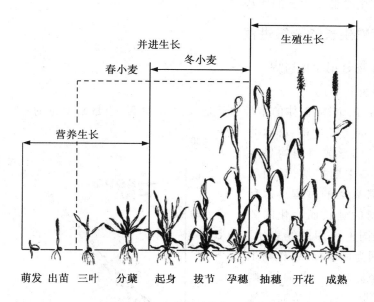

图 4-1　小麦生育时期与三段生长

（二）营养生长与生殖生长的关系

1. 营养生长是作物转向生殖生长的必要准备

一般而言，只有根深叶茂，才能穗大粒饱。在营养生长期间，若植株生长健壮，

地下有强大的根系吸收水分和养分,地上有大量的绿色叶片制造并积累有机物质,就能促进生殖器官的生长发育。

2. 营养生长和生殖生长彼此影响

营养生长和生殖生长在相当长的时间内交错在一起,并进生长。在同一个时间,根、茎、叶、果(穗)、种子等各自处于生育进程的不同时期,彼此之间不可避免地会发生相互影响。比如小麦,在拔节时,茎的节间迅速生长,穗在分化,而低位叶片已趋向老化。此时,若及时适量施肥浇水则有良好的增产效果;但如果施肥灌水过多,则往往造成营养生长过盛,茎叶徒长,植株倒伏,籽实反而不饱满。

(三)营养生长和生殖生长的调控

由于不同作物的收获器官不同,在促控植株的生长发育、调节营养生长和生殖生长上就要因作物而异。对于以果实或种子为收获对象的作物,在开花之前,重点要培育壮苗,使营养器官生长发育健壮,先"搭好丰产架子",为花、果、种子的生长发育奠定物质基础,但也要注意防止营养器官生长过旺,以免进入生殖生长阶段时不能建立起生殖器官生长的优势。

三、作物生长的一般进程

(一)作物 S 形生长过程

1. S 形生长曲线

作物器官、个体、群体的生长通常是以大小、数量、重量来度量的。作物植株的个体或器官的生长过程、群体的建成及产量的形成过程均呈现出前期较慢、中期加快、后期又慢以致停滞衰落的过程。这种生长随时间的延长而变化的关系,在坐标图上可用曲线表示。如果以时间为横坐标,以作物生长量为纵坐标画出一条曲线,则曲线呈"S"形,因此这条曲线称为"S"形生长曲线(图 4-2)。

2. "S"形曲线的变化过程

作物的"S"形生长过程(以群体干物质积累为例)可划分为

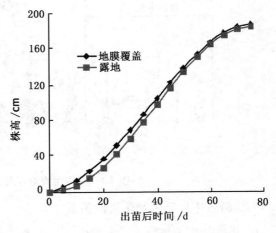

图 4-2   高粱株高生长曲线

缓慢增长期、直线增长期和减缓停滞期三个阶段。

（1）缓慢增长期　在作物生长初期,作物叶面积较小,干物质积累量较少,生长比较缓慢,呈指数增长,也叫指数增长期。

（2）直线增长期　在这一时期,植株变大,叶面积增长较快,群体干物重的增长速度维持定值,呈直线增长趋势。

（3）减缓停滞期　随着叶片变黄（或脱落）和机能衰退,群体干物质积累速度减缓。当到成熟期时,生长进入停滞状态,干物质积累停止,植株干重趋于稳定不再增加。

（二）"S"形生长进程的应用

1. 检验作物的生长发育进程

作物的群体、个体、器官、组织乃至细胞,它们的生长发育过程都是符合"S"形生长曲线的。如果在某一阶段偏离了"S"形曲线的轨迹,或未达到,或超越了,都会影响作物的生育进程和速度,从而最终影响产量。因此,在作物生育过程中应密切注意苗情,使之达到该期应有的长势长相,使其向高产优质方向发展。

2. 促控措施的应用

（1）促控措施要适时　各种促进或抑制作物生长的措施,都应该在作物生长发育最快速度到来之前应用。例如,用矮壮素控制小麦拔节,应在基部节间尚未伸长前施用,如果基部节间已经伸长,再施矮壮素,就达不到控制该节间伸长的效果;水稻晒田可使基部1～2节间矮壮,若晒迟了,不但达不到这一目的,反而可能影响穗的分化。

（2）促控措施要兼顾不同器官　同一作物的不同器官,通过S形生长周期的步伐不同,生育速度各异,在控制某一器官生育的同时,应注意这项措施对其他器官的影响。例如,拔节前对稻麦施用速效性氮肥,虽然能对稻麦的小花分化起促进作用,但同时也能促使基部1～2个节间的伸长,而易引起植株以后的倒伏。

四、作物的生育期和生育时期

（一）作物的生育期

1. 作物生育期的概念

作物从出苗到成熟之间的天数,称为作物的生育期。在生产上,由于作物收获的产品器官不同,生育期的计算方法也不同。根据收获对象的不同,有以下几种情况:

（1）收获籽粒　一般以籽粒为播种材料又以新的籽粒为收获对象的作物,其生育期是指籽粒播种后从出苗开始到成熟所经历的总天数。这类作物在生产上最多,如小麦、玉米、大豆、高粱等。

(2)收获营养体   对于以营养体为收获对象的作物,如麻类、薯类、牧草、绿肥、甘蔗、甜菜、烟草等,其生育期是指播种材料出苗到主产品收获适期的总天数。烟草的生育期是从出苗到"工艺成熟"之间的天数。

(3)育秧移栽   需要育秧(育苗)移栽的作物,如水稻、甘薯、烟草等,通常还将其生育期分为秧田(苗床)期和大田期。秧田(苗床)期是指从出苗到移栽的天数,大田期是指从移栽到成熟的天数。

(4)棉花   棉花具有无限生长习性,在棉花开始吐絮后,要持续很长时间才能收获完毕。一般将播种出苗至开始吐絮的天数称为生育期,而将播种到全田收获完毕的天数称为大田生育期。

2. 影响作物生育期长短的因素

作物生育期长短不同,主要由作物的遗传性和所处的环境条件决定。

(1)基因型对生育期的影响   基因型不同导致不同作物、同一作物不同类型及不同品种的生育期长短不同。如北京地区,冬小麦生育期为 250 d 左右,春小麦生育期仅 100 d 左右。同为冬小麦又有早熟品种、中熟品种和晚熟品种之分。早熟品种生长发育快,主茎节数少,叶片少,成熟早,生育期较短;晚熟品种生长发育缓慢,主茎节数多,叶片多,成熟迟,生育期较长。中熟品种在各种性状上则介于二者之间。

(2)环境条件对生育期的影响   温度和日照长度变化会引起生育期变化。如玉米、大豆、水稻等喜温短日照作物,当从南方向北方引种时,由于纬度增高,温度较低,日长较长,其生育期延长;相反,从北方向南方引种,由于纬度低,日长较短,温度较高,生育期缩短。强冬性小麦为低温长日照作物,若作春小麦栽培则当年不能抽穗成熟。

此外,不同海拔高度和不同栽培措施对作物生育期也有影响。如在相同纬度下,高海拔地区温度较低,作物生育期较长;低海拔地区温度较高,生育期就短;同一玉米品种在春播时生育期较长而夏播时生育期较短。

3. 作物的生育期与产量

一般来说,早熟品种单株生产力低,晚熟品种单株生产力高,但这也不是绝对的。如湖南、江西两省晚熟油菜品种产量低于中熟油菜品种产量,其主要原因是这两省入春后,温度上升快,晚熟品种灌浆成熟时,常遇高温逼熟,导致产量和种子含油量下降,而中熟品种则成熟条件好,产量和种子含油量高。此外,从群体产量看,早熟品种多适于密植,而晚熟品种多适于稀植,因此,早熟品种群体产量也不一定比晚熟品种低。

（二）作物的生育时期

生育时期是指作物一生中植株外部形态呈现显著变化的若干时期。依此显著变化可将每种作物的一生划分为若干个生育时期。现将常见作物的生育时期介绍如下：

（1）稻、麦类　一般划分为出苗期、分蘖期、拔节期、孕穗期、抽穗期、开花期、成熟期。

（2）玉米　一般划分为出苗期、拔节期、大喇叭口期、抽雄期、开花期、吐丝期、成熟期。

（3）豆类　一般划分为出苗期、分枝期、开花期、结荚期、鼓粒期、成熟期。

（4）棉花　一般划分为出苗期、现蕾期、花铃期、吐絮期。

（5）油菜　一般划分为出苗期、现蕾抽薹期、开花期、成熟期。

对各种作物生育时期的划分，目前尚未完全统一，有的划分粗些，有的划分细些。例如，成熟期还可细划为乳熟期、蜡熟期和完熟期。

（三）作物的物候期

作物生育时期是根据其起止的物候期确定的。所谓物候期是指作物生长发育在一定外界条件下所表现出的形态特征，人为地制定一个具体的标准，以便科学地把握作物的生育进程（水稻、小麦、棉花、大豆的物候期详见二维码 4-1）。

各种作物判断标准为观测单个植株时的标准。对于群体物候期的判断标准是：当 10％左右的植株达到某一物候期的标准时称为这一物候期的始期，50％以上植株达到标准时称为这一物候期的盛期。

二维码 4-1　水稻、小麦、棉花、大豆的物候期

五、作物器官的建成

（一）种子及种子萌发

1. 种子的概念

作物生产上所说的种子泛指用于播种繁殖下一代的播种材料，它包括植物学上的 3 类器官。第一类即由胚珠受精后发育成的种子，即植物学上的种子，如豆类、麻类、棉花、油菜、烟草等作物的种子；第二类为由子房发育而成的果实，如稻、麦、玉米、高粱、谷子等的颖果，荞麦和向日葵的瘦果，甜菜的聚合果等；第三类为进行无性繁殖用的根或茎，如甘薯的块根，马铃薯的块茎，甘蔗的茎节等。

近年来,随着农业生物技术的发展,通过组织培养技术,把植物组织的细胞培养成在形态及生理上与天然种子胚相似的胚状体(体细胞胚),把胚状体包埋在胶囊内形成球状结构,使其具备种子机能。这种颗粒体称为人工种子(artificial seeds),又称合成种子(synthetic seeds)或体细胞种子(somatic seeds)。

2. 种子的组成

除用于无性繁殖的营养器官,如根和茎外,作物的种子一般由种皮、胚和胚乳(有些作物胚乳退化,所以看起来不明显)3部分组成。具体有以下几种情况。

(1)单子叶作物 小麦、玉米、高粱等禾谷类作物的种子有胚、胚乳,不仅有种皮,还有果皮包被着,种皮和果皮紧密相连不易分开;而水稻、大麦、谷子等甚至还包括果实以外的内外稃(壳)(图 4-3)。胚乳是种子养分的贮藏场所,有胚乳的种子,一般内胚乳比较发达。

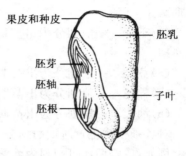

图 4-3　玉米种子内部构造

(2)有胚乳的双子叶作物 种子由胚、胚乳、种皮三部分组成,如蓖麻、荞麦、黄麻、苘麻、烟草等。

(3)无胚乳的作物 种子有胚、种皮,但没有胚乳,养分贮藏于胚内,尤其是子叶内,例如棉花、油菜、芝麻、甜菜、大麻及大豆、花生等作物。由于胚乳或子叶中贮藏养分多少关系到种子发芽和幼苗初期生长的强弱,所以选用粒大、饱满、整齐一致的种子,对保证全苗壮苗有重要意义。

3. 种子发芽条件

种子和用于进行繁殖的营养器官能否发芽,首先决定于自身是否具有发芽能力,只有具有发芽能力的种子才可能发芽。除自身因素外,水分、温度和空气是发芽的主要外部条件,种子发芽要求水分、温度和空气三个因素的适度配合,三者缺一不可。

(1)水分 水分是制约种子发芽的首要因素。种子必须在吸足水分后才能萌发,如吸收水分不足,即使其他条件满足种子也不能开始发芽。不同作物种子发芽所需水量也不同,含淀粉多的种子吸水量较少,如小麦为种子干重的 150%～160%,玉米为 137%;含蛋白质、脂肪较多的种子则吸水量较多,如大豆为 220%～240%。

(2)温度 作物种子发芽是在一系列酶的参与下进行的,而酶的催化活力与温度有密切关系。不同作物种子发芽所需最低、最适、最高温度不同,即使同一种作物,也因生态型、品种或品系不同而有差异。一般原产北方的作物需要温度较低,如小麦种子发芽的最低温度为 3～5℃,最适温度为 15～20℃,最高温度为 35～40℃;原产南方的作物所需温度较高,如水稻种子萌发的最低温度为 10～12℃,最适温度为 28～32℃,最高温度为 40～42℃。

(3)空气(氧气)　在种子发芽过程中,旺盛的物质代谢和物质运输等需要强烈的有氧呼吸作用来保证,因此氧气对种子发芽极为重要。各种作物种子萌发需氧程度不同,花生、大豆、棉花等种子含油较多,萌发时较其他种子要求有更多的氧。水稻种子与一般作物种子有些不同。水稻正常发芽也需要充足的氧气,但在缺氧情况下,水稻种子具有一定限度忍受缺氧的能力,可以进行无氧呼吸,但缺氧时间不能过久,否则影响幼根、幼叶生长,并且导致酒精中毒。

此外,有些作物种子发芽还需要光,如烟草种子在间歇照光时萌发率较高,其作用机理目前还不太清楚,可能与光期产生光反应,随后产生暗反应有关。

4. 种子萌发过程

(1)有性繁殖作物　种子的萌发分为吸胀、萌动和发芽 3 个阶段。首先是吸胀阶段,种子吸收水分膨胀达到饱和。接着是萌动阶段,贮藏物质中的淀粉、蛋白质和脂肪通过酶的活动,分别水解为可溶性糖、氨基酸、甘油及脂肪酸等,这些物质运输到胚的各个部分,作为种子萌发的结构物质和提供能量;继而在适宜的温度和通气条件下,胚根伸长突破种皮,露出白嫩的根尖,即完成萌动阶段。最后是发芽阶段,胚继续生长,禾谷类作物当胚根长至与种子等长,胚芽长度达到种子长度一半时,即为发芽。

(2)无性繁殖作物　以块根繁殖的甘薯,依靠块根薄壁细胞分化形成的不定芽原基的生长发育,突破周皮而发芽。马铃薯、甘蔗、苎麻等的发芽,则是由茎节上的休眠芽在适宜条件下伸长并长出幼叶。

这类根、茎萌发的共同点是:一般都可萌发 2 个以上的芽,形成一种多芽,以后又可分离成独立的植株;根、茎都具有顶端优势,即在块根、块茎的顶部(开始膨大的一端)和上部茎节上的芽首先萌发,依次向下,在一种多芽的情况下,上部芽常常会抑制下部芽的萌发;块根、块茎内本身含水量较多,所以没有吸胀过程,只要有一定湿润的土壤环境,温度与空气适宜时就可以萌发。

5. 种子寿命和休眠

(1)种子寿命　种子寿命是指种子从采收到失去发芽力的时间。在一般贮存条件下,多数种子的寿命较短,一般为 1～3 年,例如花生种子的寿命仅有 1 年,小麦、水稻、玉米、大豆等种子寿命为 2 年。也有少数作物种子寿命较长,如蚕豆、绿豆能达 6～11 年。种子寿命长短与贮存条件有密切关系,如低温贮存可以延长种子的寿命,保持种子密封干燥也可延长种子寿命。

(2)种子休眠　具有生活能力的新种子,即使在适宜的萌发条件下亦不能发芽的现象称为种子的休眠。休眠是植物对不良环境的一种适应。稻、小麦、大麦、玉米、高粱、豆类、棉花、油菜的种子和马铃薯的块茎等大多具有休眠特性。

(3)种子休眠的原因及破除方法　种子休眠的原因大致分为3种类型。①胚的后熟。这是种子休眠的主要原因,即种子收获或脱落时,胚组织在生理上尚未成熟,因而不具备发芽能力。这类种子可通过低温和水分处理,促进后熟,使之发芽。②硬实引起休眠。硬实种皮不透水,不透气,故不能发芽,如豆类作物在干燥、高温、氮肥多的环境下种植容易产生硬实。为促使硬实种子发芽,一般采用机械磨伤种皮或用酒精、浓硫酸等化学物质处理使种皮溶解,增强其透性。③种子或果实中含有某种抑制发芽的物质。如种子中含有脱落酸、酚类化合物、有机酸等而未能发芽,在这种情况下,可通过改变光、温、水、气等条件,或采用植物激素等予以处理,使其休眠解除。

6.子叶出土类型

作物种子在田间萌发出土的过程中,根据下胚轴伸长与否,将子叶出土情况分为子叶出土、子叶不出土及子叶半出土3种类型。

(1)子叶出土的作物　种子发芽时,其下胚轴生长快且伸长,能将子叶带出地面,随后展开变绿,下胚轴成为幼茎,如棉花、大豆等。此类作物播种时,要求土壤要疏松,播种不能太深,否则不易出苗。

(2)子叶不出土(留土)的作物　种子发芽时,下胚轴不伸长,只有上胚轴伸长,将胚芽带出地面,而子叶残留在土中,直至养分耗尽,其幼茎由上胚轴转成,如蚕豆、豌豆等。另外,小麦、玉米等种子发芽时,首先钻出地面的是锥状的胚芽鞘,它的钻土能力强。胚芽鞘一出地面见到光照立即停止生长,包在里边的真叶则从胚芽鞘孔口处伸出地面(图4-4)。

(3)子叶半出土作物　种子在萌发时,其上胚轴和胚芽生长较快,同时下胚轴也相应生长。当播种较深时,子叶不出土;而播种较浅时则可见子叶露出地面,如花生种子。

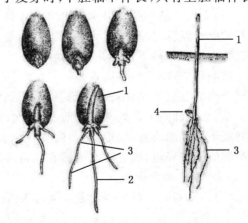

1.胚芽鞘　2.主胚根　3.胚根　4.种子

图4-4　小麦种子萌发和出苗

根据上述情况,在生产上确定播种深度时,应考虑到作物子叶是否出土以及根茎(胚轴)长短等特性。一般子叶出土或根茎短的作物播种要浅一些,子叶不出土或根茎长的作物播种可深一些。

(二)根

1. 作物的根系

作物的根系由初生根、次生根和不定根组成。作物的根系可分为两类:一类是须根系,如单子叶作物的根;另一类是直根系,如双子叶作物的根。

(1)须根系　单子叶作物如禾谷类作物的根系属于须根系。它由种子根(初生根或胚根)和茎节上发生的次生根(不定根、节根)组成。种子萌发时,先长出1条初生根,然后有的可长出3～7条初生根;随着幼苗的生长,基部茎节上长出次生根,次生根是从地下接近土表的茎节上发生的,所以叫节根;因为其数目不定,所以又叫不定根;它的出生顺序是自芽鞘节开始,渐次由下位节移向上位节,节根在茎节上呈轮生状态。当拔节以后,多数作物的茎节不再生出节根,但有些作物(玉米、高粱、谷子)则在近地面茎节上常发生一轮或数轮较粗的节根,称为支持根,又叫气生根,这些根入土以后,对植株抗倒伏和吸收水分、养分都有一定作用。另外,支持根还具有合成氨基酸的作用(图4-5)。

(2)直根系　双子叶作物如豆类、棉花、麻类、油菜等的根系属直根系。它由1条发达的主根和各级侧(支)根构成。主根由胚根不断伸长形成,逐步分化长出侧根,主根较发达,侧根逐级变细,形成直根系(图4-6)。

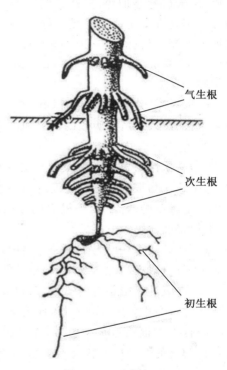

气生根

次生根

初生根

图 4-5　玉米的根系

2. 根的生长与分布

禾谷类作物根系随着分蘖的增加根量不断增加,生长前期横向生长显著,拔节以后转向纵深伸展,到孕穗或抽穗期根量达最大值,以后逐步下降。根入土较深,水稻可达 50～60 cm,而小麦可达 100 cm 以上。小麦根系主要分布在 0～20 cm 耕层土壤中,占总根量的 70%～80%,20～40 cm 的土层中占 10%～15%。

双子叶作物棉花、大豆等的根系也是逐步形成的,苗期生长较慢,现蕾后逐渐加快,至开花期根量达最大值,以后又变慢。棉花根入土深度可达 80～200 cm,约 80% 的根量分布在 0～40 cm 土层中。

一般说来,作物在 0～30 cm

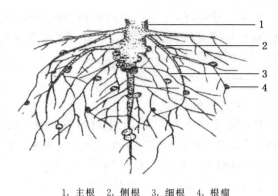

1. 主根 2. 侧根 3. 细根 4. 根瘤
图 4-6 大豆的根系
资料来源:曹卫星.作物栽培学总论.3 版.
北京:科学出版社,2017

耕层中根分布最多,所吸收的养分和水分也主要来自这一土层。

3. 根生长的趋向性

(1)向水性 根系入土深浅与土壤水分有很大关系。水田中水稻根系扎的较浅,而旱地作物根系较深。适度的表层土壤干旱,有利于根系下扎。当然土壤极度干旱或土壤淹涝,都不利于根系的生长。为了后期生长健壮,苗期要控制水分供应,促使根系向纵深发展。

(2)趋肥性 在肥料集中的土层中,一般根系比较密集。所以在生产上强调深施肥,不仅可以提高肥料利用率,还可促进根系下扎。

(3)向氧性 根系有向氧性,所以要求耕层土壤通气性要好,这是根系生长的必要条件。在生产上经常中耕,使土壤疏松通气,是促根的常用手段之一。

根据作物根的这 3 个特性,生产上经常采用"蹲苗"措施来控上促下,培育壮苗。而蹲苗的 3 个措施就是不灌水、不施肥、勤中耕。

(三)茎

1. 作物的茎

(1)单子叶作物的茎 禾谷类作物的茎多数为圆形,大多中空,如稻、麦等。但有些禾谷类作物的茎为髓所充满而成实心,如玉米、高粱、甘蔗等。茎秆由许多节和节间组成,节上着生叶片。禾谷类作物的茎主要靠每个节间基部的居间分生组织的细胞进行分裂和伸长,使每个节间伸长而逐渐长高,其节间伸长的方式为居间生长。禾谷类作物拔节后不久几个节间同时生长,是茎伸长最快的时期。

禾谷类作物基部茎节的节间极短,密集于土内靠近地表处,称为分蘖节,分蘖节上着生的腋芽在适宜的条件下能长成分蘖。从主茎叶腋长出的分蘖称为一级分蘖,从一级分蘖上长出的分蘖叫二级分蘖,从二级分蘖上长出的分蘖叫三级分蘖,依此类推。

(2)双子叶作物的茎　双子叶作物的茎一般接近圆形,实心,由节和节间组成。此类作物茎的生长有两种方式。一种是单轴生长,即主轴从下向上呈无限生长,主轴上的侧芽可发展为侧枝。单轴生长的茎秆外形直立,如向日葵、无限结荚习性的大豆、棉花的主茎和营养枝等。另一种是合轴生长,即主轴生长了一段时间之后停止生长,由靠近顶芽下方的一个侧芽代替顶芽形成一段主轴,以后新的主轴顶芽又停止生长,再由其下方侧芽产生新的一段主轴,依此类推,便形成稍有弯曲的茎枝,如棉花的果枝。双子叶作物的茎,主要靠茎尖顶端分生组织的细胞分裂和伸长,使节数增加,节间伸长,植株逐渐长高,其节间伸长的方式为顶端生长。

茎的节数因作物种类及品种而异。每节着生一叶,叶腋间都有腋芽,可萌发为分枝。分枝习性因作物种类不同而不同。分枝性强的作物,如棉花、油菜、花生、豆类等,其分枝对产量构成的作用较大,在栽培上,要促分枝早生、多发。分枝性弱的作物,如大麻、烟草等,分枝对茎(大麻)和叶(烟草)的产量和品质不利。

2. 影响分枝(分蘖)生长的因素

(1)作物种类和品种　不同的禾本科作物分蘖特性不同,稻、麦类分蘖能力强,在生产上,稻、麦类可形成数十个分蘖,一般有 5～10 个分蘖能够成穗。玉米、高粱分蘖能力弱,产生的分蘖少,而且普通玉米分蘖不能成穗,高粱分蘖成穗率较低。同一作物不同品种分蘖能力也有很大差异,如冬小麦品种分蘖能力比春小麦分蘖能力强;大豆不同品种之间分枝差异也大,有的品种无分枝,有的品种有 4～5 个分枝,有的品种可达 10～15 个分枝。

(2)种植密度　合理的种植密度和较稀种植,有利于作物主茎的生长。对于分枝(或分蘖)的作物,种植密度影响分枝(或分蘖)的形成。总的说来,苗稀,单株营养面积大,光照充足,植株分枝(或分蘖)力强;反之,苗密,分枝力(或分蘖力)则弱。

(3)施肥　施足基肥、苗肥,增加土壤中的氮素营养,可以促进主茎和分枝(分蘖)的生长。如氮磷钾施用比例得当,则更有利于主茎和分枝(分蘖)的生长。但氮肥过多,碳氮比例失调,对茎枝(分蘖)生长不利。

(四)叶

1. 作物的叶

作物的叶是光合作用的主要器官,作物生产依赖于叶片的光合作用,在作物生产中特别重视叶片的生长状况。

（1）单子叶作物的叶　禾谷类作物的叶为单叶，一般包括叶片、叶鞘、叶耳和叶舌 4 部分，叶的下方为叶鞘，包围着节间。叶片位于叶鞘上方，呈扁平形状，有利于接受阳光。在叶片和叶鞘相连处的内侧，有叶舌，其形状大小以及茸毛有无因作物种类而不同。有些禾谷类作物在叶片基部的两侧还各有一个叶耳。叶舌和叶耳可作为鉴别作物、杂草的标志（图 4-7）。

（2）双子叶作物的叶　双子叶作物的叶由叶片、叶柄和托叶 3 部分构成。棉花、苎麻、大豆、向日葵的叶 3 部分俱全，叫完全叶（图 4-8）。缺少任何一部分或两部分的叶，叫不完全叶，如甘薯、油菜的叶无托叶，烟草的叶无叶柄。

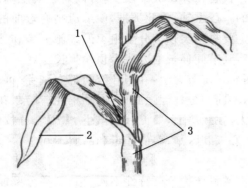 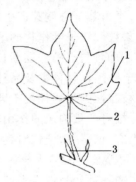

1. 叶舌　2. 叶片　3. 叶鞘　　　　　1. 叶片　2. 叶柄　3. 托叶

图 4-7　高梁叶构造　　　　　　**图 4-8　棉花的叶**

叶可分为单叶和复叶。凡一个叶柄上只生一片叶，不论其完整与否，都叫单叶，如棉花、向日葵、油菜等作物的叶。叶柄上着生着两个以上完全独立的小叶片，叫复叶。复叶又分羽状复叶，如豌豆、花生、紫云英的叶；掌状复叶，如大麻的叶；豆类中的大豆、红小豆、绿豆叶片由 3 片小叶构成，称三出复叶。

2. 叶的功能期

作物的叶片展开后，即可进行光合作用，在叶片生长定型后不久光合作用达到峰值，后因叶片年龄老化，而逐渐衰老枯死。叶片的光合产物除部分用于本身的呼吸和生理代谢消耗外，大部分向植株其他器官输出。叶从开始输出光合产物到失去输出能力所持续时间的长短，称为叶的功能期。禾谷类作物叶片的功能期一般为叶片定长到 1/2 叶片变黄所持续的天数；双子叶作物则为叶平展至全叶 1/2 变黄所持续的天数。

3. 影响叶生长的因素

叶的分化、出现和伸展受温、光、水、矿质营养等多种因素的影响。较高的气温对叶片长度和面积增长有利,而较低的气温则有利于叶片宽度和厚度的增长。光照强,叶片的宽度和厚度增加;光照弱,则对叶片长度伸长有利。充足的光照有利于叶绿素的形成,叶片光合效率高。充足的水分促进叶片生长,叶片大而薄;缺水使叶生长受阻,叶片小而厚。矿质营养中,氮能促进叶面积增大,但过量的氮又会造成茎叶徒长,对产量形成不利。在生长前期,磷能增加叶面积,而在后期却又会加速叶片的老化。钾对叶有双重作用,一是可促进叶面积增大,二是能延迟叶片老化。

(五)花器的分化与发育

1. 禾谷类作物穗的分化与发育

禾谷类作物的花序通称为穗。它们的小穗由二片护颖和一朵或数朵小花组成。小花有外颖、内颖各一片,雄蕊 3 个(水稻 6 个)、雌蕊一个(图 4-9)。禾谷类作物幼穗分化开始较早,稻、麦作物一般在主茎拔节前后或同时,粟类作物则在主茎拔节伸长以后。禾谷类作物穗的分化可概括为 5 个阶段:生长锥伸长期,穗枝梗(圆锥花序)或穗轴节片(穗状花序)分化期,小穗、小花分化期,雌雄蕊分化期及性细胞形成期。主要作物花序的种类和特点详见二维码 4-2。

二维码 **4-2**　主要作物花序的种类和特点

2. 双子叶作物花芽的分化与发育

双子叶作物的花均由花梗、花托、花萼、花冠、雄蕊和雌蕊组成(图 4-10)。双子叶作物花芽分化一般也较早,如棉花在 2～3 叶期即开始花芽分化;南方冬油菜一般 10 多片叶时开始花芽分化;有的花生品种在主茎只有 3 片真叶时(出苗后 3～4 d),第一花芽即开始分化。双子叶植物花器比较分散,花芽分化开始和结束时间各不相同。花的分化发育过程可概括为 5 个阶段:花萼形成期,花冠和雄、雌蕊分化期、花粉母细胞和胚囊母细胞形成期,四分体形成期,胚囊和花粉粒形成期。

(六)开花、授粉和受精

1. 开花

开花是指花朵张开,已成熟的雄蕊和雌蕊(或两者之一)暴露出来的现象(图 4-11)。禾本科作物由于花的构造较为特殊,开花时,内、外稃张开,花丝伸长,花药上升,散出花粉。各种作物开花都有一定的规律性,具有分枝(分蘖)习性的作物,通常是主茎花序先开花,然后是第一次分枝(分蘖)花序、第二次分枝(分蘖)花序依次开花。同一花序上的花,开放顺序因作物而不同;由下而上的有油菜、花生和无限结荚习性的大豆等;中部先开花,然后向上向下的有小麦、大麦和玉米及有限结荚习性的大豆等;由上而下的有稻、高粱等。

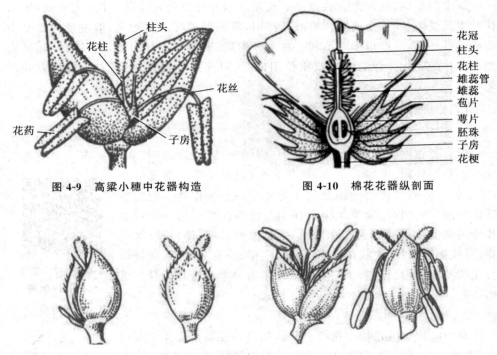

图 4-9　高粱小穗中花器构造　　　　图 4-10　棉花花器纵剖面

1. 颖片张开　2. 柱头露出　3. 花药伸出　4. 授粉合颖

图 4-11　高粱开花过程

2. 授粉

成熟的花粉粒借助外力的作用从雄蕊花药传到雌蕊柱头上的过程,称为授粉。作物的授粉方式有 3 种:①自花授粉。异交率小于 5%,如小麦、大麦、水稻、大豆、豌豆、花生等。②异花授粉。异交率 50% 以上,如玉米、蓖麻、白菜型油菜等。③常异花授粉。异交率 5%~50%,如棉花、高粱、蚕豆等。

3. 受精

作物授粉后,雌雄性细胞即卵细胞和精子相互融合的过程,称为受精。其过程是:花粉落在柱头上后,通过相互"识别"或选择,花粉粒开始在柱头上吸水、萌发,长出花粉管,穿过柱头,经花柱诱导组织向子房生长,把两个精子送到位于子房内的胚囊,分别与胚囊中的卵细胞和中央细胞融合,形成受精卵和初生胚乳核,完成"双受精"过程。

第二节　作物的产量及产量形成

一、作物的产量

(一)生物产量和经济产量

作物的产量是指单位面积作物产品的数量。作物产量通常分为生物产量和经济产量。生物产量是指作物一生中生产和积累的有机物质的总量(含有一定水分),即整个植株(一般不包括根系)的总收获量。经济产量(即一般所指的产量)则是指栽培目的所需要的产品收获量。

由于作物种类和人们栽培目的的不同,作物被利用作为产品的部分也不同,如禾谷类、豆类、油料作物的产品是籽粒;薯类、甜菜是块茎块根;棉花是纤维和种子;麻类作物是韧皮纤维;烟草是叶片;绿肥是整个植株等。同一作物,因利用目的的不同,其产量概念也会发生变化。如玉米,收获籽粒作为粮食或饲料,其籽粒便是经济产量;若收获茎、叶作为青饲料,则茎叶便是经济产量。

(二)经济系数

在一定的生物产量中,究竟能得到多大比例的经济产量,这就要看生物产量转化为经济产量的效率,这种转化效率即经济产量与生物产量的比值,称为经济系数或收获指数。

$$经济系数(收获指数)=经济产量/生物产量$$

经过人类长期的选择和培育,作物经济系数已达到相当高的水平。在正常生长情况下,各种作物的经济系数是相对稳定的。例如,禾谷类作物的水稻和小麦的经济系数为 0.35～0.50;玉米为 0.30～0.50;薯类作物为 0.70～0.85;甜菜、烟草为 0.6～0.7;油菜 0.28;大豆 0.25～0.40;棉花籽棉 0.35～0.40,皮棉 0.13～0.16;叶菜类可接近 1.0。

不同作物的经济系数差异较大,这与人们所需要的器官及其化学成分有关。一般凡是以营养器官作为主产品的作物(如薯类作物、甜菜、烟草等),由于形成主产品的过程比较简单,所以经济系数较高;凡以生殖器官作为主产品的作物(如禾谷类、豆类、油料等作物),由于其经济产量的形成,要经历生殖器官的分化发育直到结实成熟,同化产物要经过复杂的转化过程,因而经济系数较低。主产品的化学成分不同,经济系数也不一样。产品以碳水化合物为主的,在形成过程中需要的能量较少,而含脂肪和蛋白质较多的产品,在形成过程中需要的能量较多。因此,大豆、花生及油菜的经济系数较禾谷类作物低,但它们单位产量所贮积的能量较高。

必须指出,经济系数的高低表明光合作用的有机物质转运到有主要经济价值的器官中的效率,单用经济系数并不能说明产量的高低。欲提高经济产量,只有在提高生物产量的基础上,提高经济系数,才能达到提高经济产量的目的。

二、产量构成因素

(一)产量的构成因素

在作物生产实践中,作物产量是按单位土地面积上有经济价值的产品数量来计算的。一般地,作物产量是由单株平均产量与单位面积上的株数(或穗数)两个因素构成的。例如禾谷类作物产量的构成为:

$$产量 = 单位面积的穗数 \times 平均单穗产量$$
$$= 穗数 \times 单穗粒数 \times 单粒重量$$

上式中穗数、单穗粒数及单粒重量(粒重)称为产量的构成因素。作物种类不同,它们的产量构成因素也不同(表 4-1)。

表 4-1　不同作物产量构成因素

作物种类	产量构成因素
水稻、玉米、小麦等禾谷类	穗数、穗粒数、粒重
大豆、蚕豆、绿豆等豆类	株数、单株荚数、荚粒数、粒重
马铃薯、甘薯等薯类	株数、单株薯块数、薯块重
棉花	株数、单株成铃数、铃重、衣分
油菜	株数、单株分枝数、分枝荚果数、荚果粒数、粒重
甘蔗	茎数、茎重
烟草	株数、单株叶数、叶重
苜蓿、草木樨、三叶草等牧草	株数、单株鲜重

(二)产量构成因素间的相互关系

1. 相互制约

理论上分析,各个产量构成因素的数值越大,作物产量就越高。但事实上这些因素很难同步增长,它们之间有一定的相互制约关系。例如,如果增加禾谷类作物的穗数,则单穗粒数或单粒重就有下降的趋势。在作物生产上,主要强调的是各个产量构成因素间的相互协调,并使它们的乘积达到最大值,从而使产量达到最高。

2. 相互补偿

作物的产量构成因素之间有自动调节能力。作物种类不同,其补偿能力也不同。禾谷类作物产量构成因素之间的补偿能力最具代表性。

(1)穗数　穗数是禾谷类作物产量构成中补偿能力最大的因素。成熟时候的穗数,是生育期中分蘖的发生和消亡演替的结果。分蘖发生的多少和最后成穗的数量,表明了作物对环境相应的有效调节能力。在一定群体范围内,通过补偿作用的调节,可达到一定的产量水平。当因播种量不足等原因造成密度不够时,就可以通过大量发生分蘖形成较多的穗数来补偿;但是,当单位面积上穗数的增加不能弥补单株产量减少的损失时,就会出现减产。

(2)小穗和小花　小穗原基对产量有一定的补偿能力。以小麦为例,若早期有效分蘖少,而且在小穗分化期间的外界环境有利于小穗原基大量发生时,就能起到较大的补偿作用。小花也有一定的补偿能力,例如,小麦穗中部的小穗可能出现10个小花原基,在良好的条件下,可能有6个完全小花,通常只结实3~4粒。在生产上,每穗结实籽粒只占总小花数的20%~30%,其余的均退化或不育。

(3)粒重　在穗数、穗粒数不足时,小麦的粒重也可略做补偿。

禾谷类作物产量构成因素的补偿作用表现为生长前期的补偿作用往往大于生长后期的补偿作用,而补偿程度则取决于种或品种,并随生态环境和气候条件的不同而有较大差异。

三、作物产量形成

(一)禾谷类作物的产量形成

禾谷类作物单位面积穗数是由株数(基本苗)和单株成穗数决定,因此,穗数的形成从作物播种就开始了。播种密度和播种质量决定了株数,分蘖期是成穗数的决定阶段,这一时期分蘖的多少对穗数影响特别大;拔节、孕穗期是巩固阶段;分蘖期形成的分蘖要在抽穗前进行两极分化,有效分蘖可以抽穗结实,无效分蘖则退化了。

每穗粒数的多少取决于小穗、小花的分化和退化。每穗粒数的形成开始于幼穗分化期,决定于开花期。粒重取决于籽粒容积与充实度,主要决定期是籽粒灌浆成熟时期。

(二)双子叶作物的产量形成

不同的双子叶作物其产量构成因素不同,产量形成过程也各有特点。一般来说,单位面积果数(棉花的铃数、大豆的荚数、油菜的角果数)取决于单位面积株数和单株成果数。单位面积株数与播种量和出苗率有关,作物定苗(或育苗移栽成活)株数确定,单株果数从花芽分化开始形成,开花结实阶段是决定时期,果实发育期是巩固阶段。每果种子数开始于花芽分化,决定于果实的发育。粒重由果实发育成熟时期来决定。

四、作物产量潜力与增产途径

(一)作物产量潜力

作物单位面积产量究竟能达到多高水平,也就是作物的生产能力究竟有多大,这是人们十分关心的问题。对于作物生产潜力的大小有多种估算方法,最常用的是根据对太阳辐射的光能利用率进行估算。

太阳辐射能进入地球大气后,能量是相当大的。这些射到地面作物群体上的太阳能有 3 个去向,一是一部分被反射掉,二是一部分漏射到地面被土壤吸收,三是一部分被作物群体利用。在被作物吸收的这部分太阳能也并不能全部用于光合作用,能够用于光合作用的部分(光合有效辐射)约占总辐射的 47%,其余的一半多转化成热而散失于空气中。光合有效辐射也不能全部转化到光合产物中,据测定,光合作用的最大转化效率为 28%。

假设在最优条件下,按反射和漏射占 15%,光合有效辐射占总辐射的 47%,最大光合作用转化效率为 28%,呼吸消耗占 50%,非光合器官吸收 10%,那么:

最大光能利用率 $=(1-0.15)\times0.47\times0.28\times(1-0.5)\times(1-0.1)=5\%$

也就是说,太阳总辐射的最大利用率的理论值为 5% 左右。国内外不少学者也大致得出了 5%～6% 的结论。而目前我国农田的平均光能利用率仅为0.32%～0.40%,全世界农田平均为 0.2%,地球上水陆植物平均仅有 0.1%,可见提升作物产量还有很大的潜力可挖。

(二)作物增产途径

从理论上讲,要达到光合潜力理论值的高限(5%～6%),必须具备下列条件:①具有充分利用光能的高光合效能的作物品种;②空气中 CO_2 浓度正常;③环境因素均处于最佳状态;④具备最适于接受和分配阳光的群体结构。在作物生产上提高光能利用率应从改良品种和改善环境两方面考虑。

1. 培育高光效品种

要求作物品种具有高光合能力,低呼吸消耗,光合作用能保持较长时间,叶片大小、着生角度适当,株型、长相均有利于田间群体最大限度地利用光能。

2. 合理安排种植制度

充分利用生长季节,合理安排种植制度。采用间作、套种及复种等方式,增加复种指数,在温度许可的范围内,一年内在同一块土地上延长作物生长时间,特别是在光合潜力最大的时期,使单位土地面积上有较大的绿叶面积,以求提高光能利用率。

3. 采用科学的种植技术

首先要因地制宜合理安排种植方式,调节群体内的光分布,建立一个合理的群体结构,最大限度地利用光能。其次要加强科学管理,正确运用水肥促控措施,以满足作物各个阶段对外界环境的要求,适时防治病虫害,保证作物健壮生长。

4. 采用高新技术

随着作物生产集约化程度的提高,作物栽培的促控技术日益受到人们的重视。如利用现代数学方法和电子计算机等手段建立作物生长模型,利用多指标、多手段调控作物生长发育向有利于人们需要的方向发展;作物模式化栽培、专家决策支持系统、地膜覆盖技术、化控技术等的应用,对挖掘作物增产潜力均起了很重要的作用。

第三节　作物的品质及品质形成

一、作物的品质

(一)品质的概念

作物产品的品质是指产品的质量,直接关系到产品的使用价值和经济价值。作物产品品质的评价标准,即所要求的品质内容因产品用途而异。对大多数粮食作物及饲料作物来说,作物产品的品质主要体现在食用品质和营养品质两个方面。而对大多数经济作物而言,评价品质优劣的标准通常为工艺品质和加工品质。对所有农产品来说,实现农产品的顺利销售,商业品质十分重要。在生产中,人们总希望生产优质的农产品。优质主要是指农产品自身及其延伸所表现出的优良品质。

(二)品质的内涵

1. 营养品质

营养品质是指农产品所含的营养成分,如蛋白质、脂肪、淀粉以及各种维生素、矿质元素、微量元素等;另外,还包括人体必需的氨基酸、不饱和脂肪酸、支链淀粉与直链淀粉及其比例等。营养品质反映产品的营养价值。好的营养品质一方面要求富含营养成分,另一方面要求各种营养成分的比例合理。

2. 食用品质

食用品质主要指适口性,即人食用时的感觉好坏,也就是通常说的好吃不好吃。如稻米蒸煮后的食味、黏性、软硬、香气等的差异,就表现为不同的食用品质。小麦、黑麦、大麦等麦类作物的食用品质主要是指烘烤品质,烘烤品质与面粉中面筋含量和质量有关。一般面筋含量越高,其品质越好,烘制的面包质量越好。

3. 工艺品质

作物的工艺品质是指影响产品质量的原材料特性。例如,棉花纤维的长度、细度和强度等,烟叶的色泽、油分、成熟度等。工艺品质不同可以加工成不同质量的产品。例如,棉花纤维长度与成纱指标有密切的关系,在其他品质指标相同时,纤维越长,其纺纱支数越高,强度越大。优质棉要求纤维长度在 29~31 mm。

4. 加工品质

加工品质一方面指农产品是否适合加工,另一方面指加工以后所表现出来的品质。加工品质不仅与农产品质量有关,而且与加工技术有关。加工品质的评价指标随作物产品不同而不同。水稻的碾磨品质是指出米率,品质好的稻谷糙米率大于 79%,精米率大于 71%,整精米率大于 58%。小麦的磨粉品质是指出粉率,一般籽粒近球形、腹沟浅、胚乳大、容重大、粒质较硬的白皮小麦出粉率高。

5. 商业品质

商业品质是指农产品的外观和包装等,也包括是否有化学物质的污染。农产品中的植酸、单宁、芥酸、棉酚等,从营养学观点看是一类有害的化学成分。植酸的存在,影响人体对钙、磷的吸收;高粱中的单宁,不仅有涩味,还会降低蛋白质的利用率;油菜中的芥酸,在人体内消化吸收较慢,并可能带有毒性;棉酚的存在影响棉花系列产品的综合利用。由此可见,农产品中有害化学成分的高低,直接影响着人类的健康,但通过选用无毒品种或采用一些物理、化学、生物方面的脱毒技术,即可提高其品质。

（三）作物产品品质指标

1. 生化指标

生化指标包括作物产品所含的生化成分，如碳水化合物、脂肪、蛋白质、微量元素、维生素等，还有有害物质含量以及化学农药、有毒金属元素等污染物质的含量等。

2. 物理指标

物理指标包括产品的形状、大小、色泽、滋味、香气、种皮厚度、整齐度、纤维长度及纤维强度等。不同作物根据其利用方面的不同，对其品质的要求也不同，如水稻的出米率、小麦的面筋含量、棉花的纤维长度、油料作物的含油量等；同一作物，用途不同，品质要求也不同，如玉米作为淀粉工业原料时，要求玉米籽粒淀粉含量较高，而煮食时则要求玉米为糯玉米或甜玉米。

在生产实践中，作物品质通常要根据物理指标和生化指标综合评定优劣，生化指标和物理指标不是彼此独立的。某些生化指标和物理指标关系密切。如优质啤酒大麦要求为：发芽率和发芽势高，千粒重高，浸出率大，蛋白质含量低，淀粉含量高。

二、作物产品品质形成过程

作物产品的化学成分和品质是在作物干物质积累的总过程及产品器官或组织的生长、发育和成熟过程中形成的。在作物产品生化成分中，蛋白质、脂肪、糖类含量高低对作物的品质影响最大，下面简单叙述这 3 种成分在作物产品品质形成过程中的积累规律。

（一）蛋白质的积累过程

作物的种子内含有贮藏性蛋白质，在豆类作物种子中尤为丰富，大豆种子的蛋白质含量可达 40% 左右。豆类作物在果实、种子形成前，植株体内一半以上的蛋白质和含氮化合物都贮藏于叶片中，并主要存在于叶绿体内。在果实形成后，则开始向果实和种子转移。在豆类种子成熟过程中，果实的荚壳常起暂时贮藏的作用，即从植株其他部位运输而来的含氮化合物及其他物质先贮藏在荚壳内，到了种子发育后期才转移到种子中去。

谷类作物种子中的贮藏性蛋白质，在开花后不久便开始积累。在成熟过程中，种子中所含的蛋白质总量持续增加，但蛋白质的相对含量则由于籽粒不断积累淀粉而逐步降低。

（二）脂类的积累过程

作物种子中贮藏的脂类主要为甘油三酯，包括脂肪和甘油。油料作物种子含有丰富的脂肪，如向日葵种子脂肪可达 56％左右，油菜可达 40％左右。在种子发育初期，植株光合产物和体内贮藏物质以蔗糖的形态被输送至种子后，以糖类的形态积累起来，以后随着种子的成熟，糖类逐步转化为脂肪，使脂肪含量逐渐增加。

油料作物种子在形成脂肪的过程中，先形成的是饱和脂肪酸，然后转变成不饱和脂肪酸。同时，在种子成熟过程中，先形成脂肪酸，以后才逐渐形成甘油酯。因此，种子只有达到充分成熟时，才能完成这些转化过程。如果油料作物种子在未完全成熟时就收获，由于这些脂肪的合成过程尚未完成，种子不但含油量低，而且油质也差。

（三）糖类的积累过程

作物产量器官中贮藏的糖类主要是蔗糖和淀粉。蔗糖以液体的形态，淀粉以固体（淀粉粒）的形态积累于薄壁细胞内。在甘蔗和甜菜中贮藏的主要是蔗糖，在禾谷类作物的种子和薯芋类作物的块根块茎中贮藏的是淀粉。

蔗糖的积累过程比较简单，叶片等器官的光合产物以蔗糖的形态经维管束输送到贮藏组织后，先在细胞壁部位被分解成葡萄糖和果糖，然后进入细胞质合成蔗糖，最后转移至液泡中贮藏起来。

淀粉的积累过程与蔗糖有些类似，经维管束输送的蔗糖分解成葡萄糖和果糖后，进入细胞质，在细胞质内果糖转变成葡萄糖，然后葡萄糖以累加的方式合成直链淀粉或支链淀粉，形成淀粉粒。禾谷类作物通常在开花几天后，就开始积累淀粉，因此在整个种子发育过程中籽粒内可溶性糖含量都很低。

三、提高作物产品品质的途径

作物产品品质由遗传因素、生态因素、栽培措施等影响（详见二维码 4-3）。

（一）选用优质品种

随着育种手段的不断改进，品质育种越来越受到重视，粮、棉、油等主要作物的优质品种，有很多得到了推广。如"四低一高"（低纤维、低芥酸、低硫代葡萄糖甙、低亚麻酸、高亚油酸）的油菜品种；高蛋白质、高脂肪的大豆品种；高赖氨酸的玉米品种；抗病虫的转基因棉花品种等，都对我国的高产优质农业起到了推动作用。在提高作物产品品质方面，优质品种今后仍将起着重要的作用。

二维码 4-3　影响作物品质的因素

（二）改进栽培技术

研究和实践表明，在作物生长发育过程中，各种栽培措施都可以影响产品的品质，所以，科学的栽培技术是提高产品品质的有益途径。

1. 合理轮作

合理轮作是通过改善土壤状况、提高土壤肥力从而提高作物产量和品质的。如棉花和大豆轮作，可使棉花产量增加，成熟提早，纤维品质提高；马铃薯和玉米间作，可防止马铃薯病毒病，提高其品质等。

2. 合理密植

作物的群体过大，个体发育不良，可使作物的经济性状变劣，产品品质降低。如小麦群体过大，后期引起倒伏，籽粒空瘪，蛋白质和淀粉含量降低，产量和品质下降。但是纤维类作物，适当增加密度，能抑制分枝、分蘖的发生，使主茎伸长，对纤维品质的提高有促进作用。

3. 科学施肥

营养元素是作物品质提高不可缺少的因子之一，科学的施肥方法能增加产量，改善品质。如棉花，适当施氮肥能增重棉铃、增长纤维；施磷肥可增加衣分和子指；施钾肥可提高纤维细度和强度；施用硼、钼、锰等微量元素能促进早熟，提高纤维品级等。对烟草而言，过多施用氮素，会造成贪青晚熟，难以烘烤，使品质下降。所以，要针对不同的作物，科学施肥，以提高其品质。

4. 适时灌溉与排水

水分的多少也会影响产品品质。水分过多，会影响根系的发育，尤其对薯类作物的品质极为不利，可使其食味差、不耐贮藏、肉色不佳，甚至会产生腐烂现象。如土壤水分过少，也会使薯皮粗糙，降低产量和品质。

5. 适时收获

小麦要求在蜡熟期收获，到了完熟期蛋白质和淀粉含量均有下降；水稻收获过早，糠层较厚；棉花收获过早或过晚都会降低棉纤维的品质，因此要尽量做到适时收获。

（三）提高农产品的加工技术

农产品加工是改进和提高其品质的重要措施之一。农产品中的有害物质（单宁、芥酸、棉酚等）可以通过加工的方法降低或消除。如菜籽油经过氧化处理后，将几种脂肪酸不同的油脂调配成"调和油"，极大地改善了菜籽油的品质；将稻谷加工成一种新型的超级精米，使80%的胚芽保留下来，其品质较一般米优良。另外，在食品中添加人类必需的氨基酸、各种维生素、微量元素等营养成分，制成形、色、味俱佳的食品,大大提高了农产品的营养品质和食用品质。

 复习思考题

1. 什么是作物的生长和发育? 二者的关系如何?

2. 什么是作物的生育期和生育时期? 根据收获对象不同作物生育期有什么不同?

3. 作物"S"形生长曲线在生产上有哪些应用?

4. 作物生产上播种材料包括哪些类型?

5. 作物种子萌发的条件有哪些?

6. 种子出土类型有哪些?

7. 种子休眠的原因有哪些? 如何克服种子休眠?

8. 单子叶作物和双子叶作物根系各有什么特点?

9. 禾谷类作物主茎和分蘖有什么生长规律?

10. 双子叶作物主茎和分枝有什么生长规律?

11. 单子叶作物和双子叶作物叶构造的特点各是什么?

12. 作物的花序主要有哪些? 这些花序各有什么特点?

13. 作物的授粉方式有哪些?

14. 什么叫生物产量、经济产量和经济系数?

15. 如何提高作物产量?

16. 什么是作物品质? 衡量作物品质有哪些指标?

17. 怎样提高作物的产品品质?

第五章

作物品种选育与生产利用

作物品种选育是指育种家利用农作物的种质资源,根据育种目标,通过育种方法,选择具有符合需要特征特性品种的过程,是农作物新品种的主要来源。作物新品种选育出来经审定或登记后,就要不断地进行繁殖,在保持其优良种性的同时生产出数量多、质量好、成本低的种子,供大田生产使用。

第一节　作物品种及其在农业生产中的作用

一、品种的概念

(一)品种的含义

品种(cultivar 或 variety)指人类在一定的生态条件和经济条件下,根据需要所选育的某种作物群体。

品种是人类劳动的产物,是经济上的类别。任何栽培作物均起源于野生植物。在野生植物中,只有不同的类型,没有品种之分。人类为满足生活的需要,经过长期栽培和选择,选育出具有一定特点、适应一定自然和栽培条件的作物品种。因此,作物品种虽然有其在植物分类学上的地位,属于一定的种及亚种,但不同于分类学上的变种。作为农业上重要生产资料的品种,最重要的是其在生产和生活上的经济价值,所以说品种是经济上的类别。

品种是一种重要的农业生产资料。优良品种必须具有高产、稳产、优质等优点,要深受群众欢迎,可被广泛种植。如果不符合生产上的要求,没有直接利用价值,就不能作为农业生产资料,也就不能称为品种。

(二)品种的特征

品种具有 5 个方面的特征。其中,特异性、一致性和稳定性,简称 DUS,是作物群体成为品种的 3 个必要条件。另外,品种具有使用上的地区性和时间性特点。

1. 品种的特异性

品种的特异性(distinctness)是指其与同一作物的其他群体相比在特征、特性上有所区别。

2. 品种的一致性

品种的一致性(uniformity)是指同一品种的群体在形态特征、生物学特性和经济性状上应该基本一致,这样才便于栽种、管理、收获,便于产品的加工和利用。许多作物品种的株高、抗逆性和成熟期的一致性对产量和机械收获等影响很大,如棉花品种纤维长度的整齐一致性,对纺织加工有重要意义。但对品种在生物学、形态学和经济性状上一致性的要求,不同作物、不同育种目的要区别对待。

3. 品种的稳定性

品种的稳定性(stability)是指任何作物品种,在遗传上应该相对稳定,否则由于环境变化,品种不能保持稳定,优良性状不能代代相传,就无法在生产上应用和满足农业生产的需要。

4. 品种的地区性

任何一个作物品种都是在一定的生态条件下形成的,所以,其生长发育也要求种植地区有适宜的自然条件、耕作制度和生产水平。当条件不适宜时,品种的特定性状便不能发育形成,从而失去其生产价值。例如,适宜平原的不一定适宜山区,适宜高水肥地的不一定适合贫瘠的土地。

5. 品种利用的时间性

任何品种在生产上被利用的时间都是有限的。每个地区随着耕作栽培及其生态条件的改变、经济的发展、生活水平的提高,对品种的要求也会提高,所以必须不断地选育新品种以更替原有的品种。没有一个优良品种可以适应一切地区,也没有一个优良品种可以永久地推广下去。

二、良种在农业生产中的作用

良种特指优良的品种,是指在一定地区和栽培条件下能符合生产发展要求并具有较高经济价值的品种。它包括两方面的含义:一是品种好,二是种子饱满,成熟好。优良品种必须具有高产、稳产、优质、多抗和广适等优点。选用良种应包括两个方面：一是选用优良品种，二是选用优良种子。良种是重要的农业生产资料，在农业生产中的作用主要表现在以下 6 个方面。

(一)提高产量

良种一般丰产潜力较大，在相同的地区和栽培条件下，能够显著提高产量。我国人口的增长和耕地的减少都要求所种作物有较高的产量。目前，我国各地都普遍推广增产显著的良种，尤其是矮秆品种和抗病品种的育成增产效果极为明显，一般可增产 20%～30%，如玉米杂交种可增产 40% 以上，有的可达 50%，个别成倍增产。

(二)改善品质

优质是人们对优良品种的又一要求。随着国民经济的发展和人民生活水平的提高，人们要求粮食作物提高蛋白质和赖氨酸含量，油料作物提高含油量，纤维作物在丰产的基础上，要求品质优良以满足纺织工业发展的需要。根据用途不同，对品种品质又有不同要求，如对加工面包的小麦要求蛋白质含量高，而对加工糕点的小麦则要求蛋白质含量低。

(三)增强抗逆性

病虫害和环境胁迫是造成农作物产量低且不稳定，以及品质下降的重要原因。良种对经常发生的病虫害和环境胁迫，如干旱、涝渍、高温、寒害、土壤盐碱等具有较强的抗逆性，在生产中可减轻或避免产量的损失和品质的变劣。如 20 世纪 50～70 年代推广的抗病品种农大 183、北京 8 号和农大 139，对控制小麦条锈病起了重大作用。

(四)适应性广

良种适应多种栽培水平和栽培地区，适应肥力范围也较宽。例如，抗寒、早熟的水稻品种可以引种到我国最北边漠河地区种植。

(五)促进农业机械化发展

农业机械化是现代农业的重要内容。适应农业机械化，就要有与之相适应的作物品种，如稻、麦品种要求茎秆坚韧，易脱粒而不易落粒；棉花品种要求吐絮集中，苞叶能自然脱落，棉瓣易于离壳等。

(六)改进耕作制度

不同生育期、不同特性、不同株型的优良品种，有利于缓解作物之间争季节、争水肥、争积温等矛盾，有利于改进耕作制度，提高复种指数。新中国成立以前，我国南方很多地区只栽培一季稻,随着早、晚稻品种以及早熟丰产油菜、小麦品种的育成和推广,现在南方各地双季稻、三熟制的面积大幅度提高,促进了粮食和油料作物生产的发展。

第二节　作物的繁殖方式与品种类型

一、作物的繁殖方式

作物的繁殖方式是指在一般生产条件下,作物延续后代的方式,分为有性繁殖和无性繁殖两类。

(一)有性繁殖

有性繁殖(sexual reproduction)指由雌雄配子结合,经过受精过程,最后形成种子来繁衍后代的繁殖方式,是作物繁殖的基本方式。根据雌雄配子是否来源于同一植株,可分为自花授粉、异花授粉和常异花授粉。不同授粉方式的作物的花器构造、开花习性、传粉情况以及遗传特点不同。

1. 自花授粉

(1)自花授粉的概念　自花授粉(self-pollination)指同一朵花的花粉传播到同一朵花的雌蕊柱头上,或同株的花粉传播到同株的雌蕊柱头上的授粉方式。自花授粉作物(self-pollinated crops)又称自交作物,包括水稻、小麦、大麦、燕麦、马铃薯、花生、大豆、豌豆、绿豆、小豆、芝麻、亚麻、烟草等。自交作物的自然异交率一般低于1%,个别可高达1%～5%。小麦、水稻的异交率为0.2%～4%,大豆的异交率在0.5%～1.0%,大麦的异交率在0.04%～0.15%。

(2)自花授粉作物的遗传特点　①个体基因型纯合。自花授粉作物由遗传性相同的两性细胞结合产生的同质结合子进行后代繁殖,所以后代每一个体的基因型都是纯合的(homozygosity)。即使个别单株或个别花朵偶然发生异交,也会因其连续自花授粉,而使其遗传基础很快趋于纯化(一般 F_6 代以后不再分离)。②群体内基因型单一。后代群体中各个体的基因型是同质的(genetic uniformity)。③群体内个体之间表现型整齐一致。由于它们的遗传基础相同,产生的结合子是同质结合体,所以后代的个体在外观上总是相对相似的。通过表型选择的优良性状,可以稳定地遗传给后代。④遗传稳定。自花授粉作物通过多代自交,它既能保持纯合的后代,又不会因长期自交而严重降低生活力,品种的优良遗传性能稳定地保持下去。在一定时间和条件下,自花授粉作物优良品种表现稳定。

2. 异花授粉

(1)异花授粉的概念　异花授粉(cross-pollination)指同一朵花的花粉落到异株的另一朵花的柱头上的授粉方式。异花授粉作物(cross-pollinated crops)又叫异交作物。异花授粉分为4种:第一种是雌雄异株(dioecism),即雌花和雄花分别长在不同的植株上,如大麻、木瓜等;第二种是雌雄同株异花,如玉米、蓖麻、瓜类;第三种是雌雄同花但自交不亲和,如黑麦、甘薯、白菜型油菜等;第四种是雌雄同花但雌雄异熟,如向日葵、甜菜、荞麦等。异花授粉作物的自然异交率至少在50%以上,很多作物可达100%。

(2)异花授粉作物的遗传特点　①个体基因型杂合。异花授粉作物精细胞和卵细胞来源不同,产生的后代是异质结合体。②群体内基因型复杂。群体内个体间的基因型和表现型的差异性很大,遗传基础十分复杂。③群体内个体之间表现不一致。选择的优良个体总是会出现性状分离现象,往往外观上(表现型)的优株,后代中会分离出劣株。所以,异花授粉作物的育种,必须在适当人工控制授粉的条件下,自交或姊妹交(近亲繁殖),进行多次选择,才能获得较为稳定的后代。④遗传不稳定,自交衰退。通过若干世代的自交和选择(一般3～6代),可使异花授粉作物的后代逐渐趋于纯合,获得性状优良而又相对稳定的自交系。但伴随自交系的同质化,生活力也显著衰退,使生产上不能直接利用。因此必须把遗传基础不同的优良自交系进行杂交,得到具有杂种优势的杂种。例如,玉米等作物的育种都利用自交系杂交种或综合品种,以充分利用其杂种优势。同时,在玉米育种上为了防止劣株串粉的干扰和克服自交有害的影响,首先使用了轮回选择法。

3. 常异花授粉

(1)常异花授粉的概念　常异花授粉(often cross-pollination)是指一种作物同时依靠自花授粉和异花授粉两种方式繁殖后代的方式。常异花授粉作物(often cross-pollinated crops)又称常异交作物,以自花授粉为主,如棉花、高粱、苜蓿、甘蓝型和芥菜型油菜等。天然异交率介于自花授粉和异花授粉两种作物之间,常因作物种类、品种、生长地环境等有变化,一般自然杂交率为5%～50%。

(2)常异花授粉作物的遗传特点　①群体内多数个体的基因型纯合,少数杂合。常异花授粉作物表现为自花授粉占优势。②群体内遗传基础复杂。由于常异花授粉作物的花器构造和传粉方式比较易于接受异花花粉,因而遗传基础比较复杂,自然群体一般处于异质结合状态,只是异质化程度不如异花授粉作物显著,同时在主要性状上多处于同质结合状态。③自交衰退不明显。由于自花授粉占优势,自交产生基因型纯合的个体,在人工控制条件下进行连续自交,与异花授粉作物比较,后代一般不会出现显著的退化现象,分离也不太显著。

(二)无性繁殖

无性繁殖(asexual propagation)指不经过雌、雄配子结合繁殖后代的方式。利用无性繁殖方式繁殖后代的作物称为无性繁殖作物(asexually propagated crops)。无性繁殖可分为营养繁殖和无融合繁殖。

1. 营养繁殖

营养繁殖(vegetative propagation)是指利用种子以外的营养器官(根、茎、叶、块根、块茎、球茎、鳞茎、匍匐茎、地下茎等)繁殖后代的繁殖方式。常见的有甘薯、马铃薯、木薯、甘蔗、苎麻等。根据植株营养体部分的再生能力,采取分根、扦插、压条、嫁接等方法繁殖后代。从一个营养体通过无性繁殖产生的后代,称为无性繁殖系,简称无性系(clone)。

这类作物通常不能开花或开花不结实,但是在适宜的或人工控制的条件下,营养繁殖作物也能开花结实进行有性繁殖,如马铃薯为典型的自花授粉作物,甘薯为典型的异花授粉作物。

利用植物的细胞、组织或器官,在人工控制条件下繁殖植物的方法称为组织培养(tissue culture)。它是根据植物细胞全能性的原理,在无菌的条件下,配置适应的培养基,将离体的植物细胞、组织、器官或原生质体等进行培养,促使其分裂分化或诱导成苗的技术,是常规营养繁殖方式的一种扩展和延伸。根据培养材料的来源及特性,可将植物组织培养分为 4 类:胚胎培养、器官培养、细胞培养和原生质体培养。

2. 无融合生殖

无融合生殖(apomixes)是指不经过雌、雄配子融合而由未经受精的卵或胚珠内某部分细胞直接发育成胚的现象称为无融合生殖,如孤雌生殖、孤雄生殖、无孢子生殖、二倍体孢子生殖、不定胚生殖等。其共同特点是未经过受精过程,只具有母本或父本一方的遗传物质,仍属于无性繁殖的范畴。

二、作物的品种类型

根据作物的繁殖方式、遗传基础和利用形式等,可将品种分为纯系品种、杂交种、群体品种和无性系品种等类型,但生产上推广的作物品种主要是纯系品种、杂交种和无性系品种 3 种类型。

（一）纯系品种

纯系品种（pure line variety）是对突变或杂合基因型经过连续多代自交与选择而得到的同质结合体，包括自花授粉作物和常异花授粉作物的纯系品种，以及异花授粉作物的自交系。我国生产上种植的大多数小麦、大麦、大豆和花生等自花授粉作物的品种就是纯系品种。玉米的自交系，当作为推广杂交种的亲本使用时，由于它具有生产和经济价值，也属于纯系品种。纯系品种特点为：

（1）个体基因型纯合　对于纯系品种群体中的每一个个体来说，都是经过多代自交得到的。所以，纯系品种中的个体基因型是纯合的。

（2）个体基因型相同　对于一个纯系品种的群体来说，各个体的基因型是相同的，所以群体是同质的。

（二）杂交种

杂交种（hybrid）是在严格选择亲本和控制授粉的条件下生产的各类杂交组合的 F_1 群体。杂交种通常只种植 F_1，即利用 F_1 的杂种优势，F_2 基因型便发生分离。生产上利用的杂交种品种主要是杂交玉米和杂交水稻，其次是杂交棉花、杂交高粱、杂交油菜等。杂交种特点为：

（1）个体基因型杂合　杂交种是自交系间杂交或自交系与自由授粉品种间，或由雄性不育系与恢复系间，或由自交不亲和系间杂交产生的 F_1，所以，对于杂交种的每个个体来说基因型高度杂合。

（2）个体基因型相同　对于一个杂交种的群体来说，各个体的基因型是相同的，都是杂合体，所以群体是同质的。

（三）群体品种

群体品种（population variety）是指由基因型不同的植株组成的个体群。因作物种类和群体的组成方式不同，群体品种可分为异花授粉作物的自由授粉品种、异花授粉作物的综合品种、自花授粉作物的杂交合成群体和多系品种 4 种类型。玉米的地方种就是自由授粉品种，1959 年 Borlaug 在墨西哥育成的抗秆锈病的小麦多系品种和 1968 年美国在艾奥瓦州发现的抗锈病的燕麦多系品种，对减轻病害都是成功的。群体品种的特点是群体内植株间的基因型不一致，既有纯合的，又有杂合的。

（四）无性系品种

无性系品种（clonal variety）是指由一个无性系或几个近似的无性系经过营养体无性繁殖而形成的品种类型。许多薯类作物都是无性系品种。无性系品种的基因型由母体决定,表型和母体相同。

第三节　作物育种方法和技术

所谓作物育种就是繁育作物新品种。作物育种学是研究选育和繁育作物优良品种的理论和方法的科学。作物育种可利用常规育种方法和现代育种技术。常规育种方法有引种与选择育种、杂交育种、回交育种、诱变育种、远缘杂交育种、倍性育种、杂种优势利用、群体改良等。现代育种技术有植物细胞工程、转基因育种、分子标记辅助选择育种等。

一、引种

引种(introduction)泛指把外地或外国的新植物、新作物、新品种以及和育种有关的理论研究所需要的遗传材料引入当地。狭义的引种指生产性引种,即从外地或外国引入能供生产上推广栽培的优良品种。引种不仅是解决当地迫切需要优良品种的有效途径,也是丰富当地育种材料的重要手段。此外,引种具有简便易行,见效快的特点。

(一)引种的原理

1. 气候相似论

引种地区与原产地区之间的主要气候因素,包括温度、光照、降水、无霜期等应尽可能相似,以保证品种互相引种成功。例如,美国中部的小麦品种引种到我国华北北部比较适应,美国的棉花品种和意大利的小麦品种比较适合我国长江流域和黄河流域,就是因为两地生长季的气候条件和土壤条件基本相似。

2. 生态条件和生态型相似性原理

作物的环境包括作物生存空间的一切条件,与作物品种形成及生长发育有密切关系的环境条件称为生态条件(ecological condition),如气候、土壤、生物等。任何作物品种的正常生长,都需要有相应的生态条件,生态条件相似的地区之间相互引种易于成功。

一种作物在一定的生态地区范围内,通过自然选择和人工选择,形成与该地态环境及生产要求相适应的类型,称为生态型(ecotype)。同一物种会有不同的生态型,例如水稻中的籼稻是适应热带、亚热带高温、高湿、短日照环境条件的气候生态型;粳稻是适应温带和热带高海拔、长日照环境条件的气候生态型。相似生态型之间相互引种较易成功。

3. 纬度、海拔、发育特性与引种的关系

1)纬度对温度和日照长短的影响

纬度相近的东西地区之间比经度相近而纬度不同的南北地区之间的引种有较大的成功可能性。这是由于温度和日照是随着纬度高低而变化的。纬度越低,温度越高;纬度越高,温度则越低。地球上除赤道外的任何地方的同一天,在不同纬度,其昼夜长短都不同。从春分到秋分的夏半年,北半球各纬度白昼长于黑夜,纬度越高,白昼越长。从秋分到春分的冬半年,北半球的白昼短,黑夜长,纬度越高,白昼越短。

我国地处北半球,在高纬度的北方,冬季温度低,夏季日照长;在低纬度的南方,冬季温度高,夏季日照短。

2)海拔与引种的关系

引种工作还必须考虑海拔高低。据估计,海拔每升高 100 m,相当于纬度增加 1°,年均温降低 0.5℃以上,活动积温减少 200～300℃。因此,同纬度的高海拔地区和平原地区之间的相互引种不易成功,而纬度偏低的高海拔地区与纬度偏高的平原地区相互引种成功的可能性较大。例如,北京地区的冬小麦品种引种到陕西省北部往往适应良好;玉米的引种,在我国沿着由东北到西南这条斜线也比较容易成功。

3)作物发育特性与引种的关系

在一、二年生作物的发育过程中,存在着对温度、日照反应不同的发育阶段,即感温(春化)阶段和感光阶段。

感温阶段是作物发育的第一阶段,此阶段中温度起着主要作用,当温度条件不能满足感温要求时,作物的发育就会停止。根据作物通过感温阶段所需温度和时间的不同,将作物分为 4 种类型,即冬性类、半冬性类、春性类、喜温类(表 5-1)。

表 5-1 不同类型作物感温阶段所需的温度和时间

类型	温度/℃	天数/d
冬性类	0～5	30～70
半冬性类	3～15	20～30
春性类	5～20	3～15
喜温类	20～30	5～7

资料来源:席章营,陈景堂,李卫华. 作物育种学. 北京:科学出版社,2014

通过感温阶段后,作物立即进入感光阶段。只有通过感光阶段,作物才能抽穗结实。在此阶段,起决定性作用的是光照和黑暗。

(二)引种的工作环节

虽然引种工作有一定规律可循,但为了保证引种效果,引种工作需有计划地进行。一般引种的工作环节包括:

1. 引种材料的搜集

搜集引种材料时,必须先掌握有关品种的情报,包括品种的选育历史、生态类型、遗传性状和原产地的生态环境及生产水平等。然后,通过比较分析,从生育期上估计哪些品种类型有适应本地区的生态环境和生产要求的可能性,从而确定搜集的品种类型。

2. 引种材料的检疫

引种是传播病虫害和杂草的一个重要途径。为了避免随着引种材料传入病、虫和杂草,从外地,特别是从外国引进的品种材料必须先通过严格的检疫。对有检疫对象的引种材料,要及时加以药剂处理。为了确保安全,对于新引进的品种除进行严格的检疫外,还要先通过特设的检疫圃,隔离种植,在鉴定中如发现有新的危险性病虫和杂草就要采取根除的措施。这样繁殖的种子才能投入引种试验。

3. 引种材料的选择

品种引进本地区后,由于生态条件的改变往往会加速其变异,所以必须进行选择以保持种性,或培育新的品种。选择的途径有 3 种:一是去杂去劣,将杂株和不良变异的植株全部淘汰,保持品种的典型性和一致性;二是混合选择,将典型而优良的植株混合脱粒、繁殖、参加试验;三是单株选择,选出特别优良的少数植株,分别脱粒、繁殖、按系统育种程序选育新品种。

4. 引种试验

所引进品种材料的实际利用价值,要根据在本地区种植条件下的具体表现进行评定。以当地具有代表性的良种为对照,进行系统的比较观察鉴定,包括生育期、产量性状、产品品质及抗性等。试验的一般程序为观察试验、品种比较试验、区域试验和栽培试验。

二、系统育种

(一)系统育种的概念

系统育种(pedigree breeding)也称为选择育种(selection breeding),是指对现有品种群体中出现的自然变异进行鉴定、选择,从而培育新品种的育种方法。即采用单株选择法,优中选优,群众俗称其为"一株传""一穗传"和"一粒传"。从现有大田生产的优良品种中,利用自然界出现的新类型,选择具有优良性状的变异单株(穗),分别种植,每个单株(穗)的后代为一个品系,通过试验鉴定,选优去劣,育成新品种,然后繁殖应用于生产。这样由自然变异的一个个体,发育成为一个系统的新品种,叫作系统育种。它是最基本的育种方法之一。

(二)系统育种的基本原理

1. 品种自然变异现象

优良品种一般具有优良特性和相对稳定性。但是,自然条件和栽培条件是不断变化的,随着条件的改变或由于自然杂交、突变等原因,品种不断地出现新的类型,即自然变异。因此,品种遗传基础的稳定性是相对的,变异则是绝对的。

产生自然变异的原因有两个,即内因和外因。内因主要是生物内部遗传物质的变化,通常有以下 4 个方面:一是自然杂交引起基因重组;二是基因突变;三是染色体的数目或结构上发生变异;四是一些新品种的遗传基础本来不纯,在长期栽培过程中,微小差异逐渐积累发展为明显的变异。由于这些遗传基础的变异,使品种出现新的性状变异。

遗传基础的变异往往离不开外因即环境条件的影响。引进异地品种时,原产地与本地之间的环境条件差异较大,使品种的变异变得更加迅速而明显。如小麦品种"阿夫"和棉花品种"岱字 15 号"从国外引入我国栽培后,在形态、经济性状、生物学性状等各方面均发生了变异。

2. 纯系学说

纯系学说(pure line theory)是丹麦遗传学家约翰森根据菜豆选种试验结果于 1909 年提出来的一种学说。他认为:一是在自花授粉作物群体品种中,通过单株选择可以分离出许多纯系,表明原始品种是纯系的混合物。二是同一纯系内继续选择没有效果,因为同一纯系的不同个体的基因型是相同的,个体在一些数量性状(如豆粒的重量)上的差别是由于环境的影响,是不遗传的,故纯系内选择无效。长期以来这个学说曾是自花授粉作物纯系育种的理论根据。

(三)系统育种的程序

系统育种从选择单株开始,到新品种育成、推广,需要经过一系列试验、审定(登记)过程(图 5-1)。

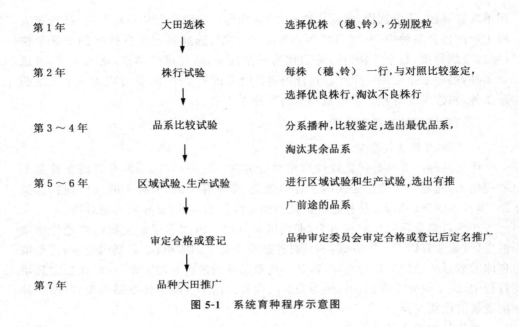

第 1 年　　　　　大田选株　　　　　选择优株 （穗、铃），分别脱粒

第 2 年　　　　　株行试验　　　　　每株 （穗、铃） 一行,与对照比较鉴定,
　　　　　　　　　　　　　　　　　选择优良株行,淘汰不良株行

第 3～4 年　　　品系比较试验　　　分系播种,比较鉴定,选出最优品系,
　　　　　　　　　　　　　　　　　淘汰其余品系

第 5～6 年　　　区域试验、生产试验　进行区域试验和生产试验,选出有推
　　　　　　　　　　　　　　　　　广前途的品系

　　　　　　　　审定合格或登记　　品种审定委员会审定合格或登记后定名推广

第 7 年　　　　　品种大田推广

图 5-1　系统育种程序示意图

三、杂交育种

(一)杂交育种的概念

杂交育种(cross breeding)是通过两个遗传性不同的生物体进行杂交获得杂种,继而对杂种后代加以培育选择,从而创造新品种的方法。杂交育种是国内外应用最广泛,成效最大的育种方法之一,也是人工创造变异和利用变异的重要的育种方法。

(二)杂交亲本的选配

杂交亲本的正确选配是杂交育种的关键环节。亲本选配得当,杂种后代能出现理想的变异类型,选出优良品种的机会就多;反之,若亲本选配不当,即使对杂种后代精心培育,也难以实现育种预期,育种效率很低。一般而言,亲本的选配需要遵循以下 4 个原则。

1. 双亲性状优良,优缺点尽可能互补

这是最基本且非常重要的原则。要求双亲的优点多,缺点少,那么某一性状的平均值就高,后代表现的总趋势会较好,出现优良类型的机会增多。优缺点互补是指一个亲本的优点在很大程度上能克服另一亲本的缺点。双亲的优缺点互补的性状不宜过多,否则后代随着世代的增加分离严重,不仅延长育种年限,而且难以获得完全克服亲本缺点的后代,因为综合性状好的个体在杂种后代出现的概率随着互补性状数目的增加而递减。

2. 亲本之一应选用当地推广品种

为了使杂种后代具有较好的丰产性和适应性,新育成的品种能在生产上大面积迅速推广,具有好的发展前途,亲本中最好有能够适应当地环境条件的推广品种。

3. 亲本间遗传差异要大

亲缘关系较远或生态型差异较大的亲本间杂交,杂种后代的遗传变异广泛,由于基因重组和互作,提高了许多优良性状结合在一起的机会,甚至可能出现超亲类型和原来亲本所没有的新的优良性状,易于选出性状超越亲本和适应性较强的新品种。亲缘关系太远和遗传差异太大,会造成杂种后代性状分离过大、分离世代延长而影响育种效率。

4. 亲本的配合力要好

配合力(combining ability)是指某一亲本与其他亲本杂交时产生优良后代的能力,包括一般配合力和特殊配合力。一般配合力(general combining ability,GCA)是指某个亲本品种和其他若干个亲本品种杂交后,杂种一代在某个数量性状上的平均表现。用一般配合力高的材料作亲本,杂交后代中能产生较多的优良品系,容易选出优良品种。并非所有优良品种都是优良的亲本。一个优良亲本,应综合性状优良,且一般配合力高。

(三)杂交方式和杂交技术

杂交可以分为有性杂交、无性杂交和体细胞杂交。有性杂交根据亲本亲缘关系的远近又分为品种间杂交和远缘杂交。

1. 杂交方式

杂交方式(pattern of crossing)是指一个杂交组合要用多少个亲本以及各亲本参与杂交的前后顺序等。亲本确定之后,采用什么样的杂交方式,是影响杂交育种成败的重要因素之一。杂交方式一般根据育种目标和亲本的特点确定,主要有单交、复交和回交等方式。

(1)单交　单交(single cross)是指只有 2 个亲本(一为母本一为父本)进行的杂交。用 A×B 或 A/B 表示。这是常用的一种杂交方式,简单易行,育种年限短。

(2)复交　复交(multiple cross)是指采用 3 个或 3 个以上的亲本进行 2 次或 2 次以上的杂交,也称为复合杂交。复交的目的是把多个亲本的优良性状综合到一个更完善的新品种里去。因采用亲本的数目及杂交方式不同,复交又分为三交、双交、四交、聚合杂交等。复交虽然比单交费事,但其后代具有丰富的遗传性,能出现良好的超亲类型。

(3)回交 两个亲本杂交后,子一代再与双亲中的一个亲本进行杂交,称为回交(backcross)。回交可以进行一次或多次,直至回交亲本的优良性状加强并固定在杂种后代时为止。

2. 杂交技术

杂交技术是杂交育种的一个基本环节。开始杂交前,要了解作物的花器构造、开花习性、去雄授粉方式、花粉寿命等。不同作物的杂交方法和技术有较大的差异,但基本原则是相同的。杂交主要有以下5个步骤。

(1)选择亲本 根据育种目标,选择具有典型性状、生长发育良好、无病虫害的单株作杂交亲本植株。

(2)调节开花期 如果双亲的生育期不一样,可以通过分期播种使亲本间花期相遇,也可以通过地膜覆盖、增施肥料、调整密度、中耕断根、减除大分蘖和激素处理等栽培措施提早或延迟开花。

(3)母本去雄 这是保证杂种真实性的重要一环。去雄的方法主要有人工夹除雄蕊法(如小麦)、剥除花冠去雄法(棉花)、温汤杀雄法(水稻)、化学药剂杀雄法和麦管切雄法等。可以根据不同作物的花器特点采用适当的方法。

(4)采粉授粉 就是采集父本的花粉授给已去雄的母本雌蕊的柱头上,使其受精结实。作物最适宜的授粉时间是每日开花最盛的时候,此时,也是采集花粉最容易的时间。小麦、玉米集中在上午 9～11 点开放,花生、大豆则在每天的凌晨集中开放。

(5)杂交后的管理 给授粉后的花或穗挂牌,标明杂交组合名称和授粉日期。杂交种子成熟后,连同纸牌及时收获,妥善保存,以备来年播种。

3. 杂交后代的处理

选配亲本和进行杂交,只是杂交选育的开端,大量的工作是杂交后代的培育、选择和鉴定,这样才能使没有定型的材料逐步达到性状稳定,成为符合选育目标的新品种或类型。

对杂种后代的选择,是根据性状遗传力的大小和世代的纯合百分率进行的。各种作物性状的遗传力有所不同,一般如株高、成熟期和某些抗性等性状的遗传力较高,在 F_2、F_3(即早世代)进行选择效果较好;但对产量性状,如每单位面积上的穗数和每穗粒数等性状遗传力较低,一般在晚些世代进行选择。所以,一般情况下,质量性状早世代遗传力高,早世代选择效果较好,数量性状则晚世代选择效果好。杂交后代常用的处理方法有系谱法、混合法、衍生系统法和单粒传法。

（1）系谱法　系谱法（pedigree method）是指从杂交第一次分离世代（单交 F_2、复交 F_1）开始选择优良单株，其后各世代将入选单株分别种植成株行（系），并在优良系中继续进行单株选择，直至选出性状优良且稳定一致的株行（系）。在选株过程中，各世代都进行系统编号，以便考察株行（系）历史和亲缘关系。系谱法是自花授粉作物和常异花授粉作物比较常用的杂交后代处理方法。我国农业生产上推广的小麦、棉花等作物的优良品种，大多数是用此法育成的。

（2）混合法　混合法（bulk method）也称混合种法，在自交作物的杂种分离世代，按组合混合种植，除淘汰明显的劣株和杂株外，一般不进行选株，直到杂种后代纯合个体百分率达到 80% 以上（$F_5 \sim F_8$）时，才开始进行单株选择，下一代种成株系（系统），然后选择优良株系形成品系，再进行产量鉴定试验。

（3）衍生系统法　衍生系统法指由 F_2 或 F_3 一个单株所繁衍的后代群体。衍生系统法（derived line method）又称派生系统法，是在杂种第 $1 \sim 2$ 分离世代根据抗病性、株高、成熟期等遗传力高的性状选择一次单株，以后各世代分别混合种植各单株形成的衍生系统，根据各衍生系统的产量、品质等性状淘汰明显不良的衍生系统，选留优良的衍生系统，直到衍生系统的产量及其他有关性状趋于稳定（$F_5 \sim F_8$），再从优良衍生系统内选择单株，下一年种成株系，从中选择优良系统，进行产量比较试验，直至育成品种。衍生系统法是将系谱法和混合法相结合的一种杂种后代处理方法。

（4）单粒传法　单粒传法（single seed descent method，SSD）从 2 个亲本杂交产生 F_1，自交得到 F_2 开始，从 F_2 每株上随机取 1 粒种子混合种植成为 F_3，再从 F_3 每株上随机取 1 粒种子混合种植成为 F_4，再同样处理至 F_5、F_6，每代都保持同样规模的群体，一般为 $200 \sim 400$ 株。如此进行数代，直到纯合程度达到要求时（一般到 F_6）再按株收获，在 F_7 种成株系，从 F_7 中选择优良单株，以株系为单位混收后，进行产量鉴定试验。

（四）杂交育种程序

整个杂交育种工作的进程，由以下 6 个内容不同的试验圃组成，并形成一定的育种程序。

1. 原始材料圃和亲本圃

原始材料圃种植国内外搜集来的原始材料，按类型归类种植，每份种几十株。要严防机械混杂和天然杂交，保持其纯度和典型性，并进行比较系统的观察记载，并根据育种目标选出若干材料作重点研究，以备选作杂交亲本。重点材料应连年种植。从原始材料圃中每年选出若干材料作杂交亲本,种于亲本圃。根据需要分期播种以调节花期。加大行距以便杂交操作。有时需要将亲本种于温室或进行盆栽。种植杂交亲本材料的田间地段称为亲本圃。

2. 选种圃

种植杂种后代($F_1 \sim F_4$)的地段称为选种圃。采用系谱法时,在选种圃内连续选择单株,直到选出优良一致的品系为止。F_1、F_2 按组合混种,点播稀植,肥力宜高,近旁适当地种植亲本和对照。从 F_3 开始,当选单株种成株行,小株作物每 10~20 行、中株作物每 5~10 行种一行对照。杂种株系在选种圃内的年限,因性状稳定所需要的世代而异。

3. 鉴定圃

种植从选种圃中选出的优良株系的地段称为鉴定圃。鉴定圃内种植选种圃升级和上年鉴定圃留级的材料。其任务是对这些材料进行产量比较、鉴定其一致性及进一步对各性状进行观察比较。按品系种成小区,面积一般为几平方米至十几平方米,重复 2~3 次。多采用顺序排列,每隔 4 区或 9 区种一区对照。试验条件应接近大田生产条件。每一品系一般试验 1~2 年。

4. 品种比较试验圃

种植鉴定圃升级和上年品种比较试验留级的材料。在较大的面积上进行更精确、更有代表性的产量试验,并对品种的生育期、抗性、丰产性等做更详细和全面的研究。采用随机区组法,小区面积为 20~40 m^2,重复 3~5 次,对照按试验品种对待参加试验。每一品系一般要参加 2~3 年的品种比较试验。

5. 区域试验和生产试验

从品种比较试验圃选出的优良品系,需要参加国家或省(自治区、直辖市)农业主管部门主持的区域试验和生产试验,以测定其适应性和适宜推广的地区。

6. 品种审(认)定与推广

在区域试验和生产试验表现优异的新品系,报请品种审定委员会进行品种审(认)定或登记。符合品种审定条件的品系才能被审定为可以在生产上大面积推广的品种。

四、杂种优势利用

(一)杂种优势的概念与利用

杂种优势(hybrid vigor,heterosis)是生物界普遍存在的一种现象,指两个遗传性不同的亲本杂交产生的杂种第一代(F_1),其生长势、生活力、抗逆性、产量和品质等方面都比双亲优越的现象。不同的品种和类型杂交,杂种优势的强弱不一样。利用杂种优势主要是杂种一代,从杂种第二代开始发生性状分离,出现部分类似亲本的类型,使优势逐代减弱。特别是通过"三系"配套的杂交种,后代分离出不育株,导致产量明显下降。因此,杂交第二代和以后各代一般不再利用。

(二)杂种优势的表现特性

1. 杂种优势的普遍性

杂种优势是生物界普遍而复杂的现象,其优势表现的形式多种多样。通过严格选配的组合,杂种一代的优势表现明显。优势主要表现为以下方面。

(1)生长势强 杂种一代出苗快,生长旺盛,表现为根系发达,吸收能力强,地上部生长快,分蘖力强,茎秆粗,叶面积系数大等。

(2)抗逆性强,适应范围广 杂种有较强的生活力,因此能抵抗外界不良条件和适应各种环境。目前生产上种植的各类作物的杂交种,大多数表现抗旱、抗病虫、抗倒、耐瘠、耐盐碱等优良特性。只要满足其基本发育条件,不同纬度、不同海拔、不同土质都可种植杂交种。

(3)生理生化指标等方面 杂种的光合能力强,有效光合时间延长,光合势增强,呼吸强度降低,同化产物分配优化与灌浆过程延长。

(4)产量高 杂种一代的结实器官增大,结实性增强,产量较高,一般比推广的普通良种增产 20%～40%,有的高达一倍以上。

(5)品质好 杂种一代的品质性状也表现出优势,有效成分含量提高、熟期一致、产品外观品质和整齐度提高等。

2. 杂种优势的复杂多样性

杂种优势因不同作物、组合类型、性状和环境等方面表现出复杂多样性。作物种类上,二倍体作物品种间的杂种优势一般大于多倍体作物品种间杂种。例如,二倍体水稻和玉米品种间的杂种优势要高于六倍体普通小麦品种间的杂种优势。组合类型上,杂交组合双亲间的亲缘关系越远,其杂种优势越强。不同性状上产量等综合性状比简单性状具有较强的杂种优势。

3. 杂种优势的衰退

杂种优势从 F_2 开始出现衰退,一般来说,杂种优势越强,衰退越迅速。

(三)杂种优势利用方法

利用杂种优势,首要的问题是怎样获得大量的杂交种,这要依各类作物的特点而定。获得大量杂交种的方法主要有人工去雄法、化学杀雄法、标志性状的利用、自交不亲和性的利用、雄性不育系的利用、雌性系和广亲和基因利用等。

1. 人工去雄法

人工去雄是杂种优势利用的常用方法之一。此法适用于雌雄异花、繁殖系数高、花器较大、易于去雄授粉的作物。如玉米是雌雄同株异花作物，杂交制种时，只要把父母本按一定行比相间种植在一个隔离区，到抽穗时，把母本已抽出但尚未散粉的雄穗用手拔掉，任其自由授粉，产生大量供生产用的杂交种。棉花、番茄、烟草等作物的雄蕊外露，繁殖系数高，在组合确定之后，可采用人工去雄后进行人工杂交，以获得适量的种子。

2. 化学杀雄法

化学杀雄是克服人工去雄困难的一种有效途径。在花粉发育的关键时期，用适当浓度的化学药剂溶液喷洒植株，以抑制花粉的正常发育过程，使花粉败育，但不妨碍雌花的生长发育，将杀雄的植株授以其他品种的花粉，以产生大量杂交种。如一些雌雄同花而且雄蕊很小的自花授粉作物（水稻、小麦、高粱等）靠人工授粉困难，种子繁殖系数又低，可采用化学药剂杀雄来保证杂交制种。

3. 标志性状的利用

标志性状是指在 F_1 中能够区别出其假杂种的性状，可以是显性性状，也可以是隐性性状。在杂种优势利用中，可以利用标志性状识别和剔除 F_1 中的假杂种，保留真杂种，省去人工去雄的麻烦。具体做法是：给父本转育一个苗期出现的显性性状，或给母本转育一个苗期出现的隐性性状，然后相间种植，任其自由授粉杂交，从母本上获得自交和杂交的两种种子。下次播种后根据标志性状间苗，拔除隐性性状的幼苗，即假杂种或母本苗，留下具有显性性状的幼苗。这种留下的幼苗即为杂种植株。

4. 自交不亲和性的利用

同一植株上机能正常的雌、雄两性器官和配子，因受自交不亲和基因的控制，不能进行正常交配的特性，称为自交不亲和性。

自交不亲和性广泛存在于禾本科、十字花科、豆科、茄科等作物。如油菜类作物，它的某些品系虽然雌雄蕊正常，但花粉授予本植株或系内株间传粉均不结实或极少数结实，因此用这种品种或品系做母本，另一自交不亲和的品种或品系做父本，就可以不经人工去雄而获得杂交种。如果双亲都是自交不亲和系，就可以互为父本、母本，从两个亲本上采收的种子都是杂交种，从而提高制种效率。

5. 雄性不育系的利用

植株正常开花，但雄蕊没有授粉能力，而雌蕊发育正常，授予正常的花粉，就能正常结实，这种现象称为雄性不育。按照遗传方式可分为核质互作雄性不育和细胞核雄性不育。目前生产上主要利用核质互作雄性不育型。利用雄性不育性制种省去了人工去雄的麻烦。

(1)核质互作雄性不育 指由细胞质基因和核基因互作控制的不育类型。核质互作雄性不育系通过"三系"法进行利用。"三系"指不育系 S、保持系 N 和恢复系 N 或 S。

不育系又称细胞质雄性不育系,是指具有雄性不育特性的品种和自交系。雄性不育系的植株和正常的植株是一样的,只是它的雄蕊发育不良,花药瘦小、干瘪、不裂开、无花粉或只有少量空瘪花粉,因而自交不能结实。但雌性器官正常,能接受外来品种的花粉而受精结实。因此用不育系作母本,可获得杂交种子。一个优良的不育系,不育性应该稳定,不育度和不育株率都达 100%,可恢复性好,配合力强,异交结实率高,便于繁殖制种。

保持系又称雄性不育保持系,指在后代中能使不育系的不育特性保持下去的正常品种或自交系。雄性不育系凭借保持系所提供的花粉来传宗接代。有的保持系除在雄性的育性上与不育系不同外,其他的特性特征几乎完全一样,制种效果也相同。每一个不育系都有其特定的同型保持系。

恢复系又称雄性不育恢复系,是指能使雄性不育系的育性在杂种第一代中恢复正常的品种或自交系。如果把雄性不育系和它的恢复系在田间相间种植,雄性不育株的雌蕊就可以通过自然传粉或人工辅助授粉,接受恢复系散布的花粉,而得到杂交种种子。

"三系"之间的关系是相辅相成的,缺一不可。有了"三系",就可以大量配制杂种。不育系与保持系杂交,不育系植株上结的种子仍然是不育系,保持系植株自交产生的种子仍然是保持系。不育系与恢复系杂交,不育系植株上结的种子是供大田生产用的杂交种,恢复系植株自交产生的种子仍然是恢复系(图 5-2)。

图 5-2 不育系、保持系和恢复系的关系

(2)细胞核雄性不育 由细胞核内染色体上纯合的不育基因(隐性)所决定的雄性不育型,称为细胞核雄性不育。不育型只有恢复系,没有保持系。生产上应用的两系法属于细胞核雄性不育类型。

两系法是指只用不育系和恢复系配制杂种种子的方法。在这种方法中,不育系起着保持系和不育系的作用,即以不育系中的可育株给不育株授粉或可育株自交来繁殖不育系种子,从而使不育性得到保持;以不育系中的不育株与恢复系杂交生产杂交种种子。

目前已发现水稻、高粱、棉花、小麦、油菜、大豆等作物普遍存在光敏不育、温敏不育和光温互作不育现象。利用作物育性敏感期处于某种光温条件下出现雄性不育,并与恢复系配制供生产上使用杂交种;而不育敏感期处于另一特定温光条件下雄性可育,可自行繁殖不育系,能传宗接代,这种育性受光温核不育基因控制,既能自行繁殖,又可进行杂交制种的不育系,叫两用核不育系。作物光温敏不育现象的发现和两用核不育系的育成为两系法杂交利用作物杂种优势提供了一种理想的遗传工具。两系法杂交水稻、杂交高粱等已大面积应用于生产且取得了很好的成效。

(四)杂种优势利用与杂交育种的异同

生产上,常常把用杂交方法培育优良品种或利用杂种优势都称为杂交育种,事实上,两者之间既有相同点,又有区别。相同点是都需收集种质资源,选配亲本进行有性杂交、品种比较试验等。但二者在育种理论、育种程序和种子生产等方面有区别。

(1)在育种理论上 杂交育种利用的主要是加性效应和部分上位效应,是可以遗传的部分;而杂种优势利用的则是加性效应和不能固定遗传的非加性效应。

(2)在育种程序上 杂交育种是先杂后纯,即先杂交,然后自交分离选择,最后得到基因型纯合的优良性状稳定的定型品种;而杂种优势利用则是先纯后杂,通常首先选用自交系,经过配合力分析和选择,最后选育出优良的基因型杂合的杂交组合。

(3)在种子生产上 杂交育种过程比较简单,每年从生产田或种子田内植株中收获种子,即可供下一年生产播种用;而杂交种则是通过年年配制 F_1 杂交种用于生产,每年必须专设亲本繁殖区和杂交种种子生产或制种区。

五、诱变育种

(一)诱变育种的概念和特点

1. 诱变育种的概念

利用物理或化学的因素诱变处理作物的种子、植株和其他器官,诱发基因突变和遗传变异,然后通过人工挑选有利变异类型,培育出符合育种目标的优良品种,这种方法称为诱变育种(mutation breeding)。

2. 诱变育种的特点

(1)提高变异率,扩大变异范围 利用射线诱发作物产生变异,变异率一般可达 3％～4％，比自然界出现的变异率要高 100～1 000 倍。而且辐射引起的变异类型较多，为选育新品种提供了丰富的原始材料。

（2）有利于改良单一性状 诱变因素引起的突变一般是某一基因的改变，如不影响其他基因的功能时，即可用以改良某一优良品种的个别缺点。实践证明，辐射育种可以有效地改良品种的早熟、矮秆、抗病、优质等单一性状。

（3）诱发的变异短期内稳定，可缩短育种年限 诱变育种产生的突变大多为隐性突变，经过自交在下一代即可获得纯合突变体，而且突变体后代不再分离，经历 3～4 代即可获得稳定株系，缩短了育种年限。自花授粉作物表现尤其突出。

（4）变异方向不易确定 诱变育种也有不足之处：一是人们还不能定向地控制变异；二是有利突变频率还不高。因此，需要用大量的原始材料进行处理，才能收到预期的效果。

（二）诱变育种的分类

由于诱变因素不同，诱变育种可分为物理诱变育种、化学诱变育种和生物诱变育种。

1. 物理诱变育种

物理诱变育种（physical mutation breeding）是指用各种辐射因素处理而诱发突变进行的育种。物理诱变因素可分为电磁辐射和粒子辐射 2 大类。电磁辐射包括无线电波、微波、热波、光波、紫外线、X 射线和 γ 射线等。粒子辐射包括 α 射线、β 射线、电子、中子、质子、离子束及介子等。

航天育种又称为空间诱变育种，是利用卫星、飞船等返回式航天器，将植物种子、组织、器官或生命个体送到宇宙空间，在太空高能离子辐射、微重力、高真空、交变磁场等因素的诱导下，使植物材料发生基因突变，再经过地面繁殖、栽培、测定试验，筛选出能够稳定遗传的优质、高产、抗逆性强的新品种。航天育种为农作物遗传改良和种质创新提供了崭新的途径。

2. 化学诱变育种

化学诱变育种（chemical mutation breeding）是采用多种化学诱变剂而诱发突变进行的育种。化学诱变剂是指能和生物体的遗传物质发生作用，并能改变其结构，使后代产生遗传性变异的化学物质。化学诱变剂的种类很多，目前常用的主要有烷化剂、碱基类似物和叠氮化物等。

化学诱变剂常用的处理方法有浸渍法、滴液法、注射法、涂抹法、施入法和熏蒸法等。

3. 生物诱变育种

生物诱变育种是利用有一定生命活性的生物因素来诱发产生变异，进而产生有价值的突变体的方法。生物诱变因素主要包括病毒入侵、T-DNA 插入、外源DNA、转座子和反转录转座子等,生物诱变可以引起基因沉默、基因重组、插入突变以及产生新基因。

六、分子育种

(一)转基因育种

转基因育种(transgenic breeding)是指利用现代基因工程技术将某些与作物高产、优质和抗逆性状相关的基因导入受体作物,培育具有特定优良性状的新品种的方法。

1. 转基因育种相比常规育种技术的优势

(1)扩大了作物育种的基因库　转基因育种打破了常规育种的物种界限,来源于动植物和微生物的有用基因都可以导入作物,培育成具有某些特殊性状的新型作物品种。

(2)提高了作物育种的效率　作物转基因育种大大缩短了育种年限。

(3)成功地改良某些单一性状却不影响改良品种的原有优良特性　利用基因工程技术定向提高作物的抗虫、抗病、抗逆性和改良品质等,这在常规育种中是难以想象的。

(4)转基因育种技术为培育高产、优质和高抗的优良作物品种提供了崭新的育种途径。

(5)减轻了农业生产对环境的污染　转基因抗虫棉花的大面积种植和推广,不仅可以减少化学杀虫剂对棉农及天敌的伤害,还可以大幅度降低用于购买农药和虫害防治的费用。另外,随着高效固氮转基因作物及高效吸收土壤中磷等营养元素的转基因作物不断问世和推广,农用化肥的利用率将极大地提高,这对减少农田污染具有重要意义。

2. 作物转基因育种程序

作物转基因育种的主要程序包括育种目标的制定、目的基因的获得、表达载体的构建、受体作物的遗传转化、转基因植株的获得及鉴定、转基因材料的安全性评价、转基因材料的利用及品种选育等。

(1)转基因育种目标的制定　根据不同作物的不同农艺性状,同一作物在不同的生态环境、栽培条件及社会发展时期所需解决的实际问题不同,转基因作物育种目标必须依据实际需要来制定。

(2)目的基因的获得　根据制定的育种目标性状,选择、分离、克隆用于作物遗传转化的目的基因,依据不同功能,目的基因可分为功能基因(编码特定的功能性蛋白)和调控基因(编码转录因子和小 RNA 等基因表达调控因子)两大类。获得目的基因的方法有:化学法直接合成目的基因、基于生物信息学的基因克隆、基于差异表达的基因克隆、通过筛选基因文库分离克隆基因、通过图位克隆分离克隆基因、利用插入失活技术克隆目的基因、通过蛋白质组的差异比较克隆目的基因。

(3)作物表达载体的构建　目的基因只有与特定的表达调控元件相连接构成基因表达盒(gene expression cassette)才能在转基因作物中有效表达。为了成功转化并筛选转基因细胞和植株,包含目的基因的作物表达载体要具有特定的结构和选择标记基因。表达载体的构建是否合理,不仅会影响到目的基因的表达效率,还将影响到转基因作物的生物安全性。

(4)受体作物的遗传转化　受体材料是指用于作物遗传转化种接受外源 DNA 的细胞群、组织或器官,例如原生质体、叶盘、茎尖等。遗传转化(genetic transformation)是指将外源基因导入受体细胞内,并整合到基因组或质体基因组中的过程。成熟的作物遗传转化方法包括农杆菌介导法、基因枪法、花粉管通道法以及基于原生质体的其他转化方法(如 PEG 介导法、电击法、微注射法、低能离子束介导法、超声波诱导作物组织基因转移法)。

(5)转基因植株的获得及鉴定　利用表达载体上标记基因(抗生素抗性基因、除草剂抗性基因)的表达,通过特定选择培养基(含有一定浓度的抗生素或除草剂)对被转化的细胞进行选择性培养从而获得抗性愈伤组织,继续组织培养后获得再生植株。

作物转化体(crop transformant)是指导入了外源基因的作物细胞或植株,即转基因细胞或植株。对作物转化体的鉴定是指对转基因植株中目的基因是否成功整合、转录、表达以及转基因植株是否获得了目标性状进行的综合分析。一般通过 DNA 水平、转录水平、翻译水平和表型等方面对转基因植株进行鉴定和分析。

(6)转基因材料的安全性评价　为了最大限度地避免潜在风险,使转基因作物真正造福人类,在转基因作物产业化之前,需要对其进行全面科学的安全性评价。转基因作物的生物安全性评价包括生态安全性评价和食品安全性评价 2 个方面。

(7)转基因材料的利用及品种选育。一般来说,通过转基因技术获得的转基因新材料不是作物品种直接在生产中推广应用,而是作为重要的种质资源和常规育种相结合进行育种利用。转基因作物的品种选育方法有系统育种、回交育种、杂交育种和杂种优势利用。

(二)分子标记辅助选择育种

1. 分子标记概念

分子标记(molecular marker)是指以个体间遗传物质内核苷酸序列变异为基础的遗传标记,是 DNA 水平遗传多态性的直接反映。分子标记、形态学标记、细胞性标记、生化标记都属于遗传标记(genetic marker)。遗传标记是指可以明确反映遗传多态性的生物学特征。

分子标记是在分子水平表示遗传多样性的有效手段,其种类和数量随着分子生物学和遗传性的发展而扩大。分子标记应用于作物育种,可以大幅度提高选择效率,加速育种进程。

2. 分子标记原理

(1)分子标记的类型 依照对 DNA 多态性的检测手段,分子标记可分为基于 DNA-DNA 杂交的 DNA 标记、基于 PCR 的 DNA 标记、基于 PCR 和限制性酶切技术结合的 DNA 标记和基于单核苷酸多态性的 DNA 标记等 4 类。

(2)分子标记的优点 分子标记具有表现稳定、数量多、多态性高、表现中性、便于鉴别纯合杂合基因型和成本不高的特点。

(3)分子标记的原理 限制性片段长度多态性(restriction fragment length polymorphism,RFLP)标记的原理是作物基因组 DNA 上碱基替换、部分片段的插入、缺失或重复等,造成某种限制性内切酶酶切位点的增加或缺失,是产生限制性片段长度多态性的原因。对于每一个 DNA－限制性内切酶组合而言,所产生的片段是特异性的,它可作为某一 DNA 所特有的"指纹"。某一作物基因组 DNA 经限制性内切酶消化后,能产生数百万条的酶解片段,通过琼脂糖凝胶电泳可将这些片段按大小顺序分离。然后将凝胶中的 DNA 变性后按原来的顺序和位置转移至易于操作的尼龙膜或硝酸纤维素膜上,用放射性同位素(如 ^{32}P)或非放射性物质(如生物素、地高辛等)标记的 DNA 作为探针,与膜上的 DNA 进行杂交(即 Southern 杂交),若某一位置上的 DNA 酶切片段与探针序列相似,或者说同源程度较高,则标记好的探针就结合在这个位置上。放射自显影或酶学检测后,即可显示出不同材料对该探针的限制性片段多态性。

随机扩增多态性 DNA(random amplified polymorphism DNA,RAPD)标记的原理是利用一系列(通常数百个)不同的碱基随机排列的寡聚核苷酸(通常 9～10 bp)单链为引物对研究对象的基因组 DNA 进行 PCR 扩增。通过聚丙烯酰胺或琼脂糖凝胶电泳分离、银染显色或 EB 显色来检测所获得的长度不同的多态性 DNA 片段。

扩增片段长度多态性(amplified fragment length polymorphism,AFLP)标记的原理是基于对作物基因组 DNA 的双酶切,再对基因组 DNA 限制性酶切片段进行选择性 PCR 扩增。在 PCR 扩增时,将双链人工接头与基因组 DNA 的酶切片段相连作为扩增反应的模板,根据接头的核苷酸序列和酶切位点设计引物,由于接头和引物是人工合成的,因此在事先不知道 DNA 序列信息的前提下,就能对酶切片段选择性扩增。不同的内切酶组合及选择性碱基的数目和种类可灵活调整片段的数目,从而产生不同的 AFLP 指纹。

简单重复序列(simple sequence repeat,SSR)标记,主要指微卫星标记,原理是微卫星 DNA 两端的序列多是相对保守的单拷贝序列,根据其两端的单拷贝序列设计一对特异引物,利用 PCR 技术扩增每个位点的微卫星 DNA 序列,电泳分析核心序列的长度多态性。根据分离片段的大小来确定基因型,并计算等位基因发生的频率。同一类微卫星 DNA 可分布于整个基因组的不同位置上,通过其重复次数的不同及重叠程度的不完全造成每个座位的多态性。

表达序列标签(expressed sequence tag,EST)标记的原理是将 mRNA 反转录成 cDNA,克隆到质粒或噬菌体载体,构建成 cDNA 文库后,大规模地随机挑选 cD-NA 克隆,并对其 3′或 5′端进行单向单次序列测定,然后将所获序列与已有数据库中的序列进行比较,从而获得对生物体生长、发育、代谢、繁殖、衰老及死亡等一系列生理生化过程认识的技术。

单核苷酸多态性(single nucleotide polymorphism,SNP)标记是指染色体基因组水平上某个特定位置单碱基的置换、插入或缺失引起的序列多态性。大部分物种都有各自稳定的基因组序列,但是对于某一物种群体中的每一个个体,在其 DNA 序列上的某些特定的位置却会出现不同的碱基。SNP 标记是继 RFLP 和 SSR 之后出现的第三代分子标记。

第四节　品种审定与种子生产

新引进或育成的品系、杂交种通常不能在农业生产中直接推广。能否成为品种,需要经过各省、市、自治区或国家品种审定组织的审定或登记。

一、品种审定或登记

2016 年 1 月 1 日实施的《中华人民共和国种子法》规定,主要农作物是稻、小麦、玉米、棉花和大豆 5 种。在全国范围内只对主要农作物实行品种审定(variety certification)制度。主要农作物以外的其他农作物,都属于非主要农作物。国家对部分非主要农作物实行品种登记(variety registration)制度(非主要农作物品种登记组织体系和具备条件详见二维码 5-1)。

二维码 5-1 非主要农作物品种登记组织体系和具备的条件

(一)品种审定的组织体系

《中华人民共和国种子法》规定,国家对主要农作物实行品种审定制度。主要农作物品种在推广前应当通过国家级或者省级审定。《主要农作物品种审定办法》(2016 年)规定,农业部设立国家农作物品种审定委员会,负责国家级农作物品种审定工作。省级人民政府农业主管部门设立省级农作物品种审定委员会,负责省级农作物品种审定工作。品种审定标准,由同级农作物品种审定委员会制定。

申请者可以单独申请国家级审定或省级审定,也可以同时申请国家级审定和省级审定,还可以同时向几个省、自治区、直辖市申请审定。

(二)申请品种审定的条件

《中华人民共和国种子法》规定,申请审定的品种应当符合特异性、一致性、稳定性要求。《主要农作物品种审定办法》(2016 年)规定申请审定的品种应当具备下列条件:①人工选育或发现并经过改良;②与现有品种(已审定通过或本级品种审定委员会已受理的其他品种)有明显区别;③形态特征和生物学特性一致;④遗传性状稳定;⑤具有符合《农业植物品种命名规定》的名称;⑥已完成同一生态类型区 2 个生产周期以上、多点的品种比较试验。其中,申请国家级品种审定的,稻、小麦、玉米品种比较试验每年不少于 20 个点,棉花、大豆品种比较试验每年不少于 10 个点,或具备省级品种审定试验结果报告;申请省级品种审定的,品种比较试验每年不少于 5 个点。

(三)品种试验

品种试验包括以下内容:①区域试验;②生产试验;③品种特异性、一致性和稳定性(DUS)测试。

(四)品种审定的程序

《主要农作物品种审定办法》(2016 年)规定:对于完成试验程序的品种,申请者、品种试验组织实施单位、育繁推一体化种子企业分别将稻、玉米、棉花、大豆品种和小麦品种各试验点数据、汇总结果、DUS 测试报告提交品种审定委员会办公室。

品种审定委员会办公室在 30 日内提交品种审定委员会相关专业委员会初审。

初审通过的品种,由品种审定委员会办公室在 30 日内将初审意见及各试点试验数据、汇总结果,在同级农业主管部门官方网站公示,公示期不少于 30 日。

公示期满后,品种审定委员会办公室应当将初审意见、公示结果,提交品种审定委员会主任委员会审核。主任委员会应当在 30 日内完成审核。审核同意的,通过审定。

审定通过的品种,由品种审定委员会编号、颁发证书,同级农业主管部门公告。

二、种子生产的程序

(一)种子生产

种子生产(seed production)是指依据作物的生殖特性和繁殖方式,通过科学的技术手段,生产出符合规定和要求的种子。种子生产包括良种繁育、种子加工、种子检验以及种子包装等环节。

一个品种按繁殖阶段的先后、世代的高低所形成的不同世代种子生产的先后顺序,称为种子生产程序。我国种子生产实行育种家种子(原原种)、原种和良种 3 级种子繁育体系。

1. 育种家种子

育种家种子(breeder's seed)也称原原种,是指育种家育成的遗传性状稳定的品种或亲本最原始的种子,具有本品种最典型的特征特性。其一般由育种单位提供。

2. 原种

原种(original seed)指利用育种家种子所繁殖的第 1～3 代种子或由正在生产上推广应用的品种经过提纯后质量达到国家规定的原种质量标准的种子,具有本品种的典型特征特性。原种一般由农业行政部门指定的具有较好的技术和物质条件的单位按计划生产。

3. 良种

良种(certified seed)是由原种繁殖第 1～3 代种子,特征特性和质量经检验符合要求,供应大田生产播种用的种子。自花授粉作物、常异花授粉作物良种一般可从原种开始繁殖 2～3 代;杂交作物的良种分为自交系和杂交种,自交系一般用原种繁殖 1～2 代,杂交种的种子只能使用 1 代。

(二)种子检验

种子检验(seed testing)是指应用科学、先进和标准的方法对种子样品的质量进行分析测定,判断其质量的优劣,评定其种用价值的一门科学技术。

种子质量包括品种质量和播种质量两方面。品种质量是指与遗传特性有关的品质,可用"真、纯"两个字概括。播种质量是指种子播种后与田间出苗有关的质量,可用"净、壮、饱、健、干、强"6 个字概括。因此,种子检验就是对种子的真实性和品种纯度、净度、发芽率、生活力、活力、健康状况、水分和千粒重等进行检测。其中纯度、净度、发芽率和水分为必检指标。

1. 扦样

扦样通常是利用一种专用的扦样器,从一批种子中取样。扦样的目的是从一批大量的种子中,扦取适当数量有代表性的送检样品。

2. 净度分析

种子净度是指样品中除去杂质和其他植物种子后,留下的本作物净种子重量占样品总重量的百分率。净度分析时将试验样品分为净种子、其他植物种子和杂质 3 种成分,并测定其百分率,同时测定其他植物种子的种类及数目。

3. 发芽试验

种子发芽力是指种子在适宜条件下发芽并长成正常幼苗的能力,通常用发芽势和发芽率表示。发芽势是指发芽试验初期(规定日期内)正常发芽种子数占供试种子数的百分率。发芽率是指发芽试验终期(规定日期内)全部发芽种子数占供试种子数的百分率。发芽试验对种子经营和作物生产具有极为重要的意义。

4. 真实性和品种纯度鉴定

种子真实性是指一批种子所属品种、种或属与文件(品种证书、标签等)是否相同,是否名副其实。品种纯度是指品种在特征特性方面典型一致的程度,用本品种的种子数占供检本作物样品种子数的百分率表示。

5. 水分测定

种子水分是指按规定程序把种子样品烘干所失去的重量占供检样品原始重量的百分率。目前最常用的种子水分测定方法是烘干减重法和电子水分仪速测法。一般正式报告需采用烘箱标准法进行测定。

6. 生活力测定

种子生活力是指种子发芽的潜在能力或种胚所具有的生命力。在一个种子样品中全部有生命力的种子,应包括能发芽的种子和暂时不能发芽的休眠种子。种子生活力测定方法一般为四唑染色法。

7. 健康测定

健康测定主要是测定种子是否携带有病原菌(如真菌、细菌及病毒)、有害动物(如线虫及害虫)等健康状况。种子健康测定方法主要有未经培养检查和培养后检查。

8. 重量测定

种子重量一般用千粒重或百粒重表示。千粒重通常是指自然干燥状态的 1 000 粒种子的重量。新规程中是指国家标准规定水分的 1 000 粒种子的重量,以克为单位。

9. 包衣种子检验

为了检查包衣物质对种子发芽和幼苗生长有无影响,可将包衣种子直接进行发芽试验,观察幼苗的根和初生叶是否正常,或者脱去包衣物质进行发芽试验对比,用来判断包衣物质对种子的伤害。国家新颁布的包衣种子标准中规定:包衣种子发芽试验,须先用清水冲洗去包衣物质,再晾干后进行;丸化种子发芽试验可选用纸床和砂床或土壤床。

三、防止品种混杂退化的措施

作物生产中,品种混杂退化是普遍存在的现象。品种混杂(mixed varieties)是指一个品种的群体中混有其他品种或其他种的种子,或上一代发生了天然杂交或基因突变,导致后代群体分离产生变异类型的现象。品种退化(variety degeneration)是指原有品种的产量和品质下降、生产力降低或丧失的现象。引起品种混杂退化的原因复杂,其中机械混杂和生物学混杂比较常见。品种防杂保纯涉及良种繁育的各个环节,必须高度重视,要认真做好以下工作。

(一)防止机械混杂

预防机械混杂是保持品种纯化的一个重要环节。要制定种子生产操作规程,在种子繁育过程中,要严格检测播种用种,确保亲代种子正确。从收获到脱粒、晾晒、加工、包装、贮藏等环节都要杜绝混杂。

(二)防止生物学混杂

防止种子繁殖田里的材料在开花期间的自然杂交,是减少生物学混杂的重要途径。种子繁殖必须采取隔离措施,具体方法有自然隔离、设施隔离、空间隔离和时间隔离等。

(三)正确选择

正确选择是保持品种典型性的重要举措。种子生产过程中要及时去杂去劣,选择具有性状优良、突出的单株采种,严防不当选择造成的不利影响。

(四)定期更新生产用种

生产用种要及时更新纯度高、质量好的原种或原种苗替换生产上的种子,是防止作物品种退化和长期保持其优良种性的重要措施。

 复习思考题

1. 名词解释：无性繁殖、有性繁殖、自花授粉作物、异花授粉作物、常异花授粉作物、标志性状、纯系品种、杂交种、群体品种、无性系品种、引种、气候相似论、系统育种、杂交育种、系谱法、衍生系统法、混合种法、单粒传法、配合力、诱变育种、遗传转化、分子标记、RFLP、RAPD、AFLP、SSR、EST、SNP、品种混杂、品种退化、原种。

2. 简述作物的品种类型及特点。

3. 简述无性繁殖与有性繁殖的区别。

4. 各举三例自花授粉、异花授粉和常异花授粉的作物。

5. 简述低温长日照和高温短日照作物的引种规律。

6. 系统育种的基本程序有哪些？

7. 杂交亲本的选配原则有哪些？

8. 试比较杂交后代常用的处理方法中的系谱法、混合法、衍生系统法和单粒传法之间的异同。

9. 杂交育种程序有哪些？

10. 何谓杂种优势利用？杂种优势表现在哪些方面？杂交育种和杂种优势利用二者有何异同？

11. 诱变育种的特点有哪些？

12. 转基因技术相比常规育种技术有哪些优势？

13. 与常规育种相比,作物转基因育种的程序有何特点？

14. 简述3种分子标记类型的原理。

15. 为什么要进行品种审定？申请审定的条件有哪些？

16. 种子生产程序有哪些？

17. 种子检验的必检指标有哪些？

18. 如何防止品种混杂退化？

第六章

作物种植原理与技术

第一节　土壤耕作与培肥技术

一、土壤耕作的作用

　　土壤耕作是指作物播种(或移栽)前一系列土地整理的总称。土壤耕作的目的在于利用犁、耙、耢、磙等农具(见二维码 6-1),通过机械作用,对土地进行整理,达到"平、净、松、碎",创造良好的土壤耕层构造和表面状态,使水、肥、气、热状况互相协调,提高土壤有效肥力,为作物播种和生长发育提供良好的土壤生态环境。

二维码 6-1　耕作整地农具

　　(一)土壤耕作的机械作用

　　(1)松碎土壤　作物生长过程中,土壤逐渐下沉,耕层变紧,总孔隙度减少,使土壤通气不良,影响好气性微生物活动和养分分解,也影响作物根系下扎和活动。生产上要每隔一定时期,进行土壤耕作,疏松土壤,以增强土壤通透性。

　　(2)混拌土肥　将耕作层上下翻转,翻埋肥料、残茬、秸秆和绿肥,可改善耕层理化状况、混拌土壤、培肥地力;还可消灭杂草和病虫害,消除土壤有毒物质。

　　(3)平整地面　表土耕作可以整平地面,减少耕层表面积,减少土壤水分的蒸发。地面平整便于播种作业,提高播种质量;提高浇水效率,节约用水;对于盐碱地,可减轻返盐,有利于播种保苗。

(4)压紧土壤 采用镇压的措施,将过于疏松的耕层土壤压紧,使大孔隙减少,增加毛细管孔隙,抑制气态水的扩散,减少水分蒸发,还可以使耕层以下的土壤水分通过毛管孔隙上升,提高作物播种出苗率。

(二)土壤耕作对作物生长环境的改善作用

(1)蓄水保墒 土壤耕作使耕作层土壤松软,切断耕层与底土层的土壤水分联系,减少地面蒸发,吸纳雨水,有利于蓄水保墒。

(2)调节土壤通气性 土壤耕作后通气状况改善,有利于作物根部呼吸,增强土壤中好气性细菌的活动,硝化作用旺盛,有利于土壤中有机物质的分解。

(3)增加土壤中的有机质 耕地把有机肥料和地面上的残株茎叶翻入土中,不但改善了土壤结构,而且增加了土壤内的有机质含量,提高了土壤肥力。

(4)消灭杂草和病虫害 耕翻土地既可把脱落在地面上的杂草种子以及病原菌和害虫深埋入土中,又可把多年生杂草的地下根茎切断或翻出地面,把藏匿在土壤中的害虫也翻上地面,将它们消灭。

二、土壤耕作的类型

(一)基本耕作

基本耕作,又称初级耕作,指入土较深、作用较强烈、能显著改变耕层物理性状,后效较长的一类土壤耕作措施。包括翻耕、深松耕和旋耕。

1. 翻耕

翻耕的主要工具有铧式犁,有时也用圆盘犁。先由犁铧平切土垡,再沿犁壁将土垡抬起上升,进而随犁壁形状使垡片逐渐破碎翻转抛到右侧犁沟中去。翻耕的作用主要在于翻土、松土和碎土。

(1)翻耕时期 翻耕是对土壤的全面作业,只有在作物收获后至下茬作物播种前的阶段内和土壤宜耕期内进行。一般有伏耕、秋耕和春耕3种类型。

北方一年一熟地区一般在秋季翻耕,可接纳雨水,熟化土壤;种植冬小麦地区,则是夏闲伏耕和播前秋耕。二年三熟制地区,春播作物收获后进行秋耕,翌年冬麦收获后,灭茬或者直接播种夏播作物,夏播作物收获后,进行秋耕。一年二熟地区主要是夏播作物收获后,进行秋耕整地。就北方地区的气候条件和生产条件而论,伏耕优于秋耕,早秋耕优于晚秋耕,秋耕优于春耕。春耕是对于水田、低洼地、秋收腾地过晚或因水分过多无法及时秋耕的地块才进行的耕作。由于翻耕会使土壤水分大量蒸发,严重影响春播和全苗,因而春耕的效果较差。

在南方地区,翻耕多在秋、冬季进行,利用干耕晒垡、冻融交替,以加速土壤的熟化过程,又不致影响春播适时整地。

(2)翻耕深度　翻耕深度要根据作物、土壤条件和气候特点来确定。水稻、小麦、玉米等禾谷类作物和薯类作物80%～90%的根系集中分布在0～25 cm耕层内,棉花、大豆等直根系作物入土深,但大部分也在30 cm以内。生产上翻耕深度一般不超过作物主要根系分布的范围。大田生产翻耕深度,旱地以20～25 cm,水田15～20 cm较为适宜。不同土壤翻耕深度不同,土层深厚、表底土质地一致、有犁底层存在、黏质土或盐碱土等可适当加深;土层较薄、沙质土不宜深耕。在多风、高温、干旱地区或干旱季节,深耕会加剧水分散失。

2. 深松耕

以无壁犁、深松铲、凿形犁对耕层进行全面或间隔的深位松土。耕深可达30～50 cm,可打破犁底层,有利于降水入渗,增加耕层土壤持水性能。此法只松不翻,不乱土层,保持了地面残茬覆盖,故可防止风蚀,减轻土壤水分蒸发,适合于土层深厚的干旱、半干旱地区以及耕层土壤瘠薄、不宜耕翻的盐碱土、白浆土地区。深松耕也存在一些问题,如不能翻埋肥料、残茬和杂草,不利于抑制杂草滋生。

3. 旋耕

采用旋耕机进行,可将土壤进行切割、打碎和混拌。一次旋耕既能松土,又能碎土且保持了地面的平整。水田、旱田整地都可用旋耕方法,一次作业能达到耕松、搅拌、平整的效果,可以进行旱田播种或水田放水插秧,省工省时,降低成本。但旋耕深度较浅,一般耕深10～12 cm,起不到加深耕层的作用。无论水田旱田,如果多年连续单纯旋耕,极易导致耕层变浅与土壤理化性状变劣,故应与翻耕轮换应用。

(二)表土耕作

表土耕作又叫次级耕作,包括耙地、耢地、镇压、起垄、作畦、中耕等作业,是在基本耕作基础上采用的入土较浅,作用强度较小,旨在破碎土块,平整土地,消灭杂草,为作物生长创造良好条件的土壤耕作措施。表土耕作深度一般不超过10 cm。

1. 耙地

耙地通常采用圆盘耙、钉齿耙、弹簧耙等,通过一定间距的耙齿或耙片插入土中,拨动土壤,有破碎土垡、混拌肥料、耙碎根茬杂草、平整地面、减少蒸发、抗旱保墒等作用。耙地的深度一般为3～10 cm。钉齿耙一般用于耕后、播前、雨后、灌水后、早春土壤化冻前后、播种前后以及出苗遇到不利条件时运用;圆盘耙一般用于作物收获后的浅耕灭茬、清除和翻埋杂草、绿肥,有时也用圆盘耙耙地代替耕翻。

2. 耱地

耱地也称盖地、擦地、耢地，是旱地和水田生产中常用的一项表土耕作。耱地主要有平土、碎土和轻微压土的作用。在干旱地区耱地还能减少地面蒸发，保持土壤水分。耱地使用的工具多为一块木板或用耐磨擦的荆条、柳条等树枝编织成的工具，现在的农机具大部分都带有耐磨的铁皮耱地机具。耱地作业深度为 3 cm 左右。一般耱地和耙地联合作业效果较好，可使表土形成一层疏松的覆盖层，减少水分蒸发，有利于保墒。播种后耱地可促进作物种子发芽、出苗。

3. 镇压

镇压是利用镇压器的重力作用，将土壤表层的土块压碎、压紧耕层、平整地面的耕作措施。镇压一般作用深度 3~4 cm，重型镇压器可达 9~10 cm。当耕层土壤过于疏松时，镇压可使耕层紧密，减少因水分扩散或空气对流作用而造成水分损失，保墒提墒。在播种后进行镇压，种子与土壤紧密接触，有利于种子吸收水分，促进发芽和扎根。此外，镇压也常用于冬小麦越冬前的田间管理，可防止作物徒长、弥合田间裂隙以及引墒固根，提高越冬率。

4. 起垄

起垄是某些作物或某些地区特需的一种表土耕作措施。起垄可以为块根、块茎类作物地下部生长创造深厚的土层；在高纬度地区有利于提高地温；在某些多雨和低洼地区，可以提高局部地温以及排水；在水浇地上有利于灌溉，使灌水均匀，节约用水。

5. 中耕

中耕是在作物生育期间进行的一项表土耕作。中耕有松土、保墒、除草和调节土壤温度的作用。中耕的工具有中耕机、犁、耘锄以及人工操作的手锄和手铲。中耕的次数应根据作物种类和生长状况、田间杂草的多少、土质、灌溉条件等来确定。中耕次数不宜太多，否则会导致行间过分疏松，好气微生物分解有机物质的矿质化过程旺盛，造成养分消耗大；在多风地区或坡地上还容易加剧风蚀和水蚀。

(三)少耕法和免耕法

1. 少耕法

少耕法是减少不必要的耕作次数，以降低生产成本，减少对土壤结构破坏的耕作方法。如残茬覆盖，可蓄水保墒、减少风蚀、节约能源。目前少耕类型较多，如田间局部耕作代替翻耕、以耙代耕、以旋耕代翻耕、耕播结合、硬茬播种、免中耕等。当前国内外土壤耕作中，少耕应用面积逐年扩大。

2. 免耕法

免耕法又称零耕、直接播种，指作物播种前不进行土壤耕作，直接在茬地上播种,在播后和作物生育期间也不使用农具进行土壤管理的耕作方法。免耕法可节约能源和资金,投入少,成本低。

免耕法的基本原理,一是用生物措施,利用秸秆、残茬或牧草覆盖地面,保持土壤自然构造;还可以通过增加蓄水量,使有益的微生物群落繁殖起来,增加土壤有机质和水稳性团粒,防止风蚀和水蚀,从而代替土壤耕作。二是用化学措施,即利用除草剂、杀虫剂、杀菌剂代替全部耕作除草、翻埋害虫及病菌等的作用。

三、土壤培肥技术

土壤培肥是作物生产的基础,用地与养地有机结合,才能保证作物持续的高产稳产与优质。

(一)生物养地

生物养地是利用生物及其遗体培养地力或改良土壤。其主要作用有:可以固氮,增加土壤有机质,为土壤中的生物提供能源;分解有机态养料为无机态养料,保持水土,疏松耕地,生物排除盐碱等。具体措施有:

1. 增施有机肥

有机肥是一切含有机质肥源的总称,主要指农家肥。有机肥种类繁多,来源广泛。有机肥主要有厩肥、堆肥、沤肥、饼肥等,其含氮、磷、钾和多种微量元素,养分齐全,肥效持久。有机肥的改土培肥作用不仅在于供应作物所需养分,还能够改善土壤的理化性质和土壤微生物状况,创造良好的土壤生态环境。

2. 秸秆还田

推广作物秸秆机械粉碎还田、旋耕翻埋还田、覆盖栽培还田、堆沤腐解还田等多种秸秆还田方式,结合施用氮肥和磷肥,可增加土壤蓄水、保墒、保肥能力,有利于作物持续增产。

3. 种植豆科绿肥

豆科绿肥是偏氮的半速效性肥料,可直接翻压施用。翻压时间以产量最高、积累氮多、木质化程度低的时期为好,一般为初花期或初荚期。一般翻压期要使供肥期与作物需肥期相适应,并翻入 $10 \sim 17$ cm 土层,以不露出土表为度。如能配合施用磷、钾肥,更可提高绿肥效果。

4. 合理轮作

通过合理的作物布局和轮作倒茬,把用养特性不同的作物合理搭配,如禾本科和豆科结合,一年生与多年生作物结合,做到用养结合,有利于维持土壤养分的平衡和扩大农田物质的循环。

（二）化学养地

合理施用化学肥料已经成为用地养地的一项基本手段。化学肥料的肥效快，但后效短、养分单一，采用有机肥与无机肥配合，以无机促有机，氮、磷、钾与微肥配合施用，增施优质有机肥料可起到作物持续增产和土壤快速培肥的双重作用。

第二节　作物的播种与田间管理

一、良种选用与种子处理

（一）品种选用

作物播种材料的选用，不论从外地引种，还是利用当地培育的品种，都必须具备优质、高产、抗逆性和适应性强的特点。各地要根据具体情况，因地制宜选用良种。

首先，根据当地自然条件和生产条件，选择抗御当地主要自然灾害且与生产水平相适应的品种。例如，生长季节短的地区，应选择早熟、耐寒性强的品种。地势低洼或盐碱地区，宜选择耐湿和耐盐碱力强的品种。在病虫害严重地区，要选择抗病虫性强的品种等。随着生产水平和良种选育水平的提高，优良品种更新速度越来越快。

其次，在作物和品种间应注意茬口与季节的衔接。多熟制地区，应选择熟期适当而高产优质的品种；茬口早的宜选择耐寒性较强，适于早播的品种；间套作地区宜选择株型紧凑、秆矮抗倒的早熟高产品种，以便于早腾地，发挥各季作物的生产潜力，提高全年总产量。

最后，不同品种应合理搭配。不同品种对水分、肥料和土壤条件的要求不同，丰产、抗逆性也有差异。在选用品种时，应选择一个主栽品种和2～3个搭配品种。主栽品种的丰产性、稳产性、抗逆性较好，保持相对稳定。品种间进行搭配，有利于充分发挥不同品种的优良特性，实现稳产丰产。

（二）种子清选

良种必须在纯度、净度、发芽率、含水量等方面符合种子质量标准（表6-1）。常用种子的清选方法有以下几种。

表 6-1 常见谷类作物良种质量标准 ％

作物	纯度不低于	净度不低于	发芽率不低于	水分不高于
水稻（常规种）	99	98.0	85	13.0（籼）、14.5（粳）
水稻（杂交种）	96	98.0	80	13.0
小麦	99	99.0	85	13.0
玉米（常规种）	97	99.0	85	13.0
玉米（杂交种）	96	99.0	85	13.0
高粱（常规种）	98	98.0	75	13.0
高粱（杂交种）	93	98.0	80	13.0
谷子	98	98.0	85	13.0

资料来源：国家市场监督管理总局、中国国家标准化管理委员会《农作物种子质量标准》（GB 4404.1—2008）摘编

1. 筛选

筛选主要根据种子形状、大小、长短和厚度，选择筛孔合适的筛子，进行种子分级，筛除秕粒以及杂物，选取充实饱满的种子，提高种子的质量。

2. 风选

风选指利用种子的乘风率分选。乘风率（K）是种子对气流的阻力和种子在风流压力下飞越一定距离的能力。乘风率用种子的横断面积与种子质量之比表示：$K=C/B$；式中：K 为乘风率；C 为种子横断面积（cm^2），B 为种子质量（g）。利用风车、粒选机、簸箕在风力作用下，空壳、秕粒因重量小乘风率大，会在较远处降落，这样就去除了空壳、秕粒和夹杂物，选到充实饱满的种子。

3. 液体相对密度选种

利用不同密度的液体，将饱满度不同的种子分开。充实饱满的种子下沉到底部，轻粒上浮到液体表面，中等重量种子悬浮在液体中部。常用的液体有清水、泥水、盐水和硫酸铵水。按作物种类和品种，配置密度适宜的溶液。如油菜籽相对密度为 1.05～1.08，粳稻相对密度为 1.11～1.13。经过溶液选种后，种子需用清水洗净。为选择充实饱满的种子，先经筛选或风选，再用相对密度选种，效果更好。

（三）种子处理

1. 晒种

晒种可增强种子酶的活性，提高胚的生活力，增强种子的透性，提高种子发芽率和发芽势；同时晒种也可杀死部分种子表面的病菌，有一定的杀菌作用。在水泥地上晒种要薄摊勤翻，防止阳光暴晒，以免影响种子发芽率。

2. 浸种消毒

许多病虫害可通过种子传播，如水稻的稻瘟病，棉花的枯萎病、黄萎病，谷子的

白发病等,浸种消毒可预防这些病害的传播。常见的浸种消毒方法有药剂浸种和石灰水浸种,可杀死附着在种子上的病菌。

(1)石灰水浸种 用1%石灰水浸种可有效地杀灭种子表面的病菌。浸种时间视温度而定,一般35℃浸种1 d即可,20℃浸种需要2~3 d。浸种后必须用清水洗净种子。浸种时,水面应高出种子10 cm,否则,水面太浅时,种子吸水膨胀后会露出石灰水面,影响消毒效果。

(2)药剂浸种 药剂浸种可杀死种子内部的病原菌和线虫。不同作物、不同病害、不同地区应选用不同的药剂浸种。有些浸种的药剂有毒,操作时一定要注意人身安全。注意浸种时间和药剂浓度,以免产生药害。同时不能用铁器做容器,以免影响药效。处理后的种子要及时播种。

3. 药剂拌种

药剂拌种可杀死种子表面的病原菌,并可使种子带毒,播种后在一定时间内防止病虫害对幼苗的危害。用于拌种的药剂较多,常用的杀菌剂有多菌灵、粉锈宁、克菌丹、托布津、福美双、拌种双等,杀虫剂有呋喃丹、氧化乐果、辛硫磷乳油等。拌药后的种子可立即播种,也可储藏一段时间后播种。

4. 浸种催芽

浸种催芽就是为种子发芽提供适宜的水分和温度条件,使种子的发芽整齐一致,提高出苗率。浸种的时间和温度,根据作物的种类和外界的温度条件确定,气温较高时,浸种时间短。在浸种过程中,水中的氧气会逐渐减少,二氧化碳和有毒物质含量增加,影响种子的发芽。因此要注意常换水,保持水质清洁。为使催芽温度均匀一致,升温后每隔4~5 h翻动种子1次。大多数作物一般不需要浸种催芽或只浸种不催芽,但在晚播条件下,浸种催芽可提前出苗3~5 d。

5. 种子包衣

种子包衣是指利用黏着剂或成膜剂,将杀虫剂、杀菌剂、植物生长调节剂、抗旱剂、微肥、着色剂、填充剂等非种子物质包裹在种子外面,达到使种子成球形或基本保持原有形状,提高种子抗逆性、抗病性,加快萌发,促进出苗率,增加产量和改善品质的一项种子处理技术。种子包衣可分为种子丸化和种子包膜。

(1)种子丸化 种子丸化是指利用黏着剂,将杀虫剂、杀菌剂、染料、填充剂等黏着在种子表面,通常做成在大小和形状上没有明显差异的球形单粒种子。该方法主要适用于小粒农作物及蔬菜种子,如油菜、烟草、甜菜、胡萝卜等,以利于精量播种。由于包衣时加入了填充剂(一般为惰性材料),因此种子的体积和质量都有所增加,相应地种子的单粒质量也增加。

(2)种子包膜 种子包膜是指利用成膜剂,将杀虫剂、杀菌剂、微肥、染料等包裹在种子外面,形成一层薄膜。经包膜后的种子,基本上保持原来种子的形状。这种包衣方法适用于中粒或大粒种子,例如水稻、小麦、玉米、大豆等。

二、播种期的确定

作物适期播种不仅保证发芽所需的各种条件,而且能满足作物的各个生育时期处于最佳的生育环境,避开不利的自然因素(高温、干旱、霜冻和病虫害),达到趋利避害,及时成熟,获得高产的目的。确定适宜的播种期,一般应根据以下条件综合考虑。

(一)气候条件

根据各地气候变化规律,灾害性天气出现的常年变化规律,现时的气候情况来确定作物适宜的播期。在气候条件中,温度是影响播期的主要因素。如冬小麦播期以日平均气温 16~18℃时播种为宜,冬油菜为日平均气温 20℃左右时播种。

(二)品种特性

品种类型不同,温光反应特性也不同,生育特性也有很大差异。如冬小麦、冬油菜有冬性强弱之分,一般冬性强的品种适时早播能发挥品种的特性,有利于高产。又如春播作物有早、中、晚熟品种,一般生育期长的晚熟品种播期较早。因此,应依据不同作物的品种特性,适当调整播期。

(三)栽培制度

科学的栽培制度,应考虑好作物的换茬衔接,平衡周年生产。特别是多熟制中,季节性强,收种时间紧,栽培应以茬口衔接、苗龄为依据。如小麦收获后移栽棉花,要考虑棉花的育苗适期,做到播期、苗龄、栽期三对口,才能获得麦、棉双丰收。

(四)病虫害

调节作物的播种期,错开病虫害高发季节,是农业措施中综合防治病虫的重要环节。如玉米适期早播,有利于苗期避开地下害虫(蛴螬)、后期避开玉米螟危害,以及减少丝黑穗病、大斑病的发生。

三、播种技术

(一)种植密度的确定

种植密度就是单位土地面积上的作物株数。在生产实践中确定合理密度,应综合作物种类及品种、茬口、土壤肥力、栽培管理水平和气候条件等因素加以确定。

1. 气候条件

光照、温度、雨量、生长季节等气候条件,对作物的生长发育有很大影响。一般在温度高、雨量充沛、相对湿度较大、生长季节长的地区,作物植株较高大,分蘖、分枝多,密度宜小些,反之,密度宜大些。在同一地区,土壤肥力、品种相同的情况下,晚播的要比适期播种的适当增加播量。

2. 土壤肥力和管理水平

土壤肥力和管理水平不同,种植密度也应适度调整。一般在肥力水平高、施肥量大和管理好的土地上,植株生长繁茂,可发挥单株生产力,密度宜小些,但对单秆性作物,如玉米、高粱等则应高肥高密;而在土壤瘠薄、肥量少和管理差的条件下,植株生长较差,应适当增加密度。

3. 作物种类和品种类型

作物种类不同,植株形态特征和生长习性都有很大差异。如棉花的种植密度主要决定于播种期早晚,播种晚的夏棉,果枝少,为了保证较多的霜前花,需要早打顶,种植密度应大些;春棉播种早,果枝多,密度应小于夏棉。同一作物不同品种的种植密度也是有差别的。例如,玉米中叶片直立的紧凑型品种应加大种植密度。

(二)播种量的确定

播种量的确定,一般考虑以下 3 种情况。

1. 密播作物

这类作物在出苗后不间苗,播种量对产量影响较大。麦类作物就是这类作物。要确定播种量,先根据地力确定产量目标,根据产量水平和品种特性确定基本苗数,再根据种子质量和田间出苗率来计算播种量。

$$播种量(kg/hm^2) = \frac{每公顷基本苗 \times 千粒重(g)}{种子净度(\%) \times 发芽率(\%) \times 田间出苗率(\%) \times 1\,000 \times 1\,000}$$

式中:千粒重、种子净度、发芽率可在播种前通过种子检验获得,田间出苗率可根据常年出苗经验获得。

2. 间苗作物

这类作物出苗后要进行间苗、定苗,如玉米、高粱。计算这类作物播种量时,要考虑留苗密度及出苗时的基本苗数。播种量的计算因条播和穴播而不同。条播情况下,根据整地情况及病虫害情况,常常出苗后 3~4 棵苗留一棵苗,一般把这种根据实际经验得到的留苗系数称为全苗保证系数,在进行播种量计算时,要用全苗保证系数来修正。条播时的单位面积播种量公式为:

$$播种量 = \frac{计划密度 \times 全苗保证系数 \times 粒重}{种子净度 \times 发芽率 \times 田间出苗率}$$

如果采用穴播(点播),则计算时不直接用到出苗率和发芽率,而是根据种子质量确定每穴播种多少粒种子。播种量计算公式如下:

$$播种量 = \frac{计划密度 \times 每穴粒数 \times 粒重}{种子净度}$$

3. 作物精量播种

近年来,由于整地质量、播种质量、种子处理技术、种子质量等的提高,玉米、高粱、谷子、大豆等作物逐步实行精量播种技术,在作物出苗后免去间苗环节,节省作物种子用量,可减少种子用量 60%~80%。

(三)播种深度

播种深度主要取决于种子大小、顶土力强弱、气候和土壤环境等因素。一般以作物种子大小和顶土力强弱分为两类:小粒、顶土力弱的种子,一般播种深度为 3~5 cm,如谷子、高粱、大豆、棉花等。大粒、顶土力强的种子,一般播种深度为 5~6 cm,如玉米、花生、蚕豆、豌豆等。播种深度还应根据土壤质地和整地质量、土壤墒情等做适当调整。

(四)播种方式

1. 条播

条播是被广泛采用的一种方式。其优点是植株分布均匀,覆土深度比较一致,出苗齐,通风透光条件较好,便于间套作和田间管理。同时,在条播时可集中施种肥,做到经济用肥。根据条播的行距、播幅宽窄,可分为窄行条播、宽行条播、宽窄行条播等。窄行条播适于麦类作物,一般行距 15~20 cm;宽行条播适于中耕作物,如玉米、棉花等,行距为 45~75 cm。宽窄行条播适于间、套作和棉花、玉米等作物。

2. 穴播

穴播是按一定株距开穴点播,也可按确定的行距开沟,于沟里按一定株距点播,一般每穴 2~4 粒种子。玉米、棉花、向日葵、花生、马铃薯多采用这种方式,用人工或点播机播种。

3. 撒播

将种子均匀地分撒在一定土地面积上称撒播。其特点是单位面积种子数量大,土地利用率高、省工,利于抢时播种。一般水稻、油菜、烟草等作物育苗或者种植牧草和绿肥时采用撒播方式。撒播出苗率低,杂草难防除,田间管理不便,应用较少。

4. 精量播种

精量播种是在点播的基础上发展起来的一种经济用种的播种方法,它能将单粒种子,按一定距离和深度准确地插入土内,使种子获得较为均匀一致的发芽条件,达到苗齐、苗全、苗壮的目的。精量播种需要精细整地,精选种子,防治苗期病虫害,使用性能良好的播种机,才能保证播种质量和全苗。目前我国玉米播种普遍采用机械化精量播种。

四、作物田间管理

(一)苗期管理

1. 生育特点

苗期是作物的营养生长期,以长根、茎(或分蘖)、叶等营养器官为主。作物苗期幼苗叶小而少,制造的有机养料不多,地上部植株生长缓慢,而根系生长较快,是营养生长的中心。生长中心也包括部分叶片和刚分化的幼茎,基部几片叶是生产中心。

2. 田间管理

(1)秋冬播作物　在冬前要培育壮苗,确保作物安全越冬。为此应采取以下措施:①作物出苗后要及时查苗、补苗,保证全苗。②幼苗全苗后,要中耕、除草,有的作物(如油菜)还需间、定苗。③在作物越冬前适时浇水和施肥。④气温低的地区应加强防冻措施,保证作物安全越冬。

(2)春夏播作物　①作物出苗后及时查苗、补苗,保证全苗。②玉米、高粱、谷子、棉花等作物要适时定苗。玉米、高粱在4～5片叶时定苗。③结合定苗,在苗期进行中耕除草,促进幼苗生长。④在作物幼苗生长期间,要注意防治病虫,特别是地下害虫对幼苗危害较重时,可造成缺苗断垄,发现地下害虫要及时防治。此外,应根据气候、土壤和苗情,进行合理的施肥,土壤干旱时,适当浇水。

(二)中期管理

1. 生育特点

中期是作物营养体与生殖体并进生长期。当植株开始穗或花芽的分化时,则进入生殖生长期,但在并进生长前期仍以营养生长为主,根系和地上植株的生长速度明显增快,幼穗或花芽的分化也相应加快,两者对水分和养分的需求矛盾日益突出。这个时期的生长中心主要是茎、叶等营养器官。生长中心是中部若干叶片,贮藏中心开始从叶鞘、茎秆转向生殖器官。

2．田间管理

(1)中耕培土　玉米、高粱等植株高大的作物,在中期要防止倒伏,在中期施肥的同时应进行培土。花生在大量果针发生时,需要黑暗条件才能结果,也应培土。马铃薯、甘薯进入薯块膨大期,培土有利于薯块生长。

(2)水肥调控　玉米在大喇叭口期要重施肥,浇足水;棉花要稳施蕾肥,重施花铃肥;小麦、水稻在拔节初期要控制水肥,拔节后应加大肥水供应,提高小花结实率。

(3)病虫害防治　进入中期,作物生长旺盛,也是病虫害发生较多的时期。棉花、小麦、高粱等作物蚜虫相继发生;危害玉米的玉米螟、黏虫和危害棉花的棉铃虫、红蜘蛛等都有可能发生,应采用适当防治方法。

(4)株型调控　在作物生长期,应根据作物的长势长相,进行株型调控。如施用生长抑制剂,可矮化株型(如棉花)和缩短节间,防止倒伏(小麦等)。有些作物还需要整枝,如棉花进行去叶枝等整枝工作。有些作物如玉米在生长过程中会长出分蘖,要及时去除分蘖,减少营养消耗。

(三)后期管理

1．生育特点

后期是作物的生殖生长期。当作物植株抽穗或开花以后,由以营养生长为主转向以生殖生长为主,直至营养生长停滞,完全进入生殖生长期。以结实器官为主产品的作物,生长中心主要转向结实器官。生产中心对禾谷类作物来说是顶端几片功能叶(如小麦的旗叶)或中、上部叶片(如玉米),而双子叶作物是主茎中、上部叶及其分枝的功能叶。贮藏中心以籽粒为收获对象的作物是果实、种子,以营养器官作为收获对象的作物是根(甘薯、甜菜)、茎(马铃薯、甘蔗)、叶(烟草)等。

2．田间管理

(1)合理施肥,适时灌溉　小麦扬花后施肥,可以改善籽粒品质,提高籽粒蛋白质含量。在小麦、玉米、高粱等作物灌浆期,对水分需要量较多,要浇好灌浆水。

(2)防治病虫害　主要防治害虫,如黏虫、蚜虫、棉花红蜘蛛,以减少害虫对作物的危害。这一时期,害虫危害对作物产量和品质影响很大。如糯玉米果穗在灌浆期如遇玉米螟、棉铃虫的危害,其商品价值就受到很大影响。

(3)化控或人工控旺　生长后期要控制作物植株的长相长势。如棉花的花铃期,为了控制棉花徒长,可喷洒缩节胺或矮壮素;后期为了促进早熟,可喷施乙烯利。此外,有些作物还需要整枝,如棉花进行打顶、去赘芽和打边心等。

第三节 覆盖栽培技术

在旱作农业生产中,如何降低土壤水分蒸发,提高有限水分的利用率,提高土地生产力,是农业生产的关键问题。地面覆盖可以有效减少土壤水分蒸发。地面覆盖有地膜覆盖、秸秆覆盖、沙石覆盖等。

一、地膜覆盖栽培技术

(一)地膜覆盖的生态效应

1. 地膜覆盖具有增温保温效应

地膜覆盖本身并不能产生热能,覆盖增温、保温主要有两个方面的原因:第一,抑制土壤水分蒸发,从而减少了由于水分蒸发造成的土体热量的消耗。第二,阻碍近地层空间的热量交换。太阳辐射是地球表面热量的主要来源。地球表面在获取太阳热量的同时又向外辐射,二者之差为净辐射。太阳辐射可大量透过膜面被土壤吸收,由于薄膜的良好气密性以及膜内附有水滴对长波辐射的阻隔作用,由膜内向外的地面辐射减少,净辐射增加,从而升高了膜内的温度。从表 6-2 可以看出,地膜覆盖提高了土壤温度,为作物根系的生长创造了条件。

表 6-2 高粱幼苗期不同土层温度比较

处理	土层厚度				
	5 cm	10 cm	15 cm	20 cm	25 cm
地膜覆盖/℃	26.63	25.59	24.08	23.15	22.49
露地/℃	24.21	23.45	22.24	21.38	20.95

资料来源:山西农业大学

2. 地膜覆盖的保墒作用

地膜覆盖的阻隔作用,使土壤水分垂直蒸发受到阻挡,迫使水分作横向蒸发和放射性蒸发,这样,土壤水分的蒸发速度相对减缓,总蒸发量大幅度下降,使土壤水分能在较长时间内贮存于土壤中,达到良好的保墒效果。

由于土壤热梯度的存在,使深层土壤水分不断地向上移动,并渐渐蒸发。地膜覆盖后,加大了热梯度的差异,促使水分上移量增加。又因土壤水分受地膜阻隔而不能散失于大气,就必然在膜下进行"小循环",即凝结(液化)—汽化—凝结—汽化,这样会使土壤深层水分逐渐向上层集积(表6-3)。这种能使下层土壤水分向上移动的作用,称之为"提墒"。提墒效应为提高土壤水分利用率和增加产量创造了条件。

表6-3 高粱全生育期地膜覆盖各土层含水量比较

处理	土层厚度			
	0～20 cm	20～40 cm	40～60 cm	平均
地膜覆盖	12.4%	13.7%	13.5%	13.2%
露地	11.6%	14.0%	13.5%	13.0%

资料来源:山西农业大学

3. 改善土壤物理性状

地膜覆盖,使土壤表层避免或减缓了雨水和灌溉水的冲击和淋洗,同时因中耕、除草等田间作业次数的减少,避免了人畜的碾压和踩踏,从而使土壤结构仍保持播前土壤整地时良好的松软状态。此外,由于膜下地温的变化,膜内水汽不断发生胀缩运动,使土粒间空隙变大,土壤变得疏松透气,土壤物理性状得到改善。土壤容重降低、孔隙度增大,土壤变的疏松透气,固、液、气三相比得到协调发展,对根系发育起了促进作用。

4. 促进微生物活动和养分分解

地膜覆盖增加了微生物的数量。盖膜后,土壤温度升高、墒情好,促进了微生物的繁殖与活动,从而使微生物数量大大增加。地膜覆盖后土壤速效养分均有不同程度增加。一些试验表明,覆膜后土壤有机质、全氮、全磷、全钾均有下降趋势。因此,覆膜栽培必须重视增施有机肥,补充土壤有机养分,不断提高土壤肥力。

5. 增强田间光照强度

地膜本身及膜下附着的水珠能反射太阳光线,增加了反射光的光照强度,使植株中下部叶片光照增强,增加了群体内光强。

6. 抑制土壤返盐、抑制杂草

由于地膜覆盖减少了土壤水分蒸发量,从而减少了盐分随水上升并积聚于地表的数量,使耕层土壤盐分明显下降。一般全盐含量降低30.9%～42.7%。盐化重的土壤效果更明显。土壤含盐量的降低,以土壤表层减轻最显著。

地膜覆盖对杂草生长有明显的抑制作用。覆膜较好的地块,膜下地表温度可达40～50℃,能使杂草叶色变黄、叶片卷缩,生长受抑,甚至枯萎,或者幼苗直接接触地膜而被灼伤致死。

(二)地膜覆盖对作物生长发育及产量的影响

1. 地膜覆盖对作物生长发育的影响

地膜覆盖提高了土壤的温度和水分含量,给作物提供了有利的土壤生态环境,促进了作物的生长发育进程,可使作物提早成熟。如地膜覆盖能促进棉花早出苗、早现蕾、早开花、早吐絮。玉米地膜可比露地提早出苗 4～5 d,拔节提前 18～22 d,抽雄提前 7～20 d,成熟提前 4～10 d,这样玉米地膜覆盖既加快了生育进程,又延长了玉米的灌浆期,可以使玉米提早成熟。

2. 地膜覆盖对作物产量的影响

地膜覆盖对作物产量的影响表现为改变了作物的产量构成因素。在同期播种条件下,地膜覆盖在不同的作物中,增产原因不同。玉米地膜覆盖可使出苗率和成穗率提高,增加了单位面积穗数,生殖生长时期延长,促进了穗分化,增加了穗粒数,叶面积的增加和干物质积累量的提高促进了粒重的增长(表 6-4)。地膜覆盖对谷子的增产作用主要表现在提高了谷子的有效分蘖数,从而提高了谷子的单位面积穗数,对其他产量构成因素影响不大。

表 6-4　玉米不同处理产量构成因素比较

处理	穗数/个/hm²	穗粒数/个	百粒重/g	经济系数
地膜覆盖	52 185	595.9	34.0	0.51
露地	48 135	476.6	29.1	0.38

资料来源:山西农业大学

地膜覆盖对棉花的影响表现为"四早",即早出苗、早现蕾、早开花、早吐絮。由于棉花是无限生长作物,地膜覆盖棉花打顶时间与露地棉一致,但增加了单株果枝数;地膜覆盖改善了棉花的水肥条件,减少了蕾铃脱落,提高了有效铃数;地膜覆盖吐絮时间早,从吐絮到下霜为棉花的吐絮成熟期,地膜覆盖延长了棉花的吐絮时间,提高了棉花的单株成铃数;地膜覆盖改变了棉花的"三桃"比例,增加了伏前桃和伏桃,几乎没有霜后花,提高了棉花的铃重和纤维品质,使得棉花既高产又优质。

(三)地膜覆盖生产技术

根据地膜种类及种植要求,在覆盖前选择合适的地膜(地膜的种类见二维码 6-2)。

1. 整地作畦(起垄)

在前茬作物收获后要彻底清除田间根茬、秸秆、废旧地膜及各种杂物,在充分施入有机肥的同时耕翻碎土,使土壤表里一

二维码 6-2
地膜的种类

致,地面平整。

为蓄热提高地温,地膜覆盖要求作高畦或高垄。东北地区多垄作,而华北及南方地区多采用高畦栽培。畦形多采用中间略高的圆头高畦,这样铺设地膜时,地膜易与畦面密贴,压盖牢固,不易被风吹抖动;平畦覆盖多用在蔬菜短期覆膜栽培上。

2. 播种与覆膜

地膜覆盖栽培应注重连续作业,即整地、施肥、做畦后要立即覆盖地膜,防止水分蒸发。采用人工覆盖可3人一组,一人沿垄方向铺膜,另外两人把地膜两侧埋入沟内,膜边用土埋严压实;地膜覆盖后采用人工播种,按计划株距打孔种植。大面积生产可采用机械化覆盖,如果采用联合作业覆膜机械,可一次性完成整地、施肥、盖膜、压土打孔、播种、封盖播种孔等全部作业,提高播种效率。

3. 栽培技术要点

(1)施足基肥　地膜覆盖地温高,土壤微生物活动旺盛,有机质分解快,速效养分增加,作物生长快。为保持有较高的土壤肥力,防止作物中后期脱肥早衰,在整地过程中应充分施入迟效性有机肥;并注意氮、磷、钾肥的合理配施。

(2)破膜放苗　先覆膜后播种方式,播种覆土后遇雨,会在播种孔上形成一个板结的蘑菇帽,要及时破碎,否则易造成憋芽,导致幼苗出土不整齐,造成大苗欺小苗的现象。

先播种后覆膜方式,作物出苗后,不能自己顶破地膜,需要人工放苗。如不及时破膜放苗,叶片紧贴膜面,遇到高温天气就会烫苗。放苗的方法为用小刀、竹片或铁丝把地膜划一"+"形小口,把苗引出膜外。随即用细土沿幼苗基部封严膜孔,不要压住幼苗叶片。

(3)间苗、定苗　作物出苗后,要及时间苗、定苗。如不及时间苗、定苗,常造成幼苗拥挤,互相争光、争水、争肥,从而导致根系和茎叶生长不良,形成弱苗。如果气候变化大或病虫害严重时,可适当推迟定苗时间。

(4)灌水追肥　在覆膜栽培整个生育期间,灌水次数及灌水量较常规栽培减少,在土壤水分充足的情况下,前期应适当控水,促根下扎,防止徒长。而在中后期作物旺盛生长期间,需肥量大,蒸腾量大,耗水多,应适当增加灌水,并结合追施速效性氮肥,满足作物后期肥水需求,防止早衰。但忌大水漫灌,否则土壤湿度大,通气不良,影响根系发育。同时,注意高湿易使作物发生病害。

(5)防除杂草　地膜覆盖栽培若覆盖不严,地膜不能与畦(垄)表面密贴,常常引起杂草丛生。生产中要提高地膜覆盖质量,及时堵严破洞,使地膜与地表间呈相对密闭状态。在较大面积覆盖栽培时,可喷洒适宜的除草剂。

4. 残膜的回收

连年进行地膜覆盖栽培,不注意残膜回收,会造成地膜残留土壤之中,影响种子萌发和根系生长,造成减产减收。牲畜误食残膜会造成肠道疾病,而且大量碎膜随风飘散,也会给生态环境造成污染。所以必须严格坚持残膜回收。

二、秸秆覆盖栽培技术

(一)秸秆覆盖的概念和方法

秸秆覆盖(straw mulching)指利用农作物的秸秆、糠壳、残茬等有机物覆盖在土壤表面。秸秆覆盖方法主要有以下几种。

1. 整秆覆盖

此法在播种前后,将整株秸秆均匀地覆盖在地面,形成全田覆盖或局部覆盖。包括小麦(油菜)稻草覆盖、秋马铃薯稻草覆盖、玉米秸秆覆盖等。秸秆覆盖量因作物而异,覆盖量过少,保墒效果差;覆盖量过多,会影响作物出苗及苗期生长。小麦适宜的稻草覆盖量为 2.25~6.00 t/hm²,秋马铃薯的秸秆覆盖量一般为 2~3 t/hm²。玉米秸秆收获后,一边割秆一边顺行覆盖,可盖一幅空一幅;也可全田均匀覆盖,在第二年播种前 2~3 d,把播种行内的秸秆搂到垄背上形成半覆盖。

2. 粉(切)碎覆盖

此法利用秸秆粉碎还田机、秸秆粉碎覆盖联合播种机等,将水稻、小麦、玉米、油菜、大豆等作物的秸秆粉(切)碎后,均匀全田覆盖或局部覆盖。

3. 高留茬覆盖

此法在前作收获时留茬 10~30 cm,免耕或浅旋耕土壤,在作物秸秆间用免耕播种机条播后作(如小麦、玉米、大豆)或抛栽水稻秧苗,并将已经收获的秸秆等残茬均匀覆盖于田间。

(二)秸秆覆盖的生态效应

1. 秸秆覆盖的温度调节作用

秸秆覆盖能在白天大量吸收太阳辐射,使大部分热量吸收到秸秆内,不容易传导到土壤内,因而地温较低;当夜间地面放出长波辐射时,由于秸秆阻隔而返回土壤,又起到保温作用,因而秸秆覆盖下的土壤温度偏低且比较稳定。利用这种特点,在农作物生长的高温季节进行秸秆覆盖可以调节土壤温度。

2. 秸秆覆盖的保墒作用

秸秆覆盖可抑制土壤水分蒸发,改善农田墒情,且秸秆还可返回土壤,既培肥地力,又减小耗水系数、提高水分利用效率。据赵聚宝等(1996)试验,在旱作条件下,冬小麦秸秆覆盖栽培比对照节水 16.7%,春玉米秸秆覆盖栽培比对照节水 15.5%。在灌溉条件下,秸秆覆盖则可推迟灌溉期,减少灌水次数,节约灌溉用水。

3. 秸秆覆盖的其他作用

秸秆覆盖可使农田土壤免受雨滴的直接冲击,保护表层土壤结构,防止土壤板结,减少水土流失。秸秆覆盖在地表,常处于风干状态,分解缓慢;秸秆耕翻于土中后,有利于土壤有机质的积累。

(三)秸秆覆盖的栽培管理技术

1. 增施氮肥

微生物在分解秸秆时需要吸收一定的氮素,营养自身,如不调整好碳氮比,会造成与作物苗期生长争氮,幼苗常出现发黄现象,影响生长。根据覆盖时的土壤水分、覆盖量、覆盖秸秆类型和栽种作物类型,增施一定量的氮肥,一方面,可调节秸秆的碳氮比,有利于秸秆分解;另一方面,又可补充作物苗期生长所需氮素。

2. 病虫害防治

秸秆还田时要求使用无严重病虫害的秸秆。连续数年覆盖秸秆,可能加重病虫害的发生,需要加强防治。例如,玉米田的主要害虫有玉米螟和地下害虫,主要病害有玉米丝黑穗病、玉米黑粉病等,旱地秸秆覆盖后这些病虫害有可能加重。所以应当推广种子包衣技术和撒毒饵的方法加以防治。

3. 杂草防除

秸秆覆盖虽能抑制杂草生长,但需与除草剂配合,提高除草效果。特别是在免耕田,需在秸秆覆盖前用广谱性除草剂杀灭田间杂草。

三、砂石覆盖栽培技术

(一)砂石覆盖的概念和分类

我国华北、西北干旱地区有砂田栽培的习惯。砂石覆盖是利用卵石、砾石、粗砂和细砂的混合体,在土壤表面覆盖一层厚度为 5~15 cm 的覆盖层。

1. 按灌溉条件分类

按照砂田的灌溉条件来分,有水砂田和旱砂田。

(1)水砂田　水砂田是指铺在有灌溉条件的水浇地上的砂田。水砂田寿命短,仅为 5~6 年,头 2 年为新砂田,第 3 年为中砂田,以后为老砂田。水砂田主要用于种植蔬菜、瓜果、棉花等经济价值较高的作物。这种砂田一般采用清砂覆盖,砂石覆盖层很薄。水砂田和土壤因灌溉易于混合,因而寿命短。老砂田的砂土混合比重增加,砂田作用逐渐消失,肥力下降,产量降低。因此一般使用 3~5 年后就需要起砂重新铺设。

(2)旱砂田 旱砂田是指铺设在无灌溉条件的旱地上的砂田,它仅靠自然降水进行生产。旱砂田寿命长,头 20 年为新砂田,20~40 年为中砂田,40~60 年及以上为老砂田,一般可达 40~60 年,甚至还有近百年的。随着使用年限的延长,旱砂田的砂土混合日益严重,增温、保墒、压盐碱的效果逐年降低,同时肥力也日渐下降。因此,新砂田性能好、地力高、效益好。

2. 按覆盖砂石成分分类

按覆盖砂石成分划分,有卵石砂田和碎石砂田。卵石砂田砂石一般为直径 0.5~10.0 cm 的卵石和砂粒的混合物。碎石砂田覆盖层是由大小不等、形状不规则的砾石、砂粒和细土混合而成,碎石砂田因其覆盖层含土量较多,雨后易板结,渗水性差,保墒、保温、压碱等效果也差。卵石砂田质量最优,结构疏松,不易板结,保墒保温性好,且便于耕作管理。据山西省农业科学院经济作物研究所刘学义观测,卵石在夜间降温时还具有凝聚水分的作用。

(二)砂石覆盖的生态效应

1. 砂石覆盖的温度调节作用

砂石覆盖(砂田)因砂石层颜色较深,地表凹凸不平,孔隙大、毛细管作用差,故在太阳辐射下吸热多,保温好,增温快。

2. 砂石覆盖的温度调节作用

农田覆盖砂石后,由于砂石层结构疏松,砂粒间孔隙大,渗透性好,因此降水就地渗入快,地面径流少,蓄水多。另外,砂石层覆盖,土壤蒸发失水少。据测定,与露地比较,铺砂田水分渗入率增加 9 倍,而蒸发量仅为露地的 1/5。

3. 砂石覆盖的其他作用

砂石覆盖具有保护土壤结构,防止土壤盐碱化的作用。砂石覆盖后,土壤可免遭水蚀、风蚀。在砂石覆盖下,土壤微生物数量增加,活性增强,促进了土壤有效养分的转化。在干旱少雨地区,砂石覆盖可明显减少土壤蒸发,还可有效地抑制土壤下层可溶性盐类向地表聚积。

(三)砂田的栽培管理技术

1. 砂田耕作

砂田的种类和种植的作物不同,耕作方法也不一样。新砂田用五齿耧,中砂田用耖耧,老砂田用老式犁在春播前纵横穿耕砂石层一次。这些耕作的目的就是疏松砂层,破除板结,增强降水入渗,减少蒸发。特别是在雨后,松砂尤其重要。

2. 施肥

砂田在铺砂时已经施肥,但随着使用年限的增长,砂田营养逐渐减少,因此必须施肥。砂田追肥可在植株旁边挖穴穴施,也可采用化肥溶液进行根际追施和根外追施。水砂田可在行间或株旁撒施化肥后,再灌水,使其渗入土中。

3. 播种

一些作物可直接播种在砂层下的土壤表层,另一些作物就必须扒开砂层,挖穴播种。播种后覆土盖平压实。种子播在砂层与土壤衔接处。

第四节 作物水分调节技术

一、灌溉定额及灌水方法

(一)灌溉定额

作物生育期间需要进行多次灌水,每次单位面积上的灌水量,称为灌水定额。各次灌水定额之和叫灌溉定额。它因作物种类、品种、自然条件及农业技术措施而异。在一定地区制定某一作物的灌溉定额,必须根据当地的丰产经验及灌溉试验资料,按水分平衡计算方法,即可制定出比较完善的灌溉定额方案。作物生育期内的灌溉定额,一般采用下列公式平衡计算。

$$M = E - P_0 - (W_0 - W + K)$$

式中:M 为灌溉定额(m^3/hm^2);E 为全生育期作物田间需水量(m^3/hm^2);P_0 为全生育期内有效降雨量(m^3/hm^2);W_0 为播种前土壤计划层的原有储水量(m^3/hm^2);W 为作物生长期末土壤计划层的储水量(m^3/hm^2);K 为作物全生育期内地下水利用量(m^3/hm^2)。

制定灌水定额应收集以下资料:①当地作物田间耗水量。②作物不同生育时期土壤计划湿润层深度,适宜土壤含水量及其允许的最大、最小含水率。③估算生育期中的有效降雨量。④根据资料估算地下水补给量。

(二)灌水方法

1. 地面灌溉

地面灌溉是指水在田面流动或蓄存的过程中,借重力和毛管作用湿润土壤的灌水方法。

(1)畦灌 将田块用畦埂分隔成若干平整的小畦,水从输送沟或毛渠流入畦田,水层沿田面坡度流动,逐渐湿润土壤。

(2)沟灌 在作物行间开沟灌水,水在流动过程中借重力和毛管作用向沟的两侧和沟底浸润土壤。一般宽行距中耕作物(如棉花、玉米等)和薯类作物(甘薯等)多采用沟灌。

(3)淹灌 在田面保持一定深度水层,水在重力作用下不断向土壤中渗透,满足作物生长的需要,稻田广泛采用这种灌溉方式。

2. 地下灌溉

地下灌溉是利用埋设在地下的管道,将灌溉水引入作物的根系吸收层,借毛细管作用,自下而上湿润土壤的灌溉方法。这种方法具有湿润土壤均匀、湿度适宜、地面蒸发少、节约用水、灌水效率高的优点,在干旱缺水地区有较大发展前途。

3. 喷灌

利用水泵和管道系统,在一定压力下,把水喷到空中,散为细小水滴,如同降雨一样湿润土壤的灌水方法。喷灌可根据作物的需水规律,灵活掌握洒水量,并可控制喷灌强度,使地面基本不发生径流,不破坏土壤结构,能调节土壤水、肥、气、热状况,改善田间小气候,同时可冲掉作物茎叶上的尘土,有利于作物呼吸和光合作用。因此,喷灌有节水、增产的效果,与沟、畦灌相比,一般可省水 20%~30%,增产10%~20%,并适用于起伏不平的地形。它的缺点是需要消耗动力,投资较高,灌水质量受风力影响较大。

4. 滴灌

利用低压管道系统把水或溶有化肥的水溶液,经过滴头均匀地输送到作物主要根系分布区,使作物主要根系分布区经常保持在最优状态的一种先进灌溉技术。滴灌有省水、省工、省地、增产的效果。

二、排水技术

排水的目的在于除涝、防渍,防止土壤盐碱化,改良盐碱地、沼泽地等。通过调整土壤水分状况调整土壤通气和干湿状况,为作物正常生长、适时播种和田间耕作创造条件。

(一)农田排水的作用

1. 除涝、防渍

除涝可以防止作物受淹减产,旱地作物一般不能受淹,棉花、小麦等作物,10 cm 水深淹一天就要减产。防渍排水是通过降低地下水位,减少根系活动层中过多的土壤水。

2. 宜于耕作

在土壤含水量适宜时进行土壤耕作，不但效率高，而且质量好。实践证明，耕作层的土壤含水率占田间持水率的60%～70%，地下水位埋深在2～3 m及以下时，灌水后2～3 d进行中耕松土，最为适宜。当地下水位较高时，表土过湿，大型耕作机械不能下田。因此，要求将地下水位降低到一个适宜的深度。

3. 防治盐碱化

为了预防灌溉区土地次生盐渍化和改良盐碱土，要求通过排水措施将地下水位控制在一定的深度，这一水位埋深称为地下水临界深度，它的含义是在当地条件下能够防止根系活动层发生盐分积累的地下水允许的最小埋深。

（二）排水方式

农田排水方式一般有水平排水、垂直排水两种。水平排水主要指明沟排水和地下暗管排水，垂直排水也叫竖井排水。明沟排水就是建立一套完整的地面排水系统，把地上、地下和土壤中多余的水排除，控制适宜的地下水位和土壤水分。暗管排水是通过埋设地下暗管（沟）系统，排除土壤多余水分。竖井排水是在较大的范围内形成地下水位降落漏斗，从而起到降低地下水位的作用。

第五节　作物施肥技术

一、施肥原则

施肥是为了培肥土壤和供给作物正常生长所需要的营养。施肥时应综合考虑作物的营养特性、生长状况、土壤性质、气候条件、肥料性质。经济科学施肥应遵循用养结合的原则、需要的原则和经济的原则。

（一）用养结合的原则

除绿肥作物外，种植各种作物均消耗地力。为了既获得作物高产，又维持地力，必须施肥。各种肥料中有机肥是一个多种"养分库"，对土壤的物理性质、化学性质和生物性质的改善具有良好的作用。因而必须采用有机肥和无机肥结合，用地与养地相结合，才能在提高作物产量的同时又培肥土壤。

(二)需要的原则

由于作物对营养元素的吸收具有选择性和阶段性,因而施肥时应考虑作物的营养特性和土壤的供肥性能,根据作物生长所需选择肥料的种类、数量和时期合理施肥。特别是在作物营养临界期和作物营养最大效率期应及时追肥,满足作物增产的需要,提高肥料利用率。

(三)经济的原则

一般来说,施肥可以增产,但并不是施肥越多,增产幅度越大,经济效益越高。在生产条件相对稳定的情况下,施肥还存在一个报酬递减的问题。当只偏重供给某一种营养元素时,肥效降低,还会对作物产生毒害作用。因此,施肥时应注重营养元素的合理配比,充分发挥营养元素间的互补效应;在提高肥料利用率的同时,还应发挥肥料的最大经济效益。

测土配方施肥就是当前我国大力推广的科学施肥技术,即通过对土壤采样和化验分析,以土壤测试和田间试验为基础,根据作物需肥规律、土壤供肥性能和肥料效应,在合理施用有机肥料的基础上,提出氮、磷、钾及中、微量元素等肥料的施用品种、数量,施肥时期和施用方法,以最经济的肥料用量和配比,获取最好的农产品产出的科学施肥技术。实行测土配方施肥不但能提高化肥利用率,获得稳产高产,还能改善农产品质量,是一项增产、节肥、节支、增收的有效措施。

二、影响施肥效果的因素

(一)气候条件

温度、雨量等因素影响作物对养分的吸收和肥料在土壤中的变化以及肥效发挥的快慢。在一定的温度范围内,温度升高,作物呼吸作用加强,吸收养分也增加。低温条件明显影响作物对氮的吸收,对磷、钾的吸收影响较少。低温季节多施磷、钾肥,可以增加作物的抗逆性;过高的温度,可严重影响作物对养分的吸收。降雨量也直接影响土壤水分和作物根系对肥料的吸收。如雨水过多,可稀释土壤溶液的浓度,加速养分淋失,降低肥效。若雨水过少,造成土壤干旱,引起土壤溶液的浓度过高,可影响作物根系对肥料的吸收和作物的生长。此外,日照与作物吸收养分的关系也很大,作物在有充足光照的条件下,光合作用较强,新陈代谢旺盛,吸收养分较多,反之吸收养分则少。

(二)土壤条件

施肥供给作物养分,除根外追肥外,都要通过土壤才能被作物吸收。土壤的特性直接影响作物对营养物质的吸收,也影响肥料在土壤中的变化和施肥效果。土壤保肥性能与土壤类型有关。质地疏松的沙土保肥性差,施肥应少量多次,多施有机肥,改善土壤理化性质,增强保肥性。质地黏重土壤的保肥性好,施肥量可适当增加,次数相应减少。

(三)作物营养特性

作物对养分的吸收具有选择性。不同作物或同一作物的不同器官,其营养元素的含量有较大差别。同时,作物在不同生育时期所需营养元素的种类、数量也有不同。

三、肥料的种类

肥料的分类方法很多,作物生产上,一般把肥料分为有机肥料、化学肥料和微生物肥料。

(一)有机肥料

属迟效性肥料,包括农家的各种废弃物,如人畜粪尿、厩肥、堆肥、沤肥、油饼以及绿肥、秸草、塘泥等。这类肥料的主要特点是来源广、成本低、养分含量全、分解释放缓慢、肥效长,可改良土壤的理化性状,提高土壤肥力。作物在分解有机质过程中,还能生成二氧化碳,有利于光合作用,适于各种土壤和作物施用。

(二)化学肥料

根据化肥中所含的主要成分,化学肥料可分为氮肥、磷肥、钾肥、复合肥料和微量元素肥料等。化学肥料属于速效性肥料,易溶于水,肥效高,肥效快,能为作物直接吸收利用。

(三)微生物肥料

常用的有根瘤菌、固氮菌、抗生菌、磷细菌和钾细菌等。微生物肥料的作用在于通过微生物的生命活动,增加土壤中的营养元素。在施用上应注意与有机肥料、无机肥料配合,并为微生物创造适宜的生活环境,以发挥其肥效。

四、施肥方法

(一)基肥

一般以有机肥料作基肥,适当配合化学肥料施用更为有效。在土壤耕翻前均匀撒施,耕翻入土,使土肥相融,供作物整个生长期间养分所需。

（二）种肥

有机肥料、化学肥料、微生物肥料均可作种肥，但有机肥料作种肥，必须沤制腐熟，并可混合化肥施用。在播种前把肥料施入播种沟内，或播后盖种。半腐熟有机肥或施肥量多，不能直接与种子接触，应做到肥、种隔离，以免烧芽、烧根，影响出苗。用化学肥料作种肥，可采用浸种、拌种或在播种时施入的方法，其作用是供作物幼苗生长时的养分需要。

（三）追肥

追肥指按照作物的需肥特点，在不同生育时期施入的肥料。其作用是供给作物各个生育时期所需的养分，同时也可减少肥料的损失，提高肥料的利用率。一般根据化学肥料的性质，采用不同方式进行追肥，生产上常用的有深层追肥、表层追肥和叶面追肥（根外追肥）。

第六节　作物保护及调控技术

一、杂草危害及其防控

（一）杂草的定义及危害

杂草一般是指农田中非有意识栽培的植物。在一定的条件下，凡害大于益的植物都可称为杂草，均属防治的对象。田间杂草是影响作物产量的灾害之一，防除杂草是一项艰巨而重要的工作。

杂草的主要危害表现为：①杂草与作物争光、争水、争肥和争空间，影响作物的生长发育，降低作物的产量和品质。②一些杂草是病菌害虫的中间寄主和越冬场所，杂草丛生可加重病虫传播。③除草工作增加用工，会提高生产成本。④某些有毒杂草对人畜有直接毒害作用，影响人畜安全。

（二）杂草的生物学特点

1. 适应能力强

杂草适应性强，可塑性强，抗逆性也强。生态条件苛刻时，生长量极小，而条件适宜时，生长极繁茂，且都会产生种子。

2. 拟态性强

杂草与作物形态极为相似，常与作物伴生。如稗草与水稻，谷莠子与谷子，亚麻荠与亚麻等。

3. 种子生命力强

杂草种子寿命长,在田间存留时间长;发芽出苗期不一致,从作物播种前到作物成熟后,都有杂草种子发芽出苗;杂草植株结实多,落粒性强,并且传播方式多样。

(三)杂草防除方法

1. 人工防除

(1)控制杂草种子入田　精选播种材料,以减少田间杂草来源;用杂草沤制农家肥时,应将含有杂草种子的农家肥高温堆沤 2～4 周,杀死其发芽力后再用;严格杂草检疫制度,特别注意国内没有或尚未广为传播的杂草,必须严格禁止输入或严加控制,防止扩散。

(2)人工除草　结合农事活动,在杂草萌发后或生长时期直接进行人工拔除或铲除。

2. 化学防除

化学防除是利用化学农药防除杂草的方法。其主要特点是高效、省工、增产,还可免去繁重的田间除草劳动。

(1)除草剂的种类　除草剂的种类很多,按除草剂对作物与杂草的作用,可分为两类。①选择性除草剂。利用其对不同植物的选择性,能有效地防除杂草。它只杀死杂草或某些种类杂草,而不伤害作物,如敌稗、灭草灵、2 甲 4 氯、杀草丹等。2 甲 4 氯等用于禾谷类作物的叶面喷施,可防除阔叶杂草和沙草科杂草;敌稗、除草醚用于水稻田,按照一定的药量、时期和方法,可杀死稗草,而不伤害秧苗。②非选择性(灭生性)除草剂。这类除草剂能够杀死与之接触的所有植物,对植物缺乏选择性,草与作物均会受害。它不能直接喷到作物生长的农田,多用于休闲田、田边、地埂等处除草。如五氯酚钠、氯酸钠等。

选择性除草剂与非选择性除草剂的除草作用是相对而言的,当除草剂使用剂量较大时,选择性除草剂也可杀死作物。

(2)除草剂的使用方法　除草剂的使用包括两个方面:①土壤处理。将化学除草剂施于土壤,药剂通过杂草的根、芽鞘或地下胚轴等部位吸收而产生毒效。一般在播种前(或移栽前)或播种后出苗前施药。②茎叶处理。将除草剂直接喷洒在生长的杂草植株上。根据农田施药时期,又可分为:a. 播种前茎叶处理,即在农田尚未播种或作物移栽前,把药剂喷洒在已长出的杂草上,用灭生性除草剂直接杀死田间杂草;b. 作物生长期间的茎叶处理,在作物出苗以后,用选择性较强的除草剂,在杂草对药剂反应敏感而作物安全的时期施药，杀草效果最佳。另外，两者可以结合起来施用，如土壤处理与叶面喷施相结合施用，效果更好。

二、作物虫害及其防治

作物虫害主要是由有害昆虫蛀食所致，其次是由有害的螨类及软体动物引起的危害。为确保作物的产量和品质，需要对虫害进行有效的防治。

（一）害虫对作物的危害

危害作物的害虫按口器可分为咀嚼式害虫和刺吸式害虫。

1. 咀嚼式害虫对作物的危害

这类害虫危害的共同特点是造成明显的机械损伤，使作物组织或器官的完整性受到破坏。对作物的危害表现为：

（1）营养器官受损　害虫取食植物幼嫩的生长点，使顶尖停止生长甚至死亡；取食叶片的两层表皮间的叶肉，形成各种透明的虫道或形成箩底状凹洞；将叶片咬成不同形状和大小的孔洞、缺刻，严重危害时将叶肉吃光，仅留叶脉和大叶脉，甚至将植株吃成光秆。

（2）生殖器官受损　大豆食心虫和豆荚斑螟可蛀入豆荚内取食豆粒，使果实或籽粒受害、脱落或品质下降。棉铃虫等害虫还取食棉花花蕾、棉铃，造成落蕾、落铃。

（3）造成缺苗断垄　蝼蛄、蛴螬、地老虎、金针虫等地下害虫咬食作物地下的种子、根茎和根部，常常造成种子不能发芽，幼苗大量死亡，大田缺苗断垄。

2. 刺吸式害虫对作物的伤害

（1）直接伤害　刺吸式害虫用口针刺入植物组织对作物进行危害。被害部位叶绿素减少，以后逐渐变成黄褐色或银白色斑点，有的出现芽或叶片卷曲、皱缩现象，严重时甚至出现部分器官或整株枯死的情况。

（2）间接伤害　刺吸式害虫是植物病害，特别是病毒病的重要传播媒介。这些昆虫的发生数量可能不足以给植物造成直接伤害，但传毒带来的间接伤害很严重。

（二）害虫防治方法

害虫的防治应贯彻“预防为主，综合防治”的植保方针。在综合防治中要以农业防治为基础，因地制宜，因时制宜，合理运用化学防治、生物防治、物理防治等措施，达到经济、安全、有效地控制虫害的目的。

1. 植物检疫

植物检疫又称法规防治，它是由国家颁布法令，对植物及其产品，特别是种子、苗木、接穗等繁殖材料进行管理和控制,明令禁止某些局部地区发生的危险性病、虫、草蔓延传播,并采取各种紧急措施,就地消灭。植物检疫对保护国家或地区的农业生产,防止由国外传入病虫害以及防止疫情扩大蔓延,具有十分重要的意义。

2. 农业防治

(1)选用抗虫或耐虫品种　利用作物的耐害性和抗虫性等防御特性,培育和推广抗虫品种,发挥其自身因素对害虫的调控作用,是最经济有效的防治措施。

(2)合理布局　农作物合理布局可以切断食物链,使某一世代缺少寄主或营养条件不适,从而抑制害虫发生。轮作对单食性或寡食性害虫可起到恶化营养条件的作用,如稻麦轮作可抑制地下害虫、小麦吸浆虫的危害。合理的间作、套作也可抑制虫害的发生。

(3)加强栽培管理　调节播种期、科学管理肥水、中耕、整枝等措施可直接杀灭或抑制害虫危害。如采用早春灌水可淹死在稻桩中越冬的三化螟老熟幼虫;利用棉铃虫的产卵习性,结合棉花整枝打去顶心和边心,可消灭虫卵和初孵幼虫。

(4)改变害虫生态环境　改变害虫生态环境是控制和消灭害虫的有效措施。稻飞虱发生期,结合水稻栽培技术要求,进行排水晒田,降低田间湿度,在一定程度上可减轻发生量。

3. 化学防治

化学防治是当前国内外采用最广泛的防治手段,在今后相当长一段时间内,化学防治在害虫综合防治中仍将占有重要的地位。化学防治杀虫快,效果好,使用方便,不受地区和季节性限制,适于大面积机械化防治,但容易造成环境污染,对人畜产生危害。

4. 生物防治

狭义的生物防治是指利用天敌防治害虫,广义的生物防治是利用某些生物和生物代谢产物来控制害虫种群数量,达到压低或消灭害虫的目的。生物防治包括以虫治虫、以微生物治虫、以激素治虫、以其他动物或植物治虫等。此外,还有利用生物有机体的活性物质及昆虫不育等方法,控制害虫危害。生物防治对人、畜和植物比较安全,对环境污染轻,对农业的可持续发展和环境保护非常有利,具有广阔的发展前景。

5. 物理防治

应用各种物理因子如光、电、色、温湿度等以及机械设备来防治害虫的方法,称为物理机械防治法。利用害虫的趋性或其他习性对害虫进行诱集和诱杀是最常用的方法,如利用黑光灯、双色灯、高压汞灯进行灯光诱杀,利用杨柳树枝把诱杀棉铃虫成虫等。

三、作物病害及其防治

(一)作物病害及其症状

作物病害是作物由于受到病原物或不良环境条件的持续干扰,在生理上和外观上表现出异常的状态。其症状主要有变色、病斑、腐烂、萎蔫、畸形等。

1. 变色

作物植株患病后局部或全株失去正常的绿色或发生颜色变化,称为变色,如黄化、花叶、红叶等。

2. 病斑

作物的细胞或组织受到破坏而死亡,出现各种各样的病斑。有的病斑上的坏死组织脱落后,形成穿孔。病斑可以不断扩大或多个联合,造成叶枯、枝枯、茎枯、穗枯等。

3. 腐烂

作物细胞和组织受病原菌的破坏和分解可发生腐烂。根据腐烂的部位,可分为根腐、基腐、茎腐、花腐、果腐等。幼苗的根或茎腐烂,导致地上部分迅速倒伏,称为猝倒,如地上部分枯死但不倒伏,称为立枯。

4. 萎蔫

萎蔫有生理性萎蔫和病理性萎蔫之分。生理性萎蔫是由于土壤含水量过少,或高温时蒸腾作用过强而使作物暂时缺水,若及时供水,则作物可以恢复正常。病理性萎蔫是指作物根系或茎的维管束组织受到破坏而发生供水不足的凋萎现象,如黄萎、枯萎、青枯等。

5. 畸形

作物受害后,受害部位组织或细胞生长受阻或过度增生而造成畸形。植株可出现矮缩、矮化,或植株叶片变成皱缩型、卷叶型、蕨叶型,或形成肿瘤、产生丛枝或发根。

(二)作物病害的类型

根据病因类型通常把作物病害分为传染性病害和非传染性病害。

1. 传染性病害

传染性病害也称寄主性病害,是由生物病原物引起的病害,该病原物能够在植株间传染。引起传染性病害的病原物有真菌、细菌、病毒、线虫及寄生性种子植物等。常见的真菌病害有小麦锈病、玉米黑粉病、甘薯黑斑病、棉花枯萎病等;细菌病害有水稻白叶枯病、甘薯瘟;病毒病害有烟草花叶病、马铃薯病毒病、水稻矮缩病等;线虫病害如大豆胞囊线虫病、小麦线虫病、花生根结线虫病等;寄生植物病害如菟丝子。

2. 非传染性病害

非传染性病害也称非寄生性病害或生理性病害,是由不适宜的环境因素引起的病害。该类病害没有病原生物参与,在植株间不会传染。非传染性病害的发生,主要与不合理的耕作、水肥管理以及不适宜的气候条件有关,通过改进和完善栽培技术,创造一个适宜的环境条件和消除有害因素的影响,可减少病害的发生。

3. 两种病害的关系

非传染性病害和传染性病害的病原虽然各不相同,但两类病害之间的关系非常密切,在一定的条件下可以相互影响。非传染性病害可以降低寄主作物对病原物的抵抗能力,常常诱发或加重传染性病害。如麦苗受春冻后诱发根腐病引起烂根可造成麦苗陆续死亡。另一方面,传染性病害也可为非传染性病害的发生创造条件,如小麦锈病发生严重时,病部表皮破裂易丧失水分,浇水不及时易受旱害。

(三)作物病害防治方法

1. 植物检疫

植物检疫的目的是杜绝危险性病原物的输入和输出,以保护农业生产。植物检疫不是对所有的重要病害都要实行检疫,要根据危险性病害、局部地区发生、由人为传播这 3 个条件制定国内和国外的检疫对象名单。

2. 化学防治

用于防治植物病害的农药统称为杀菌剂,包括杀真菌剂、杀细菌剂、杀病毒剂和杀线虫剂。杀菌剂具有高效、速效、使用方便、经济效益高等优点,但使用不当可对作物产生药害,引起人畜中毒,杀伤有益微生物,导致病原物产生抗药性,农药的高残留还可造成环境污染。因此,要恰当地选择和喷施农药,正确发挥农药的作用。

3. 生物防治

生物防治主要是利用有益微生物或其产品防治病害的方法。其原理是利用微生物间的拮抗作用、寄生作用、交互保护作用。利用拮抗作用应用较广的有井冈霉素、四环素、链霉素等。对植物病原物有寄生作用的微生物很多,如噬菌体对细菌的寄生,病毒、细菌对真菌的寄生,真菌对线虫的寄生等。在寄主植物上接种亲缘相近而致病力弱的菌株,以保护寄主不受致病力强的病原物的侵害,这种现象称为交互保护现象。

4. 物理防治

物理防治主要利用热力、冷冻、干燥、电磁波、超声波、核辐射、激光等手段抑制、钝化或杀死病原物,达到防治病害的目的。物理防治常用于处理种子、无性繁殖材料。带病种子需进行处理,可采用筛选、风选等方法除去混杂的菌核、菌瘿、虫瘿、病原植物残体及病、瘪籽粒等,对于表面和内部带菌的种子则需要进行如温汤浸种把病害除去。

5. 农业防治

农业防治可协调农业生态系统中的各种因素,使有利于作物的生长发育而不利于病害的发生发展。农业防治方法很多,如可选育和利用抗病品种、选用无病播种材料、水旱轮作、中耕除草、加强田间管理等都能减少病害的发生和扩散。

四、作物的化学调控技术

作物化学控制是指应用植物生长调节剂,通过影响植物内源激素系统,调节作物的生长发育过程,使其朝着人们预期的方向和程度发展的技术。

(一)植物生长调节剂分类

1. 植物生长促进剂

植物生长促进剂是指可以促进茎顶端分生组织的细胞分裂、分化以及亚顶端分生组织细胞延长的化合物,可促进营养器官的生长和生殖器官的发育。常用的植物生长促进剂有:生长素类的吲哚丁酸(IBA)、赤霉酸(GA_3)、萘乙酸(NAA),细胞分裂素类的 6-苄氨基嘌呤(6-BA)、吡效隆(4PU-30,氯吡脲)、噻唑隆等,另外还有三十烷醇(TRIA)、油菜素内酯(BR)等。

2. 植物生长抑制剂

植物生长抑制剂阻碍顶端分生组织细胞核酸和蛋白质的生物合成,抑制顶端分生组织细胞的伸长和分化,使顶端优势丧失,侧枝数目增加,叶片变小。植物生长抑制剂分为两大类:一类是生长抑制剂和摘心剂,如青鲜素。另一类是抗生长素类及生长素运转抑制剂,如三碘苯甲酸(TIBA)、整形素(氯甲丹)。一般情况下,外施生长素可逆转抗生长素类及生长素运转抑制剂的效应。由于脱落酸可以抑制促进型植物激素(生长素、赤霉素、细胞分裂素)所调节的生理过程,故也将其归为植物生长抑制剂。

3. 植物生长延缓剂

植物生长延缓剂抑制茎尖亚顶端分生组织区的细胞分裂和扩大,但对顶端分生组织不产生作用,只使节间缩短,而叶片数目、节数及顶端优势保持不变。常用的植物生长延缓剂有矮壮素(CCC)、缩节胺(DPC,甲哌嗡)、多效唑、烯效唑、乙烯利等。

（二）生长调节剂对作物的作用

1. 打破休眠

应用赤霉素等处理种子，可打破休眠，促进萌发，提高种子发芽率，使出苗早而壮。

2. 培育壮苗

多效唑、矮壮素和缩节胺采用种子处理（浸种、拌种或包衣）和苗期叶面喷施具有培育壮苗的作用；小麦拔节期施用多效唑、玉米施用玉米健壮素、棉花使用缩节胺、花生施用比久、大豆施用三碘苯甲酸等可以控制其徒长，培育壮苗。

3. 促进籽粒灌浆

如在水稻、小麦开花末期或灌浆初期，以一定浓度的萘乙酸等喷洒叶片，可以增加粒数，促进灌浆，增加千粒重，提高产量。

4. 促进结实

如棉花上施用赤霉素、辣椒上使用萘乙酸等可促进其结实。

5. 促进成熟

果实的发育受激素的控制。内源激素细胞分裂素有延缓衰老的作用，乙烯和脱落酸能加速衰老，促进成熟。特别是乙烯对促进果实成熟效果明显，常被称为"成熟激素"。乙烯释放剂——乙烯利不仅能对果蔬作物的果实起催熟作用，而且可用于棉花、烟草和水稻等作物。

（三）作物化学调控的生产意义

1. 提高产量

玉米防倒伏调节剂（如健壮素）由于缩短了节间、降低了株高、延缓了营养器官的生长，使得同化物向生殖器官的分配增加，因而往往降低群体的空秆率。如果与增加密度相结合，可使单位面积产量明显提高。棉花经过缩节胺系统化控后，株型和群体结构比较合理，一般下位铃和内位铃的成铃率较高，有效铃数较多。

2. 改善品质

应用化控技术是改善品质的有效途径。甜菜合理使用增甘膦，可使叶片蔗糖运转到根部，促进根的生长，可提高糖分 $0.4\%\sim1.6\%$（绝对值）。水果正确使用植物生长调节剂，可以改善苹果、葡萄、柑橘等果实的外观品质、营养品质和食用品质。

3. 提高劳动效率

作物化学调控技术为实现劳动生产率的提高提供了有效的手段和途径。例如，棉花种植中打顶整枝和人工收获两道工序特别费工，目前我国植棉技术较先进的新疆棉区每公顷用工约 225 个工日,而美国棉花每公顷的用工约 6 个工日。这种悬殊差距的原因主要是机械化程度的高低,要实现机械采棉,就必须使用化学脱叶剂、催熟剂和干燥剂等植物生长调节剂。

(四)合理使用植物生长调节剂

植物生长调节剂的种类繁多,功效各异,被植物吸收、运输、钝化、降解与转化的方式也千变万化,作用效果还受到环境条件的影响。因此,在使用调节剂时,应根据使用目的,选择适当的药剂种类及剂型,考虑气候条件的变化,确定使用的时期、浓度、部位和方法,从而达到预期的目的,取得最大的经济效益。

1. 考虑不同作物和不同品种的敏感性

就降低株高、防止倒伏而言,小麦、玉米、棉花各有其适用的调节剂。如小麦为多效唑,棉花为缩节胺,玉米为乙烯利。小麦对缩节胺的敏感性低;棉花对多效唑过于敏感,容易出现药害;玉米拔节后对缩节胺和多效唑的敏感性均很低。同一作物的不同品种对调节剂的敏感性也有差异,如不同小麦品种对矮壮素的反应不同。

2. 植物生长调节剂应用时期的确定

植物生长发育的阶段不同,对调节剂反应的敏感性有差异。如防止小麦倒伏,应在小麦起身至拔节前应用延缓剂处理,以使其基部节间的伸长生长过程完全处于延缓剂的作用期内。水稻和小麦的化学杀雄,以在单核期(花粉内容充实期)施用化学杂交剂效果最佳,不实率在 95% 以上。乙烯利催熟棉花,应在棉田大部分棉铃的铃龄达到 45 d 以上后进行处理。

3. 植物生长调节剂应用浓度的确定

地区、作物、长势、目的、方法不同,调节剂的使用浓度也不同。浓度过低,不能产生应有的效果;浓度过高,会破坏植物的正常生理活动,甚至产生药害。如在棉花苗床上应用缩节胺培育壮苗,使用数量为 20 mg/L 左右,而在花铃期防止徒长、塑造株型,则需要喷施 200～300 mg/L。

4. 考虑环境因素对植物生长调节剂效果的影响

环境因素对植物生长调节剂吸收、运输、代谢的影响很大,因而应用化学控制技术时必须考虑当时当地的环境条件。光照条件好,光合作用旺盛,有利于植物吸收和运输植物生长调节剂。温度高一般有利于调节剂作用的发挥,乙烯利的分解直接受到温度的影响,棉花生育后期应用乙烯利催熟时,必须保证有几天的日最高气温在 20℃以上。

5. 应用生长调节剂要与栽培措施相结合

多效唑处理的稻苗分蘖多,分蘖发生早而快,始蘖期较对照提早 3～5 d。因此,早施、重施分蘖肥,尤其是多施磷、钾肥对多效唑促蘖成穗有很大作用。植物生长延缓剂防止玉米倒伏需要与增加密度相结合,才能既防倒,又增产。

五、人工控旺技术

作物生产中常常出现营养(枝叶)生长过旺的现象,若不及时调节控制,将导致产品数量和质量下降。

(一)镇压

镇压主要用于麦类作物。麦苗在苗期出现旺长时,可用木碌或其他工具镇压,使地上部麦苗受损,控制地上部生长,促进根系生长。压苗时要掌握好时间,一般应在拔节前进行;若拔节后压苗,其弊大于利。

(二)深中耕

深中耕主要用于禾谷类作物的前期,目的在于控制叶蘖生长,造成小分蘖死亡,增加分蘖成穗。一般采用人工或简单机械松土的办法,使植株周围的土壤松动,切断部分根系,减少营养和水分的吸收,减缓植株生长,从而达到控旺的目的。

(三)晒田

晒田是水稻特有的先控后促的高产技术措施,其作用是更新土壤环境,促进根系发育,抑制茎叶徒长和控制无效分蘖。生产上在田间总茎数达到预期的穗数时即可晒田,叫作"够苗晒田",一般在水稻对水分不太敏感的分蘖末期至幼穗分化初期进行排水晒田。植株长势旺,早晒重晒,反之则迟晒、轻晒或不晒。

(四)整枝

整枝指摘除无效侧枝、芽,主要在棉花和豆类作物上应用较多。在棉花、大豆和蚕豆等的植株上,有一些不结果的叶枝、无效枝等,它们消耗大量养分,并造成铃荚大量脱落。因此,对这些枝(芽)的及时摘除,不但减少营养消耗,而且可以改善株间通风透光状况。

(五)打顶(摘心)

无限花序作物在整个生长发育期间,只要顶芽不受损,均能不断分化出新的枝叶。摘除主茎顶尖,能消除顶端优势,抑制茎叶生长,使养分重新分配,减少无效果枝和叶片,促进生殖器官的生长发育,提高铃(荚)数和铃(粒)重。摘心适用于正常和旺长田块,一般在开花期进行,宜摘去顶尖1叶1心部分。作物不同,摘心时期略有差异,棉花、蚕豆宜在初花期,大豆宜在盛花期摘心。棉花除打顶外,果枝顶端也要摘除(称为打边心)。

（六）打（割）叶

采用手摘或刀割的办法，去掉一部分叶片，减少叶片的消耗，改善田间通风透光条件，这样有利于生殖器官的生长发育。例如，棉花、油菜、豆类等出现茎叶旺长时，可采取人工摘去中基部的老叶，以缓解营养器官和生殖器官争夺养分的矛盾，改善植株的通气透光条件，促进花蕾的发育。

第七节　收获与贮藏

一、收获时期

适时收获有利于作物的高产、优质、高效。作物收获不及时，往往会因气候条件发生改变，如阴雨、低温、干旱、暴晒等造成发芽、霉变、落粒、工艺品质下降等，并影响到后茬作物的播种或移栽。收获过早则会因作物未达到成熟期，使得作物产量下降和品质变劣。因而，掌握作物适时收获特别重要。

作物的成熟，可分为生理成熟和工艺成熟。作物的收获期，根据作物种类、产品用途、品种特性、休眠期、落粒性、成熟度、天气状况而定。同一作物的收获期也因种植季节和地区、市场价格、贮藏时间等的不同而有所不同。

（一）种子、果实的收获期

禾谷类、豆类、花生、油菜、棉花等作物其生理成熟期即为产品成熟期。禾谷类作物穗子各部位种子成熟期基本一致，可在蜡熟末至完熟期收获。棉花、油菜等由于棉铃或角果部位不同，成熟度不一；棉花在吐絮时分批收获，油菜以全田70%～80%植株的角果呈黄绿色、分枝上部尚有部分角果呈绿色时收获。花生以大部分荚果饱满、中部及下部叶片枯落，上部叶片和茎秆转黄为收获期。豆类以茎秆变黄，植株中部叶片脱落，豆荚变黄褐色，籽粒变硬呈品种固有颜色时收获。

（二）块根、块茎的收获期

甘薯、马铃薯、甜菜的收获物为营养器官，地上部茎叶无显著成熟标志，一般以地上部茎叶停止生长并逐渐变黄，地下部贮藏器官基本停止膨大，干物重达最大时为收获适期。同时还应结合产品用途，气候条件而定。甘薯在温度较高时收获不易安全贮藏；春马铃薯在高温时收获，芽眼易老化，晚疫病易蔓延。

（三）以茎、叶为产品的收获期

甘蔗、烟草、麻类等作物的产品也为营养器官,其收获常常是以工艺成熟为收获适期。甘蔗是在外观上蔗叶变黄时收获,同时结合糖厂开榨时间,按品种特性分期砍收。烟叶是由下往上逐渐成熟,其特征是叶色由深绿变成黄绿,厚叶起黄斑,叶片茸毛脱落,有光泽,茎叶角度加大,叶尖下垂,主脉乳白、发亮变脆时达工艺成熟期。麻类作物以中部叶片变黄,下部叶脱落为工艺成熟期。

二、收获方法

（一）刈割法

禾谷类作物多采用此法收获。目前,我国部分地区仍以人工收获为主,用镰刀收获后再进行人工或机械脱粒。在机械化程度较高的地区,多采用联合收割机收获。另外,有些豆类、饲用作物也用刈割法收获（见二维码6-3）。

二维码 6-3
收获机械

（二）采摘法

棉花、绿豆等作物收获用此法。棉花植株不同部位棉铃吐絮期不一,需分期分批人工采摘,也可在收获前喷施乙烯利,然后用机械统一收获。机械收获要求棉株有一定的行株距、生长一致、株高适宜、棉花吐絮期气候条件良好。绿豆收获根据果荚成熟度,分期分批采摘,集中脱粒。

（三）掘取法

甘薯、马铃薯、甜菜等作物,先将作物地上部分用镰刀割去,然后用锄头挖掘或用犁翻出块根或块茎。采用薯类收获机或收获犁,不仅收获效率高,而且薯块损坏率低,作业前应除去薯蔓。大型薯类收获机可将割蔓和掘薯作业一次完成。甜菜收获可用机械起趟,并要做到随起、随捡、随切削（切去叶与青皮）、随埋藏保管等连续作业,严防因晒干、冻伤造成甜菜减产和变质。

三、收获物的粗加工

作物产品收获后至贮藏或出售前,进行脱粒、干燥、去除夹杂物、精选及其他处理称为粗加工。粗加工可使产品耐贮藏,增进品质,提高产品价格,缩小容积而减少运输成本。

（一）脱粒

脱粒的难易及脱粒方法与作物的落粒性有关。易落粒的品种，容易自行脱粒，也易受损失。脱粒法有简易脱粒法，如使用木棒等敲打使之脱粒；机械脱粒法，如禾谷类作物刈割后除人工脱粒外，可用脱粒机脱粒。

（二）籽粒干燥

干燥的目的是除去籽粒内的水分，防止因水分含量过高而发芽、发霉、发热，造成损失。干燥的方法有自然干燥法和机械干燥法。自然干燥法利用太阳干燥或自然通风干燥，生产中多用这种方法。机械干燥法利用鼓风和加温设备进行干燥处理，降水快，工作效率高，但操作技术要求严格，这种方法多用于规模化生产。加热干燥应注意：切忌将种子与加热器接触，以免种子烤焦、灼伤；严格控制种温；种子在干燥过程中，一次除水不宜太多；经烘干后的种子，需冷却到常温后才能入仓。

（三）去杂

籽粒干燥后，除去夹杂物，使产品纯净，以便利用、贮藏和出售。去杂通常利用自然风或风扇风扬的方法除去杂物。进一步的清选可采用风筛清选机，通过气流作用和分层筛选，获得不同等级的种子。

（四）分级、包装

农产品分级包装标准化，可提高产品价值，更符合市场的不同需要，尤其易腐性产品，可避免运输途中遭受严重损害而降低商品价值。如棉花必须做好分收、分晒、分藏、分轧、分售等"五分"工作，才能保证优质优价。

（五）烟、麻类粗加工

烟、麻类作物产品必须经初步加工调制后才能出售。烟草因种类不同，初制方法也不同。晒烟是利用自然光、温湿度使鲜叶干燥定色，有的还要经发酵调制，产品可直接供吸用，也可作为雪茄烟、混合型卷烟的原料。烤烟主要是作香烟原料，利用专门烤房干燥鲜叶，使叶片内含物转化分解，达到优质。麻类收获后应进行剥制和脱胶等初加工，才能作为纺织工业原料。

四、贮藏

收获的农产品或种子若不能立即使用，则需贮藏。但贮藏方法不当，容易造成霉烂、虫蛀、鼠害、品质变劣、种子发芽力降低等现象，造成很大损失。因此，应根据作物产品的贮藏特性，进行科学贮藏。

(一)谷类作物的贮藏

大量种子或商品粮用仓库贮藏。仓库必须具有干燥、通风与隔湿等条件,构造要简单,能隔离鼠害,门窗能密闭,以便用药品熏蒸害虫和消毒。

1. 贮藏谷物的水分含量

谷类籽粒的水分含量与能否长久贮存关系密切。水分含量高,籽粒呼吸加快,使粮温升高,霉菌、虫害繁殖也快,粮食易变质。一般谷类作物籽粒的安全贮藏水分含量必须在13%以下。

2. 贮藏的环境条件

谷物的吸湿、散湿与贮粮稳定性有密切关系,控制与降低吸湿是粮食贮藏的基本要求。在一定温度、湿度条件下,谷物的吸湿量和散湿量相等,水分含量不变,此时的谷物水分称为平衡水分。一般而言,与相对湿度75%相平衡的水分含量为短期贮藏的安全水分最大限量值,与相对湿度65%相平衡的水分含量为长期贮藏的安全水分最大限量值。

昆虫和霉菌在15℃以下停止生长,30℃以上生长繁殖加快。谷仓内谷温必须均匀一致,否则,会造成谷物间隙的空气对流,使相对湿度变化,形成水分移动,造成谷物的损坏。

3. 仓库管理

谷物入仓前要对仓库进行清洁消毒,彻底清除杂物和虫害。仓库内应有仓温测定设备,随时注意温度的变化并做好记录。在入仓前和贮存期间定期测定水分,严格控制谷物含水量,进行适度通风,注意防治仓库害虫和霉菌,密闭良好的仓库用熏蒸剂熏蒸。另外,还要消灭鼠害。

(二)薯类作物贮藏

鲜薯贮藏可延长食用时间和种用价值,是薯类产后的一个重要环节。

1. 贮藏的环境条件

甘薯贮藏的适宜温度为10~14℃,低于9℃会受冷害,引起烂薯;相对湿度在80%~90%最为适宜,相对湿度低于70%时,薯块失水,发生皱缩、糠心或干腐,不能安全贮藏。马铃薯种薯贮藏的适宜温度应控制在1~5℃,最高不超过7℃,食用薯应保持在10℃以上,相对湿度85%~95%。

2. 贮藏期管理

薯块入窖前要精选,选用无伤、无病虫危害、新鲜健康完整的薯块以确保贮薯质量。贮藏窖要求保温、通风换气性能好,结构坚实,不塌不漏,干燥不渗水以及便于管理和检查。在贮藏初、中、后期,由于薯块生理变化不同,要求的温湿度不一样。入窖初期管理以通风、散热、散湿为主,当窖温降至 15℃ 以下,再行封窖;中期在入冬以后,气温明显下降,管理以保温防寒为主,保持窖温在 10~13℃;后期开春以后气温回升,雨水增多,寒暖多变,管理以通风换气为主,稳定窖温,使窖温保持在 10~13℃,还要防止雨水渗漏或窖内积水。

(三)油料作物的贮藏

大豆种子吸湿性强,导热性差,高温、高湿下蛋白质易变性和丧失生活力;破损粒易生霉变质,需充分晾晒干燥后低温密闭贮藏。安全贮藏水分控制在 12% 以下,入库 3~4 周,应及时倒仓过风散湿,以防发热霉变。

种用花生一般以荚果贮藏,晒干后装袋入仓,控制水分在 9%~10% 以内。脱壳后的种仁贮藏种温度控制在 25℃ 以下,水分在 9%~10%。

油菜种子含油分多,吸湿性强,通气性差,容易发热,易酸败。应严格控制入库水分和种温,一般应控制种子水分在 9%~10% 以内。贮藏期间按季节控制种温,夏季不宜超过 28~30℃,春秋季不宜超过 13~15℃,冬季不宜超过 5~8℃,无论散装还是袋装,均应合理堆放,以利于散热。

 # 复习思考题

1. 简述土壤耕作的作用。
2. 土壤耕作有哪些类型?
3. 土壤培肥技术有哪些?
4. 种子处理方法有哪些?
5. 如何确定作物的播种期?
6. 怎样计算作物的播种量?
7. 如何确定作物种植密度?
8. 如何确定作物播种深度?
9. 怎样进行合理的田间管理?
10. 地膜覆盖有哪些生态效益?
11. 地膜的种类有哪些?
12. 地膜覆盖、秸秆覆盖、砂石覆盖栽培技术要点有哪些?
13. 简述作物灌水方法。
14. 什么是灌溉定额?
15. 简述肥料的种类和施肥方法。

16. 杂草有哪些危害？如何防治草害？

17. 病害有哪些危害,怎样综合防治作物病害？

18. 害虫对作物有哪些危害,如何综合防治作物虫害？

19. 植物生长调节剂有哪些类型？如何合理使用植物生长调节剂？

20. 人工怎样控制作物旺长？

21. 怎样掌握作物收获期？作物收获方法有哪些？

22. 怎样进行作物初加工？

23. 怎么进行谷类、薯类、油料作物的安全贮藏？

第七章

农产品加工及其利用

　　广义的农产品指种植业所收获的产品,包括粮、棉、油、果、糖、烟、茶、菌、花、药、杂,种类繁多。粮油是农产品的重要组成部分,是人类赖以生存的基础。所以,狭义的农产品,一般指粮油原料。粮油原料一般指农作物的籽粒,也包括富含淀粉和蛋白质的作物根茎组织,如稻谷、小麦、玉米、大豆、花生、油菜籽、甘薯、马铃薯等。农产品加工业是以农业初级产品为原料,进行产品再加工的产业,是当前农业生产系统的重要环节。开发这一产业,对农业生产中的初级产品进行再加工可以成倍地提高现有农产品的经济价值,具有重要的意义。

　　粮油加工指谷物的脱皮碾磨和植物油的提取,加工产品主要是米、面、油以及各种副产品。加工技术可以分为两大类:一类是对农产品的初加工,如稻谷、玉米,将其加工为大米、玉米粉的生产;另一类是在完成粗加工的基础上进一步加工制作成副产品,以追求更高附加值的生产,称为深加工,如采用酶工程利用淀粉加工甜味剂。

第一节　农产品加工概述

一、农产品加工的性质与特点

(一)性质

农产品加工业是以生产生活消费品为主,并为其他产业部门生产提供原料的产业,属于社会总产品在生产过程中的第二部类的生产。马克思在《资本论》中分析社会总产品时,以社会产品的最终使用作为标志将其划分为两类部门:一类是生产资料的生产部门,另一类是消费资料的生产部门。但是农产品具有其自身的特殊性,有些产品在使用时既可以作为生产资料,也可以作为消费资料。大部分农产品都具有这种性质。

(二)特点

农产品加工业既受农业生产水平的制约,同时也受加工技术、机械设备的研制和使用的制约;农产品加工受原料来源的分散、易腐损的制约,适合于就地加工,生产带有较强的季节性;农产品加工的产品不适于长期贮藏,生产必须立足于市场需求,产销紧密结合;由于加工设备和资金的局限,农产品加工更适合于采取耗能低的劳动密集型生产。

二、农产品加工的意义

随着农业向集约化、机械化方向发展,农村中有大量的剩余劳动力需要向其他生产领域转移,而发展农产品加工产业,既提高了农业的综合经济效益,又解决了剩余劳动力的就业问题,其社会效益非常显著。

(一)农产品加工业是农业生产的继续和延伸

农产品加工业的出现打破了长期以来农业生产单纯消费的模式,农业生产的产品不再是终极产品,而是初级产品,在第一阶段收获果实后,真正的工业化的、现代化的生产才拉开序幕。有些产品的生产不仅是一次、两次的再加工,而是多次深加工。农产品加工已成为农业生产在工业化和现代化阶段的延续。

(二)农产品加工业是农业商品化生产的条件

农产品的商品化生产在农业生产阶段经常被阻断,来自土地的直接产品由于可以直接消费,自给自足的自然经济在一定条件下就会表现出来,阻断了农产品的商业化进程,影响了社会产品市场化发展,反过来也会影响农民生产的积极性。由于农产品加工业的出现,农产品在收获后除了即时的消费,大部分进入工业化加工过程,自然引导农业生产进入商品化生产的系列环节。因此,农产品加工为农业产品的商品化创造了条件,也为实现农业现代化创造了条件。

(三)农产品加工业是农业积累资金的重要来源,是实现农业扩大再生产的支柱

长期以来,农业发展缓慢的主要原因之一是农产品价格低,造成资金积累障碍,致使农业扩大再生产难以实现。由于农产品加工产品价值在市场上不断实现,

大大提升了农产品的附加值,使农业产品在连续深加工中生产出更多的社会需要的产品,也为农业积累资金和扩大再生产创造了条件,它是实现农业扩大再生产的重要支柱。

(四)农产品加工业是就地转移农业劳动力,发展小城镇经济的途径

随着农村小城镇建设步伐加快,建立小城镇成为推动城乡协调发展、促进农业产业结构调整的关键步骤。小城镇在接纳大城市工业的同时,也要有自己的特色或优势产品,与本地资源密切联系的农产品加工业的发展成为小城镇发展的经济基础,同时不断扩大的加工业为转移农村劳动力,支持小城镇发展创造了物质条件。

三、农产品加工的分类

农产品加工分类的目的,在于方便研究和揭示其经济关系和经济活动规律。农产品加工方式多种多样,有传统的手工操作,也有机械化工业生产,通常可以依照产品的加工程度、最终用途和产品种类加以区分。

(一)按照农产品的加工程度分

按照农产品加工程度的不同一般可分为初加工和再加工两种方式。农产品初加工是指对农产品的一次性的、不涉及内在成分改变的加工,即在农产品收获或收购以后,为了保持产品原有的营养物质免受损失或适应运输、贮藏和再加工的要求,进行一定程度的初步加工处理。一般来讲,初加工的工艺原理和加工技术不太复杂,例如,粮食的晾晒、烘干、脱壳、碾磨;活畜、活禽的屠宰;肉类、蛋品、鱼类的冷冻加工等都具有初加工的特点。初加工使农产品发生量的变化。

农产品的再加工是指对农产品二次以上的加工,即在初加工产品的基础上进一步开展得比较精细的加工,又称为深度加工或深加工。再加工是对蛋白质、植物纤维、油脂、新营养等资源及活性成分的提取和利用。再加工的产品种类多,加工工艺和加工技术也比较复杂。农产品通过再加工所生产的产品不仅在外观形态上与原来的产品有很大差异,而且在营养成分和感官质量上都发生了深刻的变化,因此形成了风味各异的多种加工产品。例如,粮食经过再加工可以制成面条、挂面、面包、饼干、粉丝、粉条、酱油、食醋以及豆制品等。从增加农产品的产值来讲,再加工是发展农村和小城镇经济的重要途径。

(二)按加工农产品的最终用途分

按加工农产品的最终用途分,可分为食品加工、饮料加工、皮革加工、服装加工、药物加工、肥料加工、能源加工、家具加工、工艺美术品加工、包装材料加工、竹

木建筑材料加工等。

（三）按照农产品种类分

按照农产品种类可分为多种加工方式，主要的有粮食制品加工、油料加工、蔬菜加工、果品加工、肉品加工、蛋品加工、乳品加工以及水产品加工等。不同品种加工方式差别很大，而且工艺原理和具体技术也各有特点（部分农产品加工及利用概况详见二维码 7-1）。

二维码 7-1　部分
农产品加工及
利用概况

第二节　主粮作物加工技术

粮食作物生产在我国农业生产中占有举足轻重的地位。近年来，由于粮食作物生产初级产品效益低，各地出现种植面积下降的趋势。通过深加工和多样化加工，实现其更高的经济价值，可以增加粮农收入，进而保证农村粮食持续生产。这也是实现农村社会稳定、发展农村经济重要的经济增长点的保证。

一、小麦加工及利用

小麦粉和大米是人类的两大主食。小麦是世界上最重要的粮食作物，含有丰富的蛋白质、脂肪、碳水化合物、维生素、铁、磷、硒等营养成分。小麦加工主产品小麦粉能做成多种食品，是人们生活中价廉而重要的食物。加工副产品麸皮近年来应用广泛，如麦麸加工出小麦胚粉，人们食用后具有降低高血压、体内胆固醇和三酸甘油酯的作用；加工出的小麦胚油，可以有效避免动脉沉积块引发的心脏病。这也促进了小麦粉质量的提高、品种的增加和加工技术的发展。

（一）小麦分类

1. 按播种季节分

依据播种季节可将我国小麦分为春小麦和冬小麦。春小麦籽粒腹沟深，出粉率不高。

2. 按籽粒皮色分

按照皮色可将小麦分为白皮小麦和红皮小麦。白皮小麦籽粒外皮呈黄白色和乳白色，皮薄，胚乳含量多，出粉率高，多生长在南方麦区。红皮小麦籽粒外皮呈深绿色或红褐色，皮层较厚，胚乳所占比例较少，出粉率较低，但蛋白质含量较高。

3. 按籽粒质地结构划分

根据籽粒质地状况,可将小麦分为硬质小麦和软质小麦。硬质小麦胚乳质地紧密,籽粒横截面的一半以上呈半透明状,称为角质。硬质小麦含角质粒 50% 以上。软质小麦的胚乳质地疏松,籽粒横断面的一半以上呈不透明的粉质状。软质小麦含粉质粒 50% 以上。一般硬质小麦的面筋含量高,筋力强;软质小麦的面筋含量低,筋力弱。

(二)小麦籽粒结构

麦粒平均长度为 8 mm,质量约 35 mg。从外观来看,麦粒有沟的一面叫腹面,这条纵向的沟叫腹沟,腹沟的两侧叫果颊。与腹面相对的一面叫背面,背面基部有胚,顶端有短而坚硬的绒毛叫果毛(麦毛)。

小麦籽粒由皮层、胚和胚乳组成,各部分的比例随品种不同有较大差异,一般为皮层 15%、胚 3%、胚乳 82%。图 7-1 是小麦籽粒结构示意图。

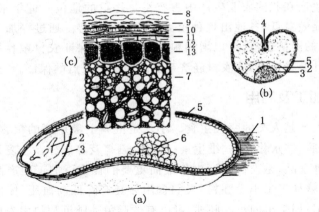

(a)表皮及部分胚乳 (b)横向切面 (c)纵向切面

1. 麦毛 2. 胚鞘 3. 盾片 4. 腹沟 5. 麦皮 6. 胚乳 7. 外层胚乳的细胞
8. 表皮 9. 横断细胞 10. 内表皮 11. 种皮 12. 珠心层 13. 糊粉层

图 7-1　小麦籽粒结构示意图

资料来源:杜仲镛. 粮食深加工. 北京:化学工业出版社,2004

1. 皮层

皮层包括果皮和种皮。小麦籽粒在发育过程中,其果皮和种皮紧密相连,不易分开,故称颖果。果皮由表皮、横断细胞和内表皮组成。果皮内侧为种皮,种皮的内侧是珠心层,糊粉层在珠心层内侧,包围着淀粉胚乳和胚芽。糊粉细胞是厚壁细胞,呈立方形,无淀粉。制粉时,糊粉层随珠心层、种皮和果皮一同去掉,形成麸皮。

2. 胚

胚由盾片、胚根、胚芽和胚轴组成。胚根外包着胚根鞘,胚芽外包着胚芽鞘。

3. 胚乳

胚乳由糊粉层和淀粉层组成。糊粉层以内的部分为胚乳,占麦粒的绝大部分。胚乳细胞充满了淀粉粒,淀粉粒之间充满有蛋白体,蛋白体的主要成分是面筋蛋白。胚乳细胞内含物及其细胞壁是面粉的主要成分。

(三)小麦的加工品质

小麦品质是多因素构成的综合概念。通常所说的小麦品质包括小麦籽粒品质(外观品质)、营养品质和加工品质。

1. 小麦籽粒品质

小麦籽粒品质主要包括千粒重、容重、角质率、籽粒硬度、籽粒形状、腹沟深浅和种皮颜色。

(1)千粒重　千粒重指每1 000粒风干种子的绝对质量,反映籽粒的大小和饱满程度。千粒重适中的小麦籽粒大小均匀度好,出粉率较高;千粒重低的小麦籽粒较为秕瘦,出粉率低;千粒重过高的小麦籽粒,其整齐度下降,在加工中也有一定缺陷。

(2)容重　容重指每升小麦的绝对质量。容重大的小麦出粉率较高。

(3)角质率　角质率是角质胚乳在小麦籽粒中所占的比例,与质地有关。角质率高的籽粒硬度大,蛋白质含量和湿面筋含量高。面筋是指面团经水洗后剩下不溶于水的具有弹性的物质,主要是麦胶蛋白和麦谷蛋白。

(4)籽粒硬度　籽粒硬度反映籽粒的软硬程度。角质率高的籽粒质地结构紧密,硬度较大。硬度可反映蛋白质与淀粉结合的紧密程度。硬度大的小麦在制粉时能耗也大。

(5)籽粒形状　籽粒形状有长圆形、卵圆形、椭圆形和短圆形。籽粒形状越接近圆形,磨粉越容易,出粉率越高。

(6)腹沟深浅　腹沟深的小麦籽粒,皮层比例较大,易沾染杂质,加工中难以清理,会降低出粉率和面粉质量。

(7)种皮颜色　白皮小麦一般皮层较薄,出粉率较高。

2. 小麦营养品质

小麦的营养品质主要是指小麦籽粒中碳水化合物、蛋白质、脂肪、矿物质和维生素以及膳食纤维等营养物质的含量及化学组成的相对合理性。小麦籽粒果皮含蛋白约6.0%,灰分2.0%,纤维素20%,脂肪0.5%,还有一定量戊聚糖。糊粉层含有很高的灰分、蛋白质、磷、脂肪和烟酸,还有硫胺素、核黄素,酶活性也高。麦胚含有很高的蛋白质、糖、油脂、灰分,还有 B 族维生素和多种酶,以及维生素 E。小麦籽粒含有多种矿物质元素,多以无机盐形式存在。其中,钙、铁、磷、钾、锌、锰、钼、锶等对人体的作用较大。

3. 小麦加工品质

小麦加工品质是指对某种特定加工用途的满足程度。用途不同,品质的衡量标准也不同,如适用于生产糕点的小麦一般都不适合于生产面包。磨粉工业和食品加工业对小麦及其面粉提出的各种要求都属于加工品质。小麦加工品质主要包括磨粉品质、面团品质和蒸煮品质。

(四)小麦籽粒加工利用

小麦加工成面粉的过程称为小麦的初次加工,由面粉制成各类面制食品的过程称为小麦的二次加工。小麦粉是以小麦为原料,经过清理、配麦与润麦、研磨与筛理等工序,除去杂质、皮层和胚部,将胚乳颗粒磨制成符合一定质量标准的粉状粮。粉状粮通常又称面粉、白面,是世界各地消费的主要粮食。我国小麦粉可分为等级小麦粉、高低筋小麦粉和专用小麦粉 3 大类。

1. 等级小麦粉

在制粉过程中,按照小麦粉的加工精度和一定的等级标准,对各系统生产出的面粉进行分流配粉,得到质量不同的等级面粉,为等级小麦粉。加工精度以面粉的粉色状况和麸星含量多少表示,是反映面粉质量的标志之一,如特一粉、特二粉、标准粉等。在生产中,加工精度越高,面粉麸星含量越少,面粉等级越高。粉色是指小麦粉的颜色,麸星是指小麦粉中含有的麸皮碎片。等级小麦粉基本为通用小麦粉,国内市场上普遍用于食品加工和家庭使用的小麦粉一般为通用粉(特制粉、标粉等)。

2. 高低筋小麦粉

高低筋小麦粉分为高筋小麦粉和低筋小麦粉,高筋粉与低筋粉的分类与面粉中所含蛋白质的多少有关。高筋蛋白质含量在 10% 以上,常用来制作具有弹性与嚼感的面包、面条等。在西饼中多用于松饼(千层酥)和奶油空心饼(泡芙)中。在蛋糕方面仅限于高成分的水果蛋糕中使用。低筋粉蛋白质含量为 6.5% ~ 8.5%,用来做各种蛋糕、饼干、酥皮类点心。

3. 专用小麦粉

专用小麦粉又称配置粉,可以通过小麦粉配制的方法生产专用粉。专用粉与通用小麦粉之间的主要不同在于用途的针对性不同,对于各种粉的蛋白质含量、水分、粒度、强度以及灰分等各方面的要求也不相同。专用面粉在我国已开始起步，在国外则发展很快。专用粉的种类很多，各种专用粉之间的差别在于粉中蛋白质数量和质量的不同。对于面制食品来说，粉中蛋白质的质量要比数量更加重要。面制食品对小麦粉蛋白质数量和质量的要求可以分成 3 种类型：面筋多而强；面筋中等数量和质量；面筋少而弱。因此，专用小麦粉按蛋白质数量和质量的不同分为强力粉、中力粉、薄力粉或高筋粉、中筋粉和低筋粉。按用途不同，专用小麦粉可分为面包粉、馒头粉、面条粉、饺子粉、糕点粉、饼干粉等。

（1）面包粉 用面包粉能制作松软而富于弹性的面包。为了使单位重量面粉能制出更多的体积大、切断面均匀的面包，要求面包粉具有强度大、发气性好、吸水量大等特点。面包质量和面粉的蛋白质含量成正比，并与蛋白质的质量有关。面包粉要求蛋白质含量较高，一般在 12％以上。以筋力强的小麦加工的面粉，制成的面团有弹性，可经受成型和模制，能生产出体积大、结构细密而均匀的面包，这是由蛋白质的特性所决定的。为此，制作面包用的面粉，必须具有数量多而质量好的蛋白质。

（2）饼干粉 饼干粉要求切断面细、酥、软，强度可低，蛋白质含量要求相应比面包粉低，色泽要求不高。制作酥脆和香甜的饼干，必须采用面筋含量低的面粉。筋力低的面粉制成饼干后，干而不硬，面粉的蛋白质含量应在 10％以下。粒度很细的面粉可生产出光滑明亮、软而脆的薄酥饼干。制作各式糕点的面粉，可含有稍高的蛋白质，采用软麦与硬麦各一半加工而成。采用全部软麦加工的面粉，可制作掺有果仁的各式饼干。

（3）家庭用粉 在英国，家庭用粉专门用来制作面食、蛋糕、软点心等。它采用蛋白质含量为 10.5％的软麦加工而成。

（4）自发面粉 这种面粉是在家庭用粉内添加发酵剂，常用来制作馒头类食品。由于在烘烤时气体产生得相当快，面团得到充分膨胀，使馒头等食品具有蜂窝状、蓬松的海绵体结构。要保证面粉有足够的筋力，才能保持所产生的气体。家用自发面粉通常添加的发酵剂有碳酸氢钠和酸性磷酸钙，在有水的情况下发生反应，可生成 CO_2。

（5）糕点粉 由于糕点的种类不同，生产各类糕点的用粉可分为下列 4 种。

①糕点粉 这种面粉之所以能使制成的糕点保持松散的结构，是由于它存在均匀和膨胀的淀粉粒。此糕点粉可采用蛋白质含量低、α-淀粉酶活性低的粉质小麦加工而成。在研磨时淀粉粒要不受损伤。不经处理的糕点粉，蛋白质含量 8.5％～9.5％，颗粒大小超过 90 μm 至最小限度，可制造出更为细密而均匀的点心；筋力强的糕点粉，采用筋力较高的小麦加工而成，蛋白质含量 12％，用 0.18％

氯气处理,淀粉损伤程度为 $3.0\% \sim 4.5\%$,适用于水果层状蛋糕。

②"高比"面粉 糕点粉经氯气漂白,可改善面粉色泽,并且在制作糕点的配方中,糖与面粉之比和液体与面粉之比都高,故称这种糕点粉为"高比"面粉。对这种面粉的要求是粒度细,蛋白质含量要低,可用 $0.1\% \sim 0.15\%$ 氯气处理。"高比"面粉适于制作海绵状食品,如松软的蛋糕。

③发酵食品用粉 要求用中等筋力的面粉,因为它发酵时间短,配方中的油脂和糖可促使面筋软化,用于制作奶油小圆甜面包等。

④软点心用粉 采用筋力较强的烘焙用粉制作奶油松饼,筋力不太强的家庭用粉制作油酥点心类。

(6)汤用面粉 面粉经蒸汽处理,或者小麦经蒸汽处理,再加工成面粉,使酶类失去活性。汤用面粉中细菌的状况具体要求是:每 10 g 面粉中耐热孢子总数不大于 125 个;每 10 g 面粉中平均酸菌孢子不超过 6%。

(7)面糊用粉 面糊用粉是一种低蛋白质面粉,采用 90% 筋力弱的小麦和 10% 的筋力强的小麦加工而成。要求 α-淀粉酶活性弱,并加入合适的发酵粉。小麦在研磨时要避免淀粉损伤过多,防止面糊黏度过高。

(8)香肠馅用粉 香肠馅用粉是采用筋力弱的小麦,加工成蛋白质含量低的面粉,也可将面粉采用空气分级所得的低蛋白粉作为原料。理想的面粉特征是麦芽糖值低,α-淀粉酶活力弱,吸水能力强。

4. 小麦胚芽油

小麦胚芽油是以小麦胚芽为原料制取的一种谷物胚芽油,约含 80% 的不饱和脂肪酸,其中亚油酸含量高达 50% 以上,油酸为 $12\% \sim 28\%$,所含维生素远比其他植物油丰富,还含有磷脂、甾醇和二十八烷醇,是一种公认的营养保健油脂,具有抗氧化、养颜护肤、抗癌及预防老年性疾病发生的功效。

(五)小麦麸皮加工利用

小麦加工面粉后剩下的皮称为麸皮。小麦被磨面机加工后,变成面粉和麸皮两部分,麸皮就是小麦的外皮,多数当作饲料使用,也可掺在高筋白面粉中制作高纤维麸皮面包。小麦麸皮具有很高的营养价值、药用价值和加工价值。表 7-1 为每 100 克小麦麸皮中的营养成分含量。麸皮中含有较多的蛋白质,可用来洗制面筋。面粉中的蛋白主要是谷蛋白和醇溶蛋白,而麸皮中 4 种蛋白质分布较均匀(表 7-2)。麸皮蛋白质的氨基酸中,谷氨酸的含量较多(46%),可以作为提取味精的原料。麸皮可以做酿造业的原料,其副产品可以做饲料原料。小麦麸皮中丰富的膳食纤维可以改善人体大便排泄情况,促进体内脂肪及氮的代谢,对多种人体疾病具有积极的药理作用。

表 7-1 每 100 g 小麦麸皮营养成分含量

营养成分	含量	营养成分	含量
水分/g	12.2	钾/mg	980
蛋白质/g	12～18	钙/mg	90
脂肪/g	3～5	铁/mg	12
总碳水化合物/g	45～65	锌/mg	17
总膳食纤维/g	35～50	镁/mg	320
可溶性膳食纤维/g	2	锰/mg	16.2
灰分/g	4～6	维生/mg	265
维生素 B_1/mg	0.54	生育酚/mg	3.17
核黄/mg	0.28	肌醇/mg	0.065
烟酸/mg	14.4		

表 7-2 小麦麸皮和面粉中的蛋白质组成 %

分类	谷蛋白	清蛋白	球蛋白	醇溶蛋白
麸皮中的蛋白	23.5	20.1	14.3	12.4
面粉中的蛋白	24.0	5.0	4.0	63.0

资料来源:李新华,张秀玲.粮油副产品综合利用.北京:科学出版社,2012.

1. 麸皮常规用途

(1)麸皮洗制面筋和淀粉 每 100 kg 麸皮大约可制湿粗面筋 22 kg、湿粗淀粉 26 kg,剩下湿麦皮 180 kg、黄浆水 20 kg。湿粗面筋和湿粗淀粉经精制后,可供食用。湿麦皮和黄浆水可用作饲料。

(2)酿造 以麸皮为主料,加入其他添加剂,利用微生物发酵作用,可酿制高质量的酱油、醋等。

(3)配合饲料 麸皮中纤维素含量较高,人体不易消化吸收,然而牲畜肠胃中的微生物能够分解,并将其营养成分消化吸收。所以,麸皮是较好的饲料原料,混合玉米、豆粕、鱼粉等可制成良好的牲畜配合饲料。

2. 其他用途

(1)高纤维食品 现代营养学研究表明,应该在食物中保持一定量的纤维素。吃得过于精细的人,应该补充一定量的高纤维食品。麸皮是最经济、最方便的高纤维食品,可将麸皮粉碎后添加到各种食品中食用。

(2)提取维生素 E 和 B 族维生素 小麦麸皮中含有相当丰富的维生素 E 和 B

族维生素。提取方法是将小麦麸皮装入布袋,放入酒精容器中加热,而后减压浓缩,可得维生素 E 含量为 0.73% 的溶液,同时还可得到维生素 B 溶液和糖浆。

(3)生产丙酮、丁醇　用麸皮可以代替玉米做原料生产丙酮、丁醇。以麸皮作为有机氮源,是玉米所不及的,这是因为麸皮中含有 15% 左右的蛋白质,而玉米含蛋白质仅 8.5%;麸皮中含有硫胺素、核黄素、烟酸等微生物生长必需的生长素;此外,麸皮中还含有 α-淀粉酶、氧化酶、过氧化酶,这些都是微生物生长所必需的。用麸皮代替玉米,C/N 合适,发酵不但能顺利进行,而且效果上完全可以达到添加玉米的发酵水平。

(4)提取麸皮蛋白　麸皮中含有较多的蛋白质,营养价值较高,生理价值也相当高,能与鸡蛋蛋白媲美。因此麸皮蛋白是一种优质蛋白。由麸皮提取的蛋白可作为食品添加剂,添加于糕点、面包,能防止老化;添加于肉食制品如腊肠、香肠、灌肠等,可以增加弹性,还能增加其保油性,避免油脂流出。此外,麸皮还可用于乳酪及乳酸饮料,替代鸡蛋清做蛋白发泡剂使用。麸皮蛋白的提取通常采用的方法有碱法、捣碎法和酶分离法。

(5)提取植酸　植酸(肌醇六磷酸)是淡黄色浆状液体,是从植物种子的糊粉层中提取的一种天然有机磷化合物,在食品、医药、日用品等工业中被广泛应用。用于食品工业可防止油脂氧化,还可做食品保鲜剂,使食品保持原来的洁白色泽。制作豆腐时,加入植酸可提高产品保存期。制作罐头时,添加植酸,可防止变黑。电镀工业上植酸可作氧化剂使用。

麸皮含有 3%～6% 的植酸,大粒小麦的麸皮中植酸可高达 25%。种植条件影响麸皮中植酸的含量。植酸含量与小麦加工的出粉率和麸皮的破碎程度也有着显著的关系。从麸皮中提取植酸,可采用酸浸、碱中和,再以醋酸萃取(除去蛋白质)等工序,制得的黄色黏稠液体即为植酸。

(6)制取低聚糖　小麦麸皮中富含纤维素和半纤维素,是制备低聚糖的良好资源。低聚糖制备的工艺流程一般是先用 α-淀粉酶、蛋白酶水解除去淀粉和蛋白质,然后用低聚糖酶水解提高低聚糖的产率和质量,再经过活性炭脱色、离子交换柱等方法精制、浓缩、干燥,即可得到低聚糖产品,含量可高达 70% 以上。

(7)制取酶　植酸酶是最早发现的能将有机磷转化为无机磷的酶之一,是能促进植酸或植酸盐水解生成肌醇与磷的一类酶的总称。β-淀粉酶在生产中应用很广,包括生产高麦芽糖浆、麦芽糖醇和啤酒等。在实际生产中,可用麸皮同时提取制备植酸酶和 β-淀粉酶。提取工艺流程为:小麦麸皮原料直接用蒸馏水浸泡,然后用不同浓度的盐析分别制备植酸酶和 β-淀粉酶,并各自纯化,制备成液态产品,或冷冻干燥制备成粉末状固态产品。

二、稻谷加工及利用

水稻是我国最重要的粮食作物之一。水稻收获后的籽粒称为稻谷。稻谷的外面有颖壳，颖壳内部是糙米，糙米去掉皮层才是米(大米、精米)。颖壳在加工上称稻壳或谷壳，起保护的作用。糙米在植物学上称为果实，是由受精后的子房发育而成，由皮、胚乳和胚3部分组成。皮由愈合在一起的果皮和种皮组成。皮内部是糊粉层和胚乳。胚由胚芽、胚根、胚轴和盾片组成。在制米时将糙米的皮层和糊粉层去掉，在大多数情况下胚也被磨掉，这一部分便称米糠。稻米加工后的产物有稻壳、米糠和米3种。

(一)稻谷加工产物的营养成分

稻米的营养价值较高，各种营养成分的可消化率和吸收率高，粗纤维含量少。大米中的化学成分含量因品种和种植条件的不同有较大差异(表7-3)，也决定了不同大米的不同用途。

表 7-3　大米主要化学成分　　　　　　　　　　　　　　%

类别	水分	淀粉	蛋白质	脂肪	灰分	支、直链淀粉比
早籼	14.0	75.1	7.8	1.3	1.0	2.41
晚籼	13.8	74.9	8.1	1.2	0.9	3.99
早粳	14.1	75.8	6.8	1.4	1.1	3.95
晚粳	14.3	75.7	7.1	1.4	0.9	5.33
糯米	14.2	74.8	7.6	1.5	1.0	17.52

资料来源:汪磊. 粮食制品加工工艺与配方. 北京:化学工业出版社,2015.

大米中的蛋白质可分为4种，即白蛋白、球蛋白、醇溶谷蛋白和谷氨酰胺。虽然蛋白质含量较低，但其生物价(即吸收蛋白质构成人体蛋白质的数值)为88%，远高于小麦和玉米。几种动植物食物蛋白质的生物价如表7-4所示。

米糠中含有丰富的蛋白质、脂肪、淀粉、氨基酸等营养物质，各成分含量为:水分13.5%、油分17%～20%、粗蛋白质15%～17%、粗纤维6%～8%、糖类37.5%～39.0%、灰分7%～9%、糠蜡0.9%～1.8%、维生素E0.1%～0.25%，还有胡萝卜素和类胡萝卜素、固醇、磷脂、谷维素等。

稻谷的加工，就是开发稻米资源，并加以合理有效利用，提高其转化率，创造高的价值。

表 7-4　几种动植物食物蛋白质的生物价

植物	蛋白质	动物	蛋白质
大米	88	牛肉	100
马铃薯	79	牛奶	100
菠菜	64	鱼肉	95
豌豆	56	螃蟹	79
小麦	40	干酪素	70
玉米	30		

(二)稻谷籽粒加工利用

1. 稻米的初加工

稻米的初加工是指采用适当的先进工艺,将稻谷经过清理、脱壳、碾米和简单的成品整理,不断提高大米品相,提高出米率。脱壳是用砻谷机使净谷脱去颖壳而成为糙米的过程。碾米是使谷粒的稻壳脱掉即得糙米,糙米通过精米机去掉皮层、糊粉层及胚,然后经过筛分把米和糠分开,便完成了制米的过程。成品整理主要是成品分级,使用的设备是白米分级筛。筛分可分出大米、大碎米、小碎米等。一般将各类大米按加工精度的不同分为 4 个等级,即一级大米、二级大米、三级大米和四级大米。

2. 稻米的深加工

对大米进行的深加工,可分为 3 种类型:一是以大米为基础的仍作为主食的产品;二是以大米为原料的饮料类;三是将大米加工成米粉后再加工成的食品或小食品类。稻米的深加工有很多花样和产品,但以做主食用的产品为主要类。精米加工的工艺过程是在其初加工基础上,进一步强化分级精选提纯,应用分层碾米、喷湿碾米、水热处理、精磨上光、涂膜上光、调质、喷吸、浸吸等技术手段建立的。加工产品通常是系列化的精制米品,通过深加工,可以不同程度地提高大米的蒸煮和食用品质、营养和生理功能及其商品价值,可以满足人们对主食大米所追求的营养、可口、卫生、食用方便之需求。稻米深加工产品体系见二维码7-2。

(1)水磨米和免淘米　这两种米具有米质纯净、米色洁白、米粒晶莹发亮和食用前不需淘洗等优点,但加工方法完全不同。水磨米有"水晶米"之称,是通过渗水碾磨的方法使得米粒表现出一种天然的光泽;免淘米是通过分层研磨和添加抛光剂的方法给米粒表面涂上一层有光物质,外观更甚于水磨米。

二维码 7-2　稻米深加工产品体系

（2）营养米和强化米 稻米的营养素大多分布在皮层（果皮、种皮、糊粉层、亚糊粉层）以及米胚中，而胚乳即为食用的大米，主要是淀粉，蛋白质、脂肪、灰分、纤维素、维生素等已是极少量。所以，大米加工精度与营养量呈负相关关系。大米加工精度越高，留皮留胚越少，营养素损失越大。为了提高大米的营养价值，生产营养强化米是一种行之有效的技术途径。包括大米在内的谷物营养强化，已是当今世界发达国家和发展中国家发展营养强化食品的重要组成部分。营养米和强化米包括以下几种类型。

①胚芽米。我国规定，胚芽米是指留胚率在 80％ 以上的大米。留胚率指在高精度白米或成品米试样中留有全部或部分米胚的米粒占试样的粒数百分率。米胚富集了稻米中除淀粉以外的各类营养素，是稻米的精华所在，且米胚又是具有生命力的物质，所以它是一种得天独厚的天然源营养素。

②强化米。强化米是指加有营养素的米粒，即将强化剂配制成溶液后，由米粒吸收进去和涂覆在粒面上来提高大米营养价值的一类米品。强化米按添加的主要营养成分可以分为：a. 维生素强化米，即维生素 A、维生素 B_1、维生素 B_2、维生素 E 强化米或复合维生素米。b. 氨基酸强化米，即赖氨酸强化米、苏氨酸强化米、复合氨基酸强化米。c. 蛋白质强化米。d. 无机盐强化米，如 Ca 强化米、Fe 强化米等。e. 复合强化米：添加多种维生素、氨基酸、无机盐的复合强化米。

③食性改良化大米。所谓食性改良化大米，简单地解释就是通过米质调理来改善大米的食用品质。大米的精磨上光、色选、分级与提高大米的食用品质有关，同时也提高了大米的外观质量。大米的强化和生理活性化主要是着眼于提高其营养价值和生理效价。对于一定品种的大米来说，食用品质的改良，主要是依靠加工过程中的米质调理。对低水分稻谷的着水调质，实际也是米质调理的一种技术手段。对不淘洗米进行两次加工的调质技术，如通过混配技术，通过生物技术和天然添加剂复合调理技术，可以改善大米的食用品质，使炊煮成的大米外观光洁、气味清香、黏性好和硬度适中、食味口感良好。

④特色化大米。特色化大米是指特色名贵米、彩色米、食用糙米等米品。特色名贵米的主要用途是炊煮营养米饭（粥）和特色米饭（粥）及其药膳。近年来风行黑（红）色食品，黑（红）米用来酿制黑（红）米酒，加工黑（红）米粉、黑（红）米糊、高蛋白黑（红）米粉、膨化黑（红）米、黑（红）色冰激凌、膨化雪糕（稳定剂、增稠剂）、黑（红）米饮料等。特色化米在大米深度加工的应用范围将越来越广。特色化大米有以下 3 种类型。

a. 特色名贵米 随着人们生活的不断改善与提高，对主食大米从求吃饱向讲究高档、营养、色香味、食感、方便化、多样化等方向发展，对特色名贵米的需求量增大。另外,农业生产也从单纯追求高产向优质、高效转化。一些传统的珍品稻米,如太湖御糯米、太湖香糯米、常熟鸭血糯米、陕西黑米、胭脂米、贵州黑糯米、青浦香粳米、青浦香精糯米、华南农大黑糯米、枣红糯米等均扩种增产。表 7-5 为我国的一些特色名贵大米。

表 7-5　我国的一些特色名贵大米

品种	类别	大米名称
色米	黑米	陕西黑米;黑珍米
	紫黑米	常熟鸭血糯米;上农香血糯米;云南紫米
	红米	福建美人红;江西奉新红米;华南枣红糯米
香米	传统香型米	江苏太湖香粳米;安徽夹沟贡米;湖北天鹅籼;河南香汤丸大米;陕西洋县寸米;贵州香米;云南八宝香米;北京白玉堂大米;山东明水大米;湖南玻璃米、乌山米;江西冷水白;广东白壳齐眉;山东曲阜香稻米;凤凰台大米
	菜香型米	上农香稻 334;上农香稻 343
色、香双重品质	红色、紫红色香米	青浦香粳米;上农香血糯米;湖南江永红桐禾米;新疆阿克苏红米
	黑色香米	贵州黑珍珠;广西东兰黑米;上海黑香粳米
	黄色香米	安徽红叶香稻米
	乳黄色香米	湖北冬粘
	青色香米	四川黄龙香米

　　b. 食用糙米　随着营养意识的增强,人们开始喜欢吃杂粮、粗粮。糙米作为一种营养米已被消费者所认识。食用糙米指直接蒸煮食用或是用作加工糙米食品的稻谷的颖果。

　　c. 彩色米　近年来,选用天然植物食用色素,将普通大米经过调色工艺,开发出米色呈多种色彩的,不淘洗即可炊煮食用的大米。为了区别于天然色米,故将人为调色加工的有色大米称为彩色米。如绿色大米是添加绿色菜汁或麦苗汁及其天然叶绿素调色后,米粒呈绿色的大米。胡萝卜素大米是添加胡萝卜汁及其天然胡萝卜色素调色后,米粒呈胡萝卜色的大米。胡萝卜色素调制的溶液其色调在低浓度时,呈橙黄到黄色,高浓度时呈红橙色,因而,胡萝卜色素的大米色彩丰富,有黄色大米、橙黄色大米、橙色大米、橙红色大米等。

　　(二)稻谷加工副产品的加工及利用

　　1. 稻壳的综合利用

　　稻谷加工成米产生的稻壳约占投产稻谷质量的 20%。稻壳的主要成分是纤维素、木质素和二氧化硅,热值为 $13.44\sim15.54$ kJ/g。目前稻壳的主要利用方式包括以下几种。

(1)稻壳板材　稻壳经过一定的预处理,加入适量的胶黏剂,在高温高压作用下,稻壳表面部分纤维发生化学变化,从而黏结成具有一定强度的板材。稻壳板具有天然的防火、防虫蚀、绝热隔音、耐磨等性能,是良好的建筑板材。

(2)其他用途　稻壳碳化后可制备有机废料的吸附剂和亲和色谱填料,可作燃料,制备活性炭和白炭黑,制备防水材料,制备水泥和混凝土,制备涂料等。

2. 米糠加工

米糠是稻谷颗粒中的精华所在,集中了稻谷 64% 的营养成分。米糠中含有较多的脂肪与蛋白质,脂肪的含量与大豆相当。我国的水稻产量居世界第一位,米糠资源极其丰富,开展米糠制品的加工及综合利用是大有可为的。

(1)米糠制油　米糠油是一种营养价值较高的植物油,含有丰富的亚油酸、维生素 E。与其他食用油相比,米糠油具有清除血液中的胆固醇、降低血压、加速血液循环、刺激人体内激素分泌、促进人体发育的作用。因此,米糠油是有益于人体健康的营养油,市场前景广阔。

二维码 7-3　米糠的综合利用

(2)其他用途　脱脂米糠可用来制备植酸、糠蜡、谷维素、植酸钙、肌醇和谷甾醇等。米糠颗粒细小、颜色淡黄,便于添加到烘焙食品及其他米糠强化食品中;米糠中的米蜡、米糠素、谷甾醇都具有降低血液胆固醇的作用。米糠在动物畜禽饲料中代替玉米等原料的添加,可降低饲料成本。米糠的综合利用详见二维码 7-3。

三、玉米加工及利用

玉米素有长寿食品的美称,含有丰富的蛋白质、脂肪、维生素、微量元素、纤维素及多糖等,具有开发高营养、高生物学功能食品的巨大潜力。应用传统工艺和现代高新技术,对玉米进行合理开发与加工,将极大地丰富人们的饮食,提高玉米的利用价值,有利于实现农民的增产增收。

(一)玉米籽粒加工利用

1. 玉米籽粒主要成分

玉米籽粒营养丰富,主要成分为淀粉和蛋白质,主要存在于胚乳中,约占胚乳的 90%。普通马齿型玉米淀粉约含 27% 的直链淀粉和 73% 的支链淀粉;玉米籽粒中含 6.5%~13.2% 的蛋白质,根据蛋白质的溶解性,可将其分为水溶性清蛋白、盐溶性球蛋白、醇溶性胶蛋白、碱溶性谷蛋白以及不溶于水性溶剂的硬蛋白。玉米籽粒中脂肪含量为 3.6%～6.5%，纤维素含量为 1.5%～2.5%，灰分含量为 1.0%～2.1%。

2. 玉米籽粒加工利用

依照玉米籽粒的成分利用顺序，可以得到玉米胚芽油、淀粉、胚饼、黄浆水、蛋白质和淀粉渣等产品。

（1）淀粉　淀粉是玉米加工的主要产品，提取方法分为湿法制粉和干法制粉，基本生产过程为：玉米—清理—浸泡—粗碎—胚的分离—磨碎—分离纤维—分离蛋白质—清洗—离心分离—干燥—淀粉。利用玉米淀粉可生产饴糖、糊精、麦芽糖、葡萄糖和果葡糖浆等制品。这些制品被广泛应用于食品和医药工业，经过物理、化学或酶法处理，可制成种类繁多的变性淀粉，这些变性淀粉被广泛应用于食品、建筑、造纸、纺织、医药、农业和化工等行业。

①玉米制糖。玉米制糖是用玉米淀粉经深加工生产而成的。玉米被加工成淀粉，产值增加 1 倍。淀粉再继续被加工成糖稀、饴糖、葡萄糖、果糖、乳酸等化工医药产品，产值可提高 10～24 倍。

②生物降解塑料。随着人们对塑料消费的日趋增长，废塑料对环境的污染也日益严重。生存环境的压力以及可持续发展的要求，迫使人们寻求可被生物降解的塑料制品替代石油化学原料生产的塑料制品。这种塑料是以淀粉为主体，加入适量可降解添加剂后生产的全降解塑料。

③超吸水性树脂。将淀粉-丙烯酸接枝共聚物进行水解，可以得到一种吸水量达到自身质量数百倍的超吸水性树脂。

（2）玉米食品　玉米食品种类繁多。据统计，世界上有 150 多种玉米食品，如玉米蒸糕、玉米粉面包、玉米粉糕点、玉米面饺子、玉米面面条、膨化玉米粉、特制玉米粉、玉米片早餐食品、玉米快餐食品、玉米饮料以及玉米啤酒等。

3. 特种玉米的加工利用

近年来，由于市场需求的变化，玉米籽粒生产开始向专用化和特用化方向发展。目前，主要的特用玉米有笋用玉米、高油玉米、爆裂玉米等多种类型。

（1）笋用玉米　笋用玉米又称笋玉米、玉米笋、娃娃玉米，是指以采收玉米笋为目的而种植的特殊玉米品种。玉米笋实际就是在玉米吐丝前后采收下来的幼嫩玉米雌穗，因其形态和风味与竹笋相似而得名。玉米笋具有较高的营养价值和独特的风味，色泽淡黄晶莹，味道清香，形态美观，食之脆嫩可口。玉米笋的营养价值高，蛋白质、氨基酸、糖、磷、B 族维生素、碳水化合物等都高于多种蔬菜。玉米笋可以作为高档新鲜蔬菜上市，更多的利用是加工生产玉米笋罐头。

（2）爆裂玉米　爆裂玉米作为一种新型营养食品,以其特有的魅力已经在许多国家和地区进入家庭。在美国、日本和欧洲,爆裂玉米已经成为大众化的休闲食品。爆裂玉米全部是角质胚乳,由微小的排列紧密的多边形淀粉颗粒组成,淀粉粒之间无空隙,受热后籽粒内部产生强大的蒸汽压,当压力超过种皮承受力的极限时瞬间爆炸成为玉米花。爆裂玉米花的蛋白质、氨基酸、磷、铁、钙及维生素含量都非常丰富。爆裂玉米含有大量的营养纤维,有助于消化,还具有多种保健功能。作为细作的粗粮食品,可以与全麦面包媲美。

（3）糯玉米　糯玉米与普通玉米最大的差别在于胚乳性质上,由于含有 100% 的支链淀粉,所以其黏性大,不回生。另外,糯玉米的粗蛋白、粗脂肪、油酸、棕榈酸和赖氨酸含量都高于普通玉米。因此从营养学角度讲,糯玉米的营养价值高于普通玉米。糯玉米鲜食时微甜,皮薄,质嫩,味鲜,口感好,特别适合人们的口味。用糯玉米造酒,酒的风味和产量都明显高于普通玉米。

（4）甜玉米　甜玉米籽粒的含糖量高出普通玉米 10 倍以上,脂肪含量也高于普通玉米,且蛋白质中的氨基酸组成与人体接近,还富含维生素。甜玉米果穗形好,色好,略带清香,口感纯正甘甜,柔糯香嫩,鲜食可激发食欲,回味无穷。甜玉米加工除速冻或真空包装可一年四季供应市场外,还可制成段状、粒状、糊状甜玉米罐头以及甜玉米果脯、饮料、冰激凌等食品。目前在国际市场上,甜玉米罐头是一种畅销产品。因此对甜玉米进行加工技术开发可获得很高的经济效益。

（二）玉米副产品的加工利用

1. 玉米胚芽的综合利用

玉米胚芽是玉米籽粒中营养最丰富的部分,它集中了玉米籽粒中的脂肪、糖和蛋白质。玉米胚芽的无机盐成分,随品种不同变化较大。玉米胚芽中脂肪含量最高,其次是蛋白质和灰分。此外,玉米胚芽还含有磷脂、谷醇、肽类、糖类等。玉米胚芽的蛋白质大部分是白蛋白和球蛋白,所含的赖氨酸和色氨酸比胚乳高得多,并且富含人体全部必需氨基酸。

（1）胚芽油　玉米胚中脂肪含量高达 49%～56%,蛋白质含量也很丰富,还含有多种维生素,是良好的食用油源。玉米胚芽油的热稳定性好,降低胆固醇水平的效果显著,是理想的烹调用油。利用玉米胚芽油可加工出营养油、调和油、人造奶油、起酥油及蛋黄酱等油脂制品。

（2）玉米胚芽饼　榨油后的胚芽饼除可直接用来酿酒外,经过处理,还可加工成营养价值高的营养粉和膨松剂。玉米胚芽饼含有较多的蛋白质,但玉米胚芽饼中往往夹杂有玉米纤维,且胚芽饼有一种异味,所以一般将玉米胚芽饼作为饲料处理。如果玉米淀粉、胚芽分离效果好,胚芽纯度高,加之用溶剂萃取玉米油,这样获得的玉米胚芽粉,经过脱臭剂脱臭后,成为营养粉,可作为营养强化剂或良好的食品添加剂,用于制作糕点、饼干、面包等。饼干中添加胚芽粉,能提高饼干松脆度。面包中添加胚芽粉达 20% 时,可使面包的蛋白质含量大大提高,而外观、膨松度、口感等均和原来无大的差异。利用这种胚芽粉,还可提取分离蛋白并制取高质量的玉米胚蛋白饮料。

2. 玉米皮渣的综合利用

在湿法玉米淀粉生产中,副产品玉米皮渣具有较高的营养价值和加工利用价值。

(1)制取饲料酵母　玉米皮渣含有丰富的糖类,其含量达 50% 以上,而且糖类中六碳糖和五碳糖各占 50% 左右。如果玉米皮渣用来制取酒精,只能利用其六碳糖,总糖的利用率较低。而如果用来生产饲料酵母,采用热带假丝酵母,对六碳糖和五碳糖则均能利用。饲料酵母营养丰富,含有 45%～50% 的蛋白质,可消化率高,作为蛋白饲料添加到配合饲料中,具有和鱼粉相同的功效。饲料酵母对玉米皮渣水解液中糖类的转化率约为 45%,即最终产品中饲料酵母的含量可达 22.5%。玉米皮水解液的含糖量可达 5% 以上,采用流加法可有效地提高饲料酵母的产出率,从而降低产品成本。

(2)生产膳食纤维　玉米皮渣是从谷物中分离出来的纤维物质。玉米皮渣在未经生物、化学、物理加工前,难以显示其纤维成分的生理活性。因此,必须将玉米皮渣中的淀粉、蛋白质、脂肪通过分离技术除去,从而获得较纯的玉米纤维,这样才能成为膳食纤维。如果不经过分离提纯,不仅缺乏生理活性,而且会使食品的口感变差。玉米纤维的活性部分特别是可溶性部分,主要是半纤维素。若将这一部分作为食品添加剂,其口感要比不溶性部分好。

玉米食用纤维具有多孔性、吸水性好的特点,若添加到豆酱、豆腐、肉类制品中,能保鲜并防止水的渗出;用于粉状制品(汤料)可作载体;用于饼干生产中可使生面易于成形。

(3)玉米麸质粉的利用　在玉米精制阶段从黄浆水中分离出来的麸质粉中含有大量的蛋白质、玉米黄素、叶黄素及脂肪等物质。麸质粉可用来生产许多种类的物质。

(4)生产蛋白发泡粉　蛋白发泡粉是一种氨基酸型表面活性剂,它具有不怕油、消泡、打擦度高、泡发性能好等特点,且溶解速度快,可重复打擦,广泛应用于糕点、糖果、冷饮、面包等食品行业中,有发泡、酥松、增白和乳化等作用,并可增加食品的营养。

（5）水解制新型调味品　在日本和美国，利用酸水解植物蛋白生产新型食品的历史虽然不长，但发展很快。1980年日本农林省酱油规格中规定有新式酿造法，即是用盐酸水解植物蛋白制成水解液，再经发酵制成酱油。

3. 玉米芯的利用

玉米芯是玉米脱去籽粒后的穗轴，一般占玉米穗重的20%～30%。我国每年有大量的玉米芯被丢弃或作为燃料，这是很大的浪费。

（1）利用玉米芯生产食用菌　近年来，利用玉米芯代料生产食用菌得到广泛的应用。

（2）玉米芯提取木糖醇和糖醛　木糖醇属于多元醇，为白色晶体，容易溶解于水和乙醇中，其甜度高于蔗糖。木糖醇易被人体吸收，代谢完全，不刺激胰岛素的分泌，不会使人体血糖急剧升高，是糖尿病人理想的甜味剂和具有营养价值的一种甜味物质。另外，玉米芯中含有大量的聚戊糖，它是制备糖醛的重要原料，也是一种重要的有机化工产品，还是树脂、塑料、橡胶、合成纤维等工业产品的原料。

（3）其他利用　玉米芯还可以加工成理想的木材代用品植物炭，它无烟、无尘、无废渣，效果良好，价格便宜，可以作为冶炼的覆盖保温剂和添加剂。

4. 玉米秸秆的利用

（1）成熟秸秆的利用　收获果穗后的玉米秸秆含蛋白、粗脂肪、粗纤维。将其青贮粉碎发酵，制成的饲料具有苹果酸甜味，喂养家畜效果良好。成熟秸秆还可用于其他行业，如工业上用玉米秸秆制取纤维素、人造丝、纸张、胶板等；食品业上用玉米秸秆制取饴糖、葡萄糖、酿酒等；化学工业上用其提取糠醛等。

（2）青贮玉米的利用　在适宜玉米品种的籽粒蜡熟后期其秸秆经青贮后，作为反刍动物的饲料，其消化率可达60%～70%。而传统的秸秆用作饲料的消化率只有20%～30%。玉米秸秆青贮不但可以提高秸秆利用率，防止秸秆霉变，利于较长期保存，而且可以增加适口性。青贮玉米制作简便，成本低廉。

5. 苞叶的利用

玉米苞叶在编织业广泛应用，主要编织产品有提篮、地毯、床垫、坐垫、门帘及其他装饰品。用于加工编织工艺品的玉米苞叶，必须色白、无霉变，软硬和厚薄适宜。在玉米收获时去掉外面的老皮和紧贴玉米粒的嫩皮，中间部分就是理想的草编原料。

第三节 油料作物加工及利用

油料作物是一种经济价值和营养价值都很高的作物,不仅含有大量的脂肪,而且含有丰富的蛋白质。油脂的用途很广,除直接食用外,还广泛地应用于食品、医药、日用化工等工业。脱脂后的饼粕,除用作饲料,还大量用于食品工业,如脱脂豆粉、组织蛋白、浓缩蛋白、分离蛋白等,这些半原料性的产品,在我国已开始用于主食、副食、乳制品等,这将大大提高油料的经济价值。

油料的加工利用,现在沿着两个方向发展:一方面是取油,油被取出后通过精炼,可以直接食用或通过氢化进一步制成起酥油、配制人造奶油等产品;另一方面是合理开发利用蛋白产品,即通过加工把蛋白质分离出来,充当填充料、营养强化剂、发泡剂等添加到肉类、冷饮、糕点等食品中,取代奶类、肉类,可获得很高的经济效益。

一、油料加工基础知识

(一)油料作物的种类

我国的油料作物品种很多,资源丰富。主要品种有大豆、花生、油菜籽、棉籽、向日葵、茶子、胡麻等。这些油料品种不同,营养成分不一样,其用途也各异。表7-6为几种油料作物种子的营养成分含量。

表 7-6　几种油料作物种子的主要营养成分含量　　　　　　　　　　%

作物	水分	脂肪	蛋白质	磷脂	碳水化合物	粗纤维	灰分
大豆	9～14	16～20	30～45	1.5～3.0	25～35	6	4～6
花生仁	7～11	40～50	25～35	0.5	5～15	1.5	2
棉籽	7～11	35～45	24～30	0.5～0.6	—	6	4～5
油菜籽	6～12	14～25	16～26	1.2～1.8	25～30	15～20	3～4
芝麻	5～8	50～58	15～25	—	15～30	6～9	4～6
葵花籽	5～7	45～54	30.4	0.5～1.0	12.6	3	4～6
米糠	10～15	13～22	12～17	—	35～50	23～30	8～12
玉米胚	—	35～56	17～28	—	5.5～8.6	2.4～5.2	7～16
小麦胚	14	14～16	28～38	—	14～15	4.0～4.3	5～7

资料来源:秦文. 农产品贮藏与加工学. 北京:中国质检出版社,2014

(二)油料加工基本工艺流程

(1)油料的清选 对油料进行清选的目的是减少油脂损失,提高出油率,提高饼粕和副产品的质量,提高设备的处理量和工艺效果。由于油料与杂质间存在粒度、比重、形状、表面状态、硬度、弹性、磁性及气体动力学等性质上的明显差异,所以可以采用筛选、风选、磁选、水选等方法,将各种杂质与油料分开,以达到除杂的目的。

(2)油料的剥壳去皮 油料的皮壳主要由纤维素和半纤维素组成,含油量极少,约为1%。油料作物一般带壳量相当大,可达20%以上。如带皮壳压榨浸出油脂,将大大降低出油率,而且皮壳中的色素等物质容易转移到油中,增加精炼的困难,同时,对于饼粕的利用也极为不利。因此,在制油过程中,必须把皮壳去掉。

(3)料坯制备 提取油脂时,必须制成料坯,以便于取油。料坯的制备通常包括破碎、软化和轧坯等工序,其中主要的工序是轧坯。轧坯指利用机械的作用,将油料由粒状压成片状的过程。在一次压榨取油或生坯一次浸出取油前,通常采用一次轧胚,二次压榨,预榨浸出后的物料,进行二次轧坯。轧坯能破坏细胞组织,以利蒸炒工序和萃取效果。轧坯厚度越薄越好。

(4)油料的蒸炒 轧坯后所得的料坯经过湿润加热、蒸坯及炒坯等处理,使之适于压榨。

(5)压榨取油 油脂存在于细胞原生质中,经过轧坯、蒸炒,油脂在油料中大都处于凝聚状态。压榨取油就是借助机械外力作用,使油脂从榨材中挤压出来的过程。

二、油料作物加工及利用

(一)大豆

大豆的食用价值极高,早在先秦时代,人们就知道把大豆煮熟发酵制成豆豉,到了西汉发明了豆腐,以后又出现了大豆制酱、制酱油等。大豆富含蛋白质,每千克大豆的蛋白质含量相当于 2 kg 瘦猪肉,或 3 kg 鸡肉,或 12 kg 牛肉。因此,大豆有"浓缩蛋白质"的美称。除蛋白质外,大豆还含有脂肪、膳食纤维、碳水化合物、硫胺素、烟酸、维生素 E、钙、铁、磷、硒等。图 7-2 为大豆的加工产品示意图。

1. 大豆油脂

大豆油脂是人民生活的必需品,也是重要的工业原料。大豆油脂通过精炼后,可以生产各种精炼油,如起酥油、人造奶油等,能满足更广泛的需求,提高大豆油脂的经济价值。大豆一般含油率在 25% 左右。

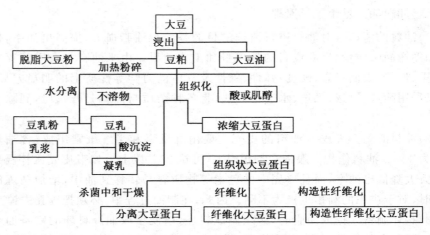

图 7-2　大豆加工产品示意图

2. 大豆蛋白质

大豆榨油后的副产物是脱脂大豆(豆粕)。它含有大豆中所有的蛋白质,是加工大豆蛋白制品的原料。高变性豆粕主要用作饲料,中变性豆粕主要用作代替大豆作酱油和豆酱的原料,低变性豆粕是加工大豆蛋白食品的理想原料。

(1)大豆粉　大豆粉由脱脂大豆加工而成。脱脂大豆粉中去掉纤维成分后,其理化性质与脱脂奶粉相似,而其蛋白质含量比脱脂奶粉要高 20%以上。

(2)浓缩大豆蛋白　浓缩大豆蛋白是从脱脂大豆中除去可溶性的碳水化合物和各种气味后得到的产品,其蛋白质含量高达 70%左右。

(3)豆浆粉　豆浆粉是由脱脂大豆浸出其所含的可溶性成分,通过加热和干燥制成的。豆浆粉的蛋白质含量可达 60%～70%,其他大部分为碳水化合物。在生产上,豆浆粉应用广泛:①生产冰激凌时,用它代替脱脂乳粉。②烘烤点心时,作为原料中一部分面粉的代用品。③用它代替鸡蛋用作点心的原料。④添加于鱼丸类制品和搅碎的肉中等。

3. 大豆食品与大豆饮料

大豆食品种类繁多,生活中常见的有豆腐、豆芽、豆脑、豆浆、豆奶、豆油、腐竹等,加工技术和方法亦非常简单。大豆饮料不但营养价值高、营养平衡,而且生产简单、经济,近年来在国内外市场上悄然兴起。

(1)用黄豆生产金菠露清凉饮料　金菠露饮料是以黄豆为原料,经一系列理化处理精制而成的一种酸甜可口的新型清凉饮料。它主要含有柠檬酸、苹果酸等有机酸以及维生素、糖和少量蛋白质等成分,是一种营养饮料。

（2）利用脱脂豆粕制作清凉饮料　脱脂豆粕中含有大量的有机酸,主要是柠檬酸,其次是苹果酸、酒石酸和琥珀酸等,可制作清凉饮料。

（3）利用做豆腐的残水生产饮料　在豆腐残水中除了含有少量的蛋白质外,还含有大量的有机酸盐类。其中主要是柠檬酸,还有苹果酸、酒石酸、磷酸、琥珀酸等,可用来生产饮料。

其他大豆饮料种类也很繁多,如豆乳碳酸饮料、乳酸豆奶饮料、咖啡大豆饮料、冷冻酸豆乳酪布丁等。

（二）花生加工及利用

花生又名长寿果、千岁子,具有很高的营养价值,其全身都是宝(表 7-7 为花生成分含量表)。我国是全球花生第二生产国。花生的药用保健价值也早已引起人们的重视。花生中含有的多种维生素和不饱和脂肪酸、烟酸等,都是人体不可缺少的。花生中赖氨酸比大米、面粉、玉米高 3～8 倍,有效利用率高达98.84%。赖氨酸可防止人体过早衰老,使儿童的智力提高。不饱和脂肪酸可使人体内胆固醇分解为胆汁酸,防止动脉硬化和冠心病发生,而且还有防止皮肤老化和美容的功能。

表 7-7　花生成分含量表　　%

部位	占粒重	水分	蛋白质	粗脂肪	粗纤维	碳水化合物	灰分
花生壳	28～32	9～12	5～9	1.2～4	58～79	1.1～2.2	2.8～8.8
花生仁	68～70	4～6	25～30	46～52	2.8～3.0	10～13	2.5～3.0
花生胚	4	3.5～5	26～38	42～46	1.6～2.5	14	2.7～3.1
红衣	3	5～9	11～18	12	37～42	12～28	8～21

1. 花生仁

花生仁是一种优良的天然食品,一些国家称之为"第一食品""绿色牛奶"。花生仁中碳水化合物主要组成为:淀粉 4%,双糖 4.5%,还原糖 0.2%,戊聚糖2.5%。在 100 g 花生仁中含维生素 B_1 1.07 mg,维生素 B_2 0.11 mg,烟酸 9.5 mg,胆碱、维生素 E 少量,钙 67 mg,磷 378 mg,铁 1.9 mg。花生仁中水溶性蛋白占97%,其次为盐溶蛋白。花生蛋白 90%是花生球蛋白和伴花生球蛋白,10%是清蛋白,经加工后消化率达 96%以上。

2. 花生油

花生油中含有亚油酸等不饱和脂肪酸,还含有棕榈酸、硬脂酸等饱和脂肪酸,不饱和脂肪酸与饱和脂肪酸的比例约为 2∶1。花生油中含花生四烯酸及人体不能合成的必需脂肪酸,同时,每 100 g 油中还含 15 mg 维生素 E 及其他营养物质,适合各年龄段的人食用。

3. 食用脱脂花生粉

食用脱脂花生粉是制取各种花生食品的基础。不论用它生产组织蛋白、分离蛋白，还是作为做面包、饼干、糖果、饮料的原料，都需要在符合卫生标准，提高营养价值的前提下，保留其特有的色、香、味。脱脂花生粉含有丰富的蛋白质（55%以上）、碳水化合物（27%左右），同时还含有多种维生素，营养价值颇高。脱脂花生粉还含有较多的镁、锌、铁等矿物质和烟酸（抗癞皮病）等营养物质，其含量高于小麦数倍到数十倍，因而对防止幼儿缺铁、缺钙、促进幼儿发育有特别功效。花生粉中棉籽糖和水苏糖这两种不消化糖（腹内产生胀气）的含量（0.41%和0.71%）只有大豆的1/7，而且不含胆固醇，适合制作婴幼儿及老年人食品。

4. 花生蛋白

花生仁中含有丰富的蛋白质，但其唯一的缺点是缺乏赖氨酸，制作食品时需与其他营养成分相配合。

（1）乳香花生蛋白粉　用水溶法提取花生蛋白，同山羊奶配合，可以有效地利用花生蛋白和山羊奶中必需的氨基酸和脂肪酸成分，使二者互补强化。

（2）纤维化花生蛋白肉　将花生蛋白纤维与动物肉混用，其中添加猪肉、牛肉20%以上，这既改善了动物制品的品质，还可以降低胆固醇的含量，增加食品的风味和营养，很受消费者欢迎。同时人造蛋白肉成本低、售价高，利润很大。

（3）花生蛋白固体饮料　用先进的水溶法提取花生油和花生蛋白，蛋白质基本不变性，具有较高的 PDI 值（蛋白质分散指数），成为理想的植物蛋白饮料的原料，制成的固体饮料具有良好的速溶性和稳定性。

（4）花生豆腐　制作花生豆腐的主料可用花生仁，也可以用花生饼粕，但要求除去红衣，以免影响制品的色泽。

5. 花生食品

花生食品种类繁多，市场上常见的有奶油花生酥、花生珍珠糕、油炸花生包、花生蛋白脆、营养花生酱等。

6. 花生副产品的加工利用

（1）花生壳　花生壳可以作为酿造业原料，如酿制酱油，还可以作为畜禽的饲料。将花生壳磨成粉末，混在其他精饲料中，猪的出肉率可提高23%，鸡的产蛋率可提高25%；将花生壳粉加入10%的麸皮、15%的米糠、75%的水，用颗粒机加工成颗粒调料，可用来饲喂畜禽和鱼虾。在工业上，花生壳一方面可以作为塑料填充剂，生产聚烯烃复合材料，另一方面可以代替苯酚制备酚醛树脂胶黏剂，还可以制作活性炭。

（2）花生红衣 花生红衣主要应用在医药业。用花生红衣生产的止血药物，不但有止血作用，对原发病亦有一定疗效。这些药物对消化系统、泌尿系统、生殖系统出血，对齿龈出血、鼻衄、外伤性渗血，对血小板减小性紫癜等均有明显效果。

（三）向日葵加工及利用

向日葵的种子含油率高，是世界上重要的油料作物之一。向日葵用途广泛，具有很高的经济价值。

1. 向日葵油

向日葵油属于半干性油，品质优良，且易于加工提取。表7-8为几种主要油料作物的脂肪酸含量比较。向日葵油由于富含亚油酸和不饱和脂肪酸（30%），对降低血压和胆固醇、防止动脉硬化具有良好的医疗作用。除直接食用外，葵花籽油是人造奶油、营养调和油、起酥油、蛋黄酱、色拉调味汁及色拉油、糖果糕点等工业食品的辅助原料。由于葵花油理化性能好，经过提炼和加工，还可用于某些重要工业行业，如皮革、石油、精密仪器、纺织、医药等生产中。

表7-8 几种主要油料作物脂肪酸组成的比较 %

脂肪酸	向日葵	油菜	油橄榄	大豆
硬脂酸	3.7	1.4	2.0	3.7
软脂酸	6.4	5.6	15.5	10.4
油酸	23.8	58.2	66.5	21.1
亚油酸	65.0	22.2	13.5	55.7
亚麻酸	0.2	8.9	0.5	7.6
合计	99.1	96.3	98.0	98.5

资料来源：严兴初．特种油料作物栽培与综合利用．武汉：湖北科学技术出版社，2006

2. 向日葵食品

（1）干果 世界上许多国家把向日葵籽实作为干果炒熟后食用。食用型向日葵品种含油量较低、籽实大、易脱壳。种仁营养丰富、有微香，少食有益健康。

（2）食品 在北美，脱壳的向日葵种仁可用于制作甜食、烹饪或与开胃酒并用。把蔬菜或动物粉添加到向日葵蛋白粉中，可以弥补向日葵赖氨酸的不足，并可以用作面粉（干物质中含55%的蛋白质）、强力粉或特强粉（含90%的蛋白质）。无组织结构的蛋白质在饮食业、糕点业、面包业以及猪肉制品中被广泛使用；有组织结构的蛋白质可用作人工肉、面食和调味品等。此外，向日葵的蛋白粉还用于干酪素和酱油的制造。

3. 饼粕

向日葵榨油后的副产品是饼粕。它含有丰富的营养,其中氮化合物占41.5%,纤维素占16.0%,矿物质含量占67%,还含有少量的脂类8%～11%。向日葵饼粕含有30%～36%的蛋白质,其中包括丰富的含硫氨基酸;总蛋白中球蛋白占55%～60%,清蛋白占17%～23%,谷蛋白占11%～17%,是很好的家畜精饲料。饼粕还是加工制作味精、酱油、葵花酱、饼干等食品的原料。

4. 医药原料

向日葵的医药价值常被忽视。很早以前,美洲有人将野生向日葵的花盘浸泡后饮用,可治疗肺部疾病,这种方法曾介绍到欧洲,今天的乌克兰人仍然使用这种传统药剂。在我国,向日葵的医疗用途主要在中医上。向日葵入药主治头痛眩晕、功能性子宫出血、高血压、胃痛等疾病。

5. 向日葵茎秆的利用

(1)青饲料和牧草　向日葵苗期至开花期均可作为动物饲料,由于向日葵植株具有很强的韧性,因此很适合喂饲奶牛和羊。

(2)制造钾肥和钙肥　向日葵茎秆中含钾、钙非常丰富,是优质的钾肥和钙肥源。

(3)向日葵茎秆是造纸和制作隔音板、家具板的原料。

6. 向日葵的其他用途

(1)养蜂蜜源　向日葵花大,花期长,花内蜜腺多,是养蜂的极佳蜜源。种植向日葵并同时发展养蜂业,既可生产蜂蜜,又能提高向日葵的结实率。

(2)向日葵籽实的壳可用作栽培食用菌的原料,也是制造胶合板、木糖、皮革的原料,还可制作绝缘材料;花盘可用来生产果胶。

(四)胡麻加工及利用

胡麻是我国重要的油料作物,是我国西北部地区极具开发前景的经济作物。胡麻一般指的是油用亚麻,在我国当前主栽亚麻品种为油纤兼用型。胡麻的综合利用价值高,尤其具有抗癌效应,已引起国内外的广泛注意。其籽可榨油,茎秆可制取胡麻纤维,剥离纤维后的木质部是压制纤维板的很好原料。胡麻籽在我国目前主要加工成胡麻籽油,饼粕作肥料或饲料用,进一步开发其深加工高附加值产品的潜力还很大。

1. 胡麻籽的结构及化学组成

胡麻籽由皮和仁两部分组成,其中含皮42%～50%,仁50%～58%。皮中含8%～10%的胶质及20%左右的粗脂肪和25%左右的粗蛋白。仁中含45%以上的粗脂肪和 25% 左右的粗蛋白质。

胡麻籽除可榨油外,还有重要的药用和保健价值,如压碎后可止痒,煎服可解毒镇痛,胡麻籽粉能降低血清胆固醇和肝胆固醇,有的国家把胡麻籽粉作添加剂加入食品中食用或直接食用。

2. 胡麻油

胡麻油外观黄色、透明,有胡麻籽固有的特殊气味,是当前市场上畅销的一种油品。

(1)食用　胡麻油质优味美,营养价值很高。胡麻油不饱和脂肪酸含量在90%以上。其中,α-亚麻酸含量十分丰富,在 50% 以上,仅次于苏子。新鲜胡麻油油质好、气味芳香,是优良的食用保健油。但由于胡麻油不饱和度高,稳定性差,易自动氧化变质,即使短期保存也常酸败。因此,胡麻油不适宜长期保存。

(2)工业用　胡麻油具有良好的干燥性能。胡麻油 α-亚麻酸含量高,易发生氧化聚合反应,形成不溶于水、油、溶剂的坚韧薄膜,是优质的干性油。工业上用于涂料、印刷油墨、油布、油纸等。

(3)医药保健用　α-亚麻酸具有维持大脑和神经正常、抗血栓和降血脂的作用,另外胡麻油还具有一定的抗癌效果。

3. 饼粕利用

胡麻饼粕是胡麻榨油后的副产品,营养价值较鱼粉高 10%~15%,是优良的饲料添加剂。胡麻饼粕粗蛋白含量丰富,总能值和可消化能值高,蛋氨酸和赖氨酸含量丰富,因此是优质的高蛋白饲料资源。胡麻饼粕还含有丰富的维生素,每千克胡麻饼粕含有胡萝卜素 0.3 mg,维生素 B_1 2.6 mg,维生素 B_2 411 mg,烟酸 39.4 mg,胆碱 1 672 mg,还含有少量油脂。因此,胡麻饼粕是营养价值很高的高蛋白饲料资源。饼粕中的生氰糖苷在体内可经酶解产生 HCN,HCN 在体内释放 CN^- 能迅速与氧化型细胞色素氰化酶中的 Fe^{3+} 结合,引起细胞窒息,氰化物对中枢神经系统还具有直接损伤作用。但近年来发现生氰糖苷具有抗结肠癌、乳腺癌和前列腺癌等功能。

4. 其他用途

(1)胡麻纤维　胡麻茎秆纤维是高档的造纸、纺织原料。

(2)胡麻籽皮壳　胡麻籽皮壳中丰富的胡麻胶是良好的食品添加剂,在食品加工中作为增稠剂和稳定剂具有很大的市场潜力。

5. 胡麻油的加工

胡麻油的制取一般采用压榨法和预榨-浸出的方法,工艺流程如下:

(1)压榨法　原料胡麻籽—清理—去杂—软化—蒸炒—压榨—毛油过滤—精

炼—成品油。

（2）预榨-浸出法　如图7-3所示。

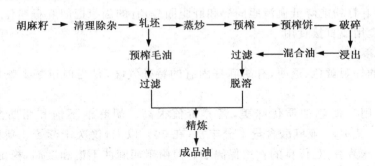

图 7-3　胡麻的预榨-浸出工艺流程图

资料来源：严兴初．特种油料作物栽培与综合利用．武汉：湖北科学技术出版社，2006

第四节　杂粮作物加工及利用

杂粮泛指生长周期短、种植面积少、种植地域性强、种植方法特殊、营养较丰富的多种粮豆的统称，主要包括高粱、谷子、糜子、大麦、燕麦、荞麦、芸豆、绿豆、红豆、扁豆、豌豆、蚕豆等。近年来，杂粮的营养功能特性越来越受到人们的重视。

一、杂粮营养和利用状况

五谷杂粮是中华民族的营养源，我国早有"五谷为养"之说，五谷通常指稻、黍、麦、菽和粟。2000多年前中国医学专著《黄帝内经》里已经总结出了健康饮食指南："五谷为养，五果为助，五畜为益，五菜为充，气味合而服之，以补养精气。"现代人生活水平已经普遍得到提高，饮食精细化，鱼肉、果蔬等在饮食结构中所占比例增加，杂粮所占比例减少，导致饮食结构失调，从而引发很多疾病。因此，重建合理的饮食结构对健康生活有相当重要的意义。杂粮营养全面，具有很好的食用和药用价值，是一类具有特殊利用价值的食药同源作物。杂粮的这些优势使其具有深度开发和市场扩展的巨大潜力，同时国内的杂粮消费时尚也正在悄然兴起。

杂粮营养丰富并具有较强的保健功能，如荞麦、糜子、燕麦、青稞等小杂粮集食用与药用于一身，是重要的营养保健食品资源，其蛋白质、脂肪、碳水化合物、维生素、矿物质、纤维素等营养成分含量高、比例合理。另外,杂粮产地土壤和空气污染少,生产过程纯净安全,是天然绿色的食品资源。因此,长期食用小杂粮,具有润肠通便、降血压、降血脂、降胆固醇、调节血糖、解毒抗癌、防胆结石、健美减肥等功效。如裸燕麦中蛋白质、脂肪、矿物质总量及不饱和脂肪酸含量均居谷物之首,特别是其所含的 β-葡聚糖在所有谷物中含量最高,一般可占籽粒重量的 $2\%\sim5\%$。β-葡聚糖作为功能因子,在维持血糖平衡和抑制胆固醇的吸收方面具有明显的作用。荞麦面粉的蛋白质含量为 $10\%\sim15\%$,高于大米、小麦,并且荞麦中 8 种必需氨基酸含量丰富,尤其是精氨酸、赖氨酸、色氨酸、组氨酸的含量较高。荞麦中的黄酮类物质——芦丁,具有软化血管、降低血脂和胆固醇的功能,对预防高血压和心血管疾病也有独特的功效。红豆是制作各种糕点馅和风味食品的上佳原料,且具有利水、除湿、活血、消肿、解毒等多种药用价值。绿豆富含氨基酸和矿物质,是一种高蛋白、低脂肪、多营养、广用途的食物原料,具有清凉解毒、止泻利尿、滋补强身的作用。薏苡仁中除含有较丰富的蛋白质、脂肪、碳水化合物和维生素 B_1 外,还含有薏苡素、薏苡酯、三萜化合物等功能性成分。总之,每种杂粮作物都独具不同的营养特点和功能优势,增加杂粮的食用量,对于改善人们的膳食结构,提高人们的健康水平有着重要的作用。杂粮可以加工成蒸煮食品、烘烤食品、膨化食品、发酵食品、糕点食品以及杂粮饮品等多种食品,种类可达 100 种以上。谷物杂粮的开发和利用现状如表 7-9 所示。

表 7-9　谷物杂粮开发利用现状

杂粮	开发产品
燕麦	纯燕麦制品:普通燕麦片、速食燕麦片、儿童燕麦片、燕麦粉、燕麦麸等
	燕麦食品:燕麦饼干、面包、糕点、挂面、燕麦八宝粥、燕麦方便面、即溶营养燕麦片等
	燕麦保健食品:燕麦膳食纤维系列产品、燕麦保健品、燕麦脂肪替代物、燕麦保健片等
荞麦	荞麦食品:荞麦挂面、荞麦方便面、荞麦蛋糕、荞麦豆酱、荞麦早餐食品等
	荞麦饮料:苦荞食疗酒、苦荞醋、苦荞茶、荞麦酿奶等
	荞麦化妆品:苦荞护发素、苦荞沐浴液、苦荞护肤霜、苦荞防辐射面膏等
	荞麦黄酮类产品:生物类黄酮散、生物类黄酮软膏、生物类黄酮胶囊、生物类黄酮牙膏、生物类黄酮口香糖等
小米	方便食品:小米儿童营养食品、小米营养方便粥、小米乳饮料、小米面夹馅蛋糕、小米酥片
	色素利用:小米黄色素;酿酒,如小米黄酒、调料酒、小米陈醋等

续表 7-9

杂粮	开发产品
高粱	食品加工：高粱面包、高粱甜点、高粱早餐食品、高粱膨化食品等
	其他应用：酿制白酒、提取淀粉、制饴糖、制醋等
薏米	作为中药
	食品加工：薏米大麦粉、薏米饼干、薏米类膨化食品、薏米醋等
大麦	功能食品开发：薏米乳精、薏米保健酒等
	大麦食品：大麦粉、大麦片、大麦仁
	大麦加工：啤酒、威士忌、麦芽醋、大麦茶

二、杂粮加工及利用

(一)高粱

高粱不仅是世界上主要的谷类作物之一，也是我国古老的粮食作物之一。高粱自古就是人类的口粮。早些年，在我国北方的一些地区，高粱米、高粱面是人们的主要食粮。随着人们生活水平的提高，加之高粱食品的适口性和消化性较差，高粱已渐渐不再作为主粮出现在人们的餐桌上。然而，高粱含有较多的蛋白质和丰富的天然微量铁元素。高粱中含有的鞣酸蛋白可用以止泻，含有的单宁酸与高粱蛋白质能形成不溶性复合物而降低其消化性，对减轻体重有一定的效果。高粱中还含有多种植物化学素（包括酚类化合物、植物甾醇与高级烷醇），植物化学素具有抗氧化、降低血液胆固醇的特性，对预防癌症与改善心血管疾病非常有用，加之它的健脾、消积等保健作用，近些年来高粱食品又再次引起人们的广泛兴趣。

高粱蛋白质含量较高，并且蛋白质中氨基酸的种类齐全，含有人体所需的多种必需氨基酸，除色氨酸、赖氨酸外，其他氨基酸的含量均高于小麦、水稻、玉米等大宗粮油作物。高粱的表皮中含有一种具有涩味的多酚化合物——单宁，它是一种抗营养因子，可以与高粱中的蛋白质、酶、矿物质（如铁）、B 族维生素（如硫胺素、维生素 B_6）结合，不仅降低了高粱的营养价值，也降低了高粱的适口性和消化率，影响高粱资源的开发利用，但可以通过浸泡、发芽和挤压等加工处理方式来降低单宁的含量。

1. 高粱白酒和啤酒

我国的酒文化历史悠久，自古到今，以高粱为原料来酿造白酒已有 700 多年的历史，素有"好酒离不开红粮"的说法，其中的"红粮"说的就是高粱。以高粱为原料酿造的白酒以其色、香、味俱佳而受到人们的追捧,其中著名的白酒品牌有茅台、五粮液、泸州老窖等。另外,发芽高粱可以作为啤酒酿造原料,以此来代替大米和部分大麦芽,通过加工处理,不仅可以获得比普通啤酒高两倍的赖氨酸啤酒,而且不失啤酒的风味和特色。

2. 高粱醋

以高粱为主料的陈醋醋味醇厚,呈浓褐色,液态清亮,具有沉淀少,贮放时间长和不易变质的特点。陈醋中最出名的是山西老陈醋,它的生产已有 3000 余年的历史,素有"天下第一醋"的盛誉。其主要酿造工艺特点为:以高粱、麸皮、谷糠等多种原料配比,以大麦、豌豆所制大曲为糖化发酵剂,低温浓醪酒精发酵,高温固态醋酸发酵,熏醅和新醋长期陈酿。陈醋不但是调味佳品,可以开胃、抑菌,还可供药用,对高血压、肝炎、皮肤病具有一定的疗效和预防作用。

3. 高粱面

由于高粱蛋白中醇溶蛋白含量低,在加工过程中不易形成面筋,形成的面团缺乏延伸性,所以高粱粉一般都以辅料形式添加于小麦粉中来制作不同风味的面食。目前,市面上的高粱面条中高粱粉的添加量大都低于 10%,若单独使用高粱粉或大剂量添加高粱粉来制作面条,制得的面条品质较差,断条率和蒸煮损失率过大。由于高粱的蛋白质消化率低,且含有丰富的抗性淀粉,所以其营养特性非常符合糖尿病、肾病病人所要求的"低蛋白、低升糖指数"的要求。

(二)谷子加工与利用

谷子又称粟米、小米,具有较强的耐旱能力,在半干旱地区,它是一种重要的谷物。谷子营养丰富,其不饱和脂肪酸、类胡萝卜素、维生素和微量元素含量均高于其他谷类。谷子中含有类胡萝卜素,可以保护视力,增加人体免疫力。一些微量元素如钙、铁、锌、硒等,在谷子籽粒中含量较高,这些微量元素在补血壮体、防治克山病和大骨节病中发挥了重要的作用。此外,食用谷子还可以防治贫血,在人体代谢中起着重要的作用。谷子中蛋白质含量也较高,同时还含有丰富的生物类黄酮、多酚、肌醇、甾醇等生物活性物质,这些物质的存在有助于预防骨质疏松、心血管病等多种疾病。因此,人们越来越喜欢以小米为原料的食品,这为谷子加工提供了广阔的市场前景。另外,谷草、谷糠质地柔软,营养丰富,是良好的牲畜饲料。

1. 谷子初加工

目前,我国谷子消费以米粥为主,80%以上谷子用作米粥,原粮初加工产品——小米在谷子加工中占主导地位。

2. 谷子深加工

谷子适口性好,营养成分易被人体消化吸收,可被制成各类食品,如小米馒头、挂面、速食小米粥、小米饮料、小米锅巴等大众化食品。河南的小米油茶粉、云南的小米鲊、山东的小米煎饼以及台湾地区的小米酒等都是具有区域特色的小米产品。

（三）燕麦加工及利用

燕麦是禾谷类作物中营养价值极高的作物之一,被誉为"九粮之尊"。实践证明,长期食用一定量的燕麦食品,对人体的高脂血症、高血糖病有很好的预防效果,而且由于其蛋白质含量高,尤其是对人体智力和骨骼发育有增进功能的赖氨酸的含量高而被誉为儿童和中老年人的最佳食品之一。燕麦原粮有两种:一种是带壳裸燕麦,又称莜麦,另一种是不带壳的皮燕麦,它们的加工方法也各不相同。

1. 燕麦粉

燕麦粉是指燕麦经过炒制和烘干之后,经过研磨所形成的粉末状的产品。燕麦粉可以直接参与一些面食的制作,比如莜面栲栳栳、莜面鱼鱼等传统杂粮面食。这种经过烘干或炒制的燕麦粉,具有保质期长、气味香的特点,并且营养价值远高于普通的小麦粉。燕麦面包也是常见的燕麦加工食品,随着人们养生意识的提高,越来越多的人选择燕麦面包来代替传统的面包。

2. 燕麦片、燕麦米

燕麦片、燕麦米都是经过基本的浅层加工形成的燕麦制品,燕麦的压片可以使燕麦淀粉糊化,提高产品的吸收能力和消化能力,燕麦米则是通过简单的脱壳、籽粒切割等工艺,改变组织结构和产品外观,使燕麦大小合适,可以直接作为食物,添加到粥、米糊等食物中一起烹制。

3. 其他燕麦产品

燕麦产品除了食用价值,还潜藏着很多其他方面的用途。通过提取燕麦中的物质,可以制作成食品增稠剂、食品胶及添加剂;燕麦的抗氧化性强、成分丰富也使其成为一些高级肥皂、香皂和化妆品中的基本成分;燕麦还可以制作饮料,生产 β-葡聚糖,麸皮可以生产味精等;皮燕麦大多数是直接作为饲料用于农牧业生产。

（四）荞麦的加工及利用

荞麦营养价值高,各种氨基酸比例合理,淀粉、维生素等含量较高,荞麦中所含的黄酮类物质主要为芦丁,芦丁是其他粮食作物很少具备的,其具有重要的保健功效,如抗氧化、软化血管、改善微循环、抑菌、抗病毒、清热解毒、降血糖、降血脂等,在临床上可用于糖尿病和高血压等的辅助治疗。

1. 荞麦主食

荞麦药食同源,营养丰富,人们对主食类荞麦食品的加工工艺在不断改进。现在荞麦主食类食品主要有荞麦面粉、挂面、碗托和米糊等,以粗加工为主。

2. 休闲食品

人们对于食品口感和营养价值的要求越来越高,因此,荞麦膨化食品种类越来越丰富。荞麦皮粉中黄酮类化合物含量较高,可以用来制作荞麦脆片;荞麦芯粉可以用来制作荞麦煎饼,还能制作荞麦曲奇饼干、荞麦面包等。

3. 发酵产品

荞麦中的苦荞经发酵生产的苦荞醋、苦荞酒、苦荞酸奶等均是具有特色的保健食品,发酵产品是苦荞资源的一种新开发途径,具有较高的经济适用性。

4. 荞麦茶

荞麦叶茎籽粒具有很高的营养价值,可以用来制作荞麦茶。苦荞麦茶具有降血脂、降胆固醇等作用,是心血管疾病和糖尿病患者的首选饮品。

5. 荞麦副产品

(1)荞麦麸皮营养丰富,可用于提取黄酮类化合物,生产蛋白质粉,制取 D-手性肌醇等。

(2)荞麦壳大约占荞麦总重的 1/3,目前,荞麦壳并没有得到充分利用,其中一部分用于制作荞麦枕头,剩余作为基肥或者焚烧。随着科研的深入,人们发现荞麦壳可以进一步生产高附加值的产品,如制备荞麦壳膳食纤维、荞麦壳羧甲基纤维素等。

 复习思考题

1. 简述农产品加工的意义。

2. 农产品加工的分类有哪些?

3. 根据小麦的皮色、粒质和播种季节可将小麦分为哪几类?

4. 小麦籽粒组织结构包括哪些内容? 各部分的主要化学成分是什么?

5. 小麦品质包括哪些内容?

6. 专用小麦粉和普通小麦粉的主要区别是什么?

7. 各类小麦的制粉特性有何不同?

8. 糙米的营养价值优于精白米,为什么还要碾米?

9. 稻壳有哪些用途? 米糠有哪些用途?

10. 简述玉米籽粒加工淀粉的基本生产过程。

11. 玉米胚芽、皮渣、秸秆的利用途径有哪些?

12. 常见的大豆食品种类有哪些?

13. 花生副产品的加工利用途径有哪些?

14. 向日葵油有哪些特性及用途?

15. 胡麻油有哪些特性及用途?

16. 高粱和燕麦的营养价值有哪些?

17. 荞麦有哪些特性及用途?

第八章

农作制度与区域农业发展

第一节　农作制的概念与发展

一、农作制的概念

农作制(farming system)是指在一个区域或生产经营单位内,自然和人工环境与各类农业生物组成的多种亚系统及其直接关联的产后升级元的稳定统一体。分析研究农作制的目的在于,通过决策制定、技术组装、经营管理等手段,合理调整农作制内各亚系统、子系统之间及其与产后升级元的关系、各层系统内组分之间的关系,改善农作制总体与各层系统的结构与功能,以提高系统的生产力、增进经济效益、保护并可持续利用资源环境。

在这个定义中有几点值得注意:①农作制的落脚点是区域或农户;②农作制度不仅只强调自然环境,而且将人工环境放在同等重要的地位;③农作制的主体是生物与环境组成的系统,不仅视作物或动物为主体的组成,而且将自然环境、人工环境也都作为系统的组成成分;④农作制的产出不仅包括农产品,而且环境既是对农作制的投入同时也是一种产出,人类在得到农产品的同时也要不断地改善环境;⑤"产后升级元"的边界主要限于加工、流通与交易等;⑥农作制研究,既有宏观上的战略、布局、总体决策性的调整,也涉及微观上的为提高各亚系统和组成成分的功能的有关技术与经营管理措施;⑦农作制的目的是提高生产力、经济效益与资源环境保护。

与自然生态系统不同,农作制是一种自然与人工的复合系统,它是生态、经济、技术系统的综合。它的组成在自然的基础上具有强烈的人工特征。因此,对农作制的分析研究需要有自然与人工的系统观,避免单纯用自然生态观或人工生态观来处理农作系统的种种问题。

中国农作制度发展,必须围绕国家粮食安全、生态安全、资源安全和农业现代化等战略需求,构建适用于不同区域的农作制度模式,研发关键技术,形成集关键技术和制度性技术于一体的现代农作制度体系,提供现代农作制度升级升值的科技支撑,中国农作制度发展战略优先序路线图如图 8-1 所示。

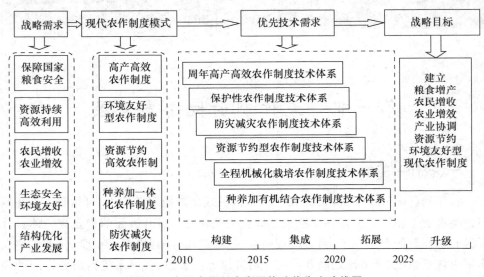

图 8-1 中国农作制度发展战略优先序路线图

资料来源:陈阜,任天志. 中国农作制发展优先序研究. 北京:中国农业出版社,2010

二、农作制的特性

(1)系统性 它是由无机与有机、一性生产与二性生产、技术与经济、总系统与亚系统、子系统以及辅系统等组成的相互关联的整体。一个合理的农作制必须从系统角度进行整体部署,不能头痛医头,也不能一头沉。

(2)宏观性 农作制也即农作系统,是从宏观到微观、从高层次到低层次的一种伞状结构,应有高屋建瓴之势。一个合理的农作制必须从总体、全局、长远的角度考虑问题,能促进农业的稳定、持续发展。不能就事论事,不能只顾眼前不顾长远,也不能把农作制等同于经常变动的年度生产计划。

（3）人控性　农作系统是自然生态系统与人工环境、人工选择并培养的生物的结合,通过人为的决策制定、技术组装与经营管理,达到提高生产力、经济效益与保护资源环境的三重目的。因此,研究农作制既要遵循自然规律,又不能持单纯自然生态观点,甚至认为回归自然就是最高标准。

（4）综合性　农作制是多目标的,它的组成是多层多元的,它的手段是多方面的(生产、经营、管理),它的研究内容与方法是多学科、跨学科的。因此,必须统筹兼顾、全面发展、分清主次、相互配合,将多目标、多成分、多手段、多学科加以综合分析或融会贯通。

（5）持续性　农作制研究,要从当前着手,从长远着眼。强调农业生产、经济、生态的可持续发展,不能因眼前利益而牺牲长远持续发展的可能性。一个良好的农作制,在它的整体上或主体上总是保持稳定的状态。在人工调控下,能迅速修复被打破了的不平衡状态,使系统长期处在动态的平衡中。当然稳定性是相对的,随着市场、技术、政策等的变动,农作制要做相应的调整。

（6）区域性　任何农作制必须落脚于一个地区,以该地区的自然与人工环境为前提。因此,研究农作制必须因地制宜,分类指导,切忌一刀切。引进外地、外国的经验与技术须与当地的实际相结合,防止照搬照抄。

三、农作制的发展演变

农作制度是特定自然条件与社会条件综合作用的结果,其发展具有明显的历史阶段性。中国农作制度发展主要经历了撂荒制、休闲制、轮种制和集约制4个历史阶段。

（1）撂荒制(shifting farming)　在新、旧石器时期的原始农业阶段,先民们在聚居点附近选择宜农土地实行刀耕火种、辟土植谷,并开始围栏养殖家畜,凭借人力采用简陋的木石工具,掘土耕种耐旱、耐瘠、耐湿的粟、黍、稻等作物,依赖土壤自然肥力生产,连续耕种待地力耗竭后,只得弃耕另觅新荒地再行垦殖,氏族聚落只得随耕地迁徙,形成原始撂荒农作制。在氏族社会早期,通过耕垦处女荒地维持农耕生产,称为"生荒制"。在氏族社会后期,当人口增加、部族定居和土地私有化后,宜耕未垦荒地减少,不得不复垦早先弃耕20~30年的"熟荒地",依靠自然植被演替恢复地力,称为"熟荒制"。

（2）休闲制(fallow farming)　在春秋战国时期和秦朝,我国开始使用铁犁铧、镢、锄和镰等铁质农具,出现以牛为动力的畜力耕作,初步实行畜禽舍饲和粪肥还田,初始兴建抗旱防涝"井田制"和引水灌溉工程,种植的作物种类不断增加,出现

"黍、稷、豆、麦、稻""五谷"概念,开始实施多耕熟耰与抗旱避涝的"畎田法"(即垄作耕法)等农田土壤精耕细作。随着土壤耕耘和粪溉肥田措施的应用,农田荒弃年限逐渐缩短到1~3年,称为土地轮休或休闲,休闲期间或休而不耕,或耕耘除草蓄墒。商周时期盛行以菑、新、畲(指分别轮休一、二、三年)为代表的三年轮休制,逐步转入较为先进的"易田制",土地轮休年限视地力水平长短而异,上好田连年种植,中等田隔年种植,下等田隔两年种植。

(3)轮种制(rotation farming)　自西汉至明清2 000多年间,粗放休闲农作制逐渐向传统精耕细作轮种制发展。牛耕得到推广和广泛应用,犁壁、曲辕犁、锄等铁质农具不断改进和耧播的发明,耕、耙、耖、播、中耕、收割、脱粒等农具逐步配套。北方建立和充实了"耕、耙、耱"旱地抗旱保墒耕作技术体系,发展了沟垄轮换种植的"代田法",南方则逐步确立了"耕、耙、耖、耘"水田耕作技术体系。南北农田水利工程建设全面兴起,北方的河套、河湟、河西和西域等旱区引水灌溉工程,黄河下游淤灌工程,沟通南北的大运河工程,南方太湖、吴淞江疏浚工程等灌排工程,提高了农业抗旱和防涝能力。

此期,引自西域和东南亚的胡麻、葡萄、苜蓿、大蒜、胡萝卜、西瓜、玉米、马铃薯、甘薯、甜菜、烟草和棉花等作物种类众多,促进了因地制宜、因土种植和不同作物轮作,麦类、大豆、棉花、马铃薯和玉米等作物比例扩大。人们已认识到人工培肥地力的作用,如宋代农学家陈旉在《农书·粪田之宜》篇中提出"地力常新壮"理论,提倡扩大肥源和多粪肥田,采取肥料拌种、豆科绿肥等施肥措施。这种豆类作物、豆科牧草、豆类绿肥与谷类作物、经济作物的轮换种植,连同与轮作换茬相应的施肥、土壤耕作等措施形成的技术体系,称为轮种农作制。这种依靠人工粪肥和生物培肥相结合的养地手段,使连年种植成为可能,显著提高了土地利用率和耕地产出率。

(4)集约制(intensive farming)　随着人口增长、工业发展和科技进步,植物生活要素调控力度逐步强化,多熟和集约种植不断发展,土地生产力持续提高,促进了轮种农作制向集约农作制发展。集约农作制包括一熟地区单季高产栽培集约化和多熟地区多熟种植集约与高产栽培集约结合两种主要形式。多熟种植能"争天时,尽地力",显著提高土地生产力,满足人口增长对食物的需求。早在春秋战国时期,我国黄河流域就已经萌芽了复种,汉代冬麦后填闲复种荞麦和穄谷初步发展,隋唐时期长江三角洲和成都平原推行稻麦二熟和双季稻二熟,明清时期南方普遍实行麦稻、油稻、绿稻复种二熟与双季稻二熟,但直至1933—1937年我国耕地复种指数仅有108%。我国传统多熟种植的技术经验主要有早熟作物、育苗移栽、少耕免耕、作物套种、整形促熟、增温栽培、减少农耗等,养地手段主要依赖于有机粪肥和豆类作物培肥。

新中国成立之后,特别是改革开放之后,我国集约农作制发展迅速:一是农田水利建设快速扩大,灌溉面积由 1978 年的 4 496.5 万 hm² 上升到 2018 年的 6 827.2 万 hm²,增强了抗旱减灾能力;二是耕地化肥使用量大幅度提高,由 1978 年的 884 万 t 上升到 2018 年的 5 653 万 t;三是农业生产机械化平稳发展,农业机械总动力从 1978 年的 11 749 万 kW 增加到 2018 年的 100 371 万 kW,达到中等发达国家水平;四是通过调整农业生产结构和种植业结构,扩大冬种和夏季填闲,推广"旱改水""单改双",广泛倡导间、混、套、复等多种高效种植模式,促进了多熟种植快速全面发展,耕地复种指数近年来稳定在 156%,涌现出了大量的吨粮田、双千田和高产高效田;五是大田作物的地膜覆盖栽培、园艺作物的塑料大棚和日光温室栽培、畜禽的设施养殖等不同类型设施农业生产,通过人工调控农业生物环境中光、温、水、气、肥等生活因素,极大地促进了农业生产力的发展。

四、中国农作制特征

与欧美不同,中国农作制具有高度的复杂性与特色。总体上,21 世纪初中国农业仍处在传统农作制阶段,部分较发达地区正在由传统农作制向现代农作制过渡。其主要特点是:

(1)传统的小家庭自给分散经营是运行农作制的主体　中国人多地少,户均耕地少,地块小而分散,人畜力仍占相当比重,自给性强,商品率低。当前体制上实行的是"联产承包责任制",农民对土地有经营权,无所有权。每个农户平均经营耕地 4 000~4 667 m²,如此小规模的家庭经营,在世界上也是极少见的,它限制了中国农业现代化的进程。研究中国的农作制也要从这一现实出发。

(2)农作制的集约性　由于人多地少、小农经营,土地生产率高而劳动生产率低是中国农作制的最大特点。具体表现为精耕细作的传统与高投入高产出的农业系统特征:单位面积产量高,土地利用率高,复种指数高,间套复种多,农牧结合多,多种经营多,劳动密集型产品多;与此同时,投入多,施肥多,灌溉多,耕作管理多。因此,高投入高产出是中国的农业系统特征。农作制的基本内容是以农为主、农牧结合多种经营。种植业是农业的主体,也是畜牧业、农产品加工业的基础。另外,农与牧(渔)关系密切,两者相辅相成,牢不可分。相对地说,林业比重小,林与农、牧多呈分离状态,只有农田防护林对农田有某种保护作用。除农牧林外,以农副产品为原料的小型家庭农副产品加工业、农村二三产业等多种经营也是中国农作制的一个特色。

(3)种植业亚系统是农作系统的主体　自古以来,中国是以农为主以粮为主。

汉民族以及长城以南的其他少数民族都是农耕文化的耕耘者。许多北方的草原民族融入中华大家庭后也纷纷下马务农。近年来,尽管牧渔业与二三产业有较大发展,但种植业仍是基础与主体。《中国统计年鉴 2019》显示,在 2018 年的农业总产值中,农(种植业)、林、牧和渔各占 54%、5%、25% 和 11%。可见,种植业仍是农业的大头。在种植业中,粮食仍是不可动摇的主体,它占有最多的耕地面积和劳力。粮食安全问题将始终是中国农业的中心问题。同时,积极发展经济作物、蔬菜、果品、饲料等高价值作物也是必然的选择。

(4)农牧结合是中国农作制的重要内容 中国有牧区面积 3.6 亿 km^2,约占全国土地总面积的 37%,其中草原面积 2.8 亿 km^2,主要分布于西北干旱半干旱地区,草原质量差,退化严重,生产力甚低。中国的畜牧业主体在农区。中国农区的农民历来在农耕的同时有养畜(禽)的传统。作为一种家庭副业,利用农副产品(糠麸、豆粕、秸秆、青菜、野草以及部分谷物)作为畜禽的饲料,或者在种植制度中插入饲料谷物与绿色青饲料,又利用役畜作为动力,利用畜禽的排出物作为肥料,实行农牧结合。近年来,在一些经济发达地区,传统的家家户户的模式已逐渐向现代专业养畜方式转变,但这种农牧(渔)结合的方式仍在村乡范围内进行。

在中国当前这种小农经济的体制下,农牧的紧密结合可充分利用资源与农村剩余劳动力,也是农产品增值普遍适用的有效途径。因此,在今后农作制改革过程中,它将是最活跃的领域之一。

(5)生态保护制度是农作制的重要组成部分 从农作制的定义可见,它是客观环境与农业生物的有机统一。农作制的研究不仅涉及生物,而且涉及生态环境的保护。中国的农业生物所处的环境有两大特点:一是自然环境复杂多样、人均水土资源相对紧缺,旱涝、水土流失、沙化等生态问题较为严重;二是人工创造的环境条件(如良田、良种、良法、灌溉、肥料、机械、资金、技术、政策、市场等)对弥补自然的不足与提高农作制的生产力起了十分重要的作用。因此,为了提高农作制的系统生产力,必须积极保护和改善自然与人工环境条件,并将此作为农作制研究的有机组成。一方面要尊重自然、适应自然、保护自然;另一方面要在自然资源环境基础之上,增加资金、技术、政策的投入,努力改善或改造资源环境,使之与农业生物高产优质高效相适应。二者缺一不可,既不能只顾产量与收入而破坏自然资源环境,影响长远的可持续发展,也不能持单纯自然生态观点而排斥必需的人工投入。

(6)增加农民收入、繁荣农村经济是中国农作制的主要目标 农作制的目标是提高系统的生产力、经济力和生态力。其中,经济力是重要部分。在当前中国条件下,通过农作系统结构与功能的改善来增加农民收入,繁荣农村经济,是农作制研究的主要目标和内容。

　　经过改革开放,中国的经济有了长足的进步,但是,农业、农民、农村依然是国民经济发展的薄弱环节。农作制的研究要围绕这一中心任务而展开。例如:调整地区或农户的农作制及其农牧亚系统的结构并改善其功能,以提高货币的流通量与效率;扩大规模、大量转移农村剩余劳动力、努力发展二三产业,将传统型小农农作制转变为现代型商品农作制,以增加农民收入,繁荣农村经济。

第二节　种植制度

　　农作制是包含农业生产系统、环境保护系统和资源利用系统的一门系统科学。合理的农作制度必须以种植制度(作物布局、复种、间作、套种和轮作等)为核心,以土壤管理制度(土壤耕作、施肥、排灌和防除杂草等)为保证,以保持农业生态平衡和可持续发展为前提,以高效利用和合理配置资源为原则,以改善农业生产条件和基础设施为基础,以实现农业高产、优质、高效、生态、安全和农民增收为目标。

一、建立合理种植制度的原则

(一)种植制度的概念与意义

　　种植制度是指一个地区或生产单位的作物组成、配置、熟制与种植方式的总称,它包括种什么作物,各种多少,种在哪里,即作物的布局;作物在耕地上一年种一茬还是几茬,以及哪一个生长季节或哪一年不种,即复种或休闲;种植作物时采用什么样的种植方式,即单作、间作、混作还是套作;不同生长季节或不同年份作物的种植顺序如何安排,即轮作还是连作。

　　一个合理的种植制度,应该体现当地生产条件下农作物种植的优化方案。它应该兼顾到以下方面:能合理利用当地自然资源与社会经济资源;能持续增产稳产并提高经济效益;能培肥地力,保护资源,维持农田生态平衡;能协调国家、地方和农户之间对农产品的供求关系;能促进畜牧业以及林、渔、副等业的全面发展;能协调种植业内部各种作物的关系,如粮食作物与经济作物的关系、夏粮与秋粮的关系、主粮与辅助粮的关系、饲料绿肥作物的安排等。在生产实际中,上述各个方面不可能都同时得到满足,但应该存在一个相对较优的方案,这一方案就是合理的种植制度。

(二)建立合理种植制度的原则

1. 种植业资源的基本特性与合理利用

(1)资源的有限性及经济利用　　无论自然资源或是社会资源,在一定时限或一定地域内均存在数量上的上限,降水、光、热等气候资源也不例外。因此,合理的种植制度在资源利用上应充分而经济有效,使有限的资源发挥最大的生产潜力。在具有多种可能选择的措施中,尽可能采取耗资较少的措施,或采用开发当地数量充裕资源的措施,以发挥资源的生产优势。

(2)自然资源的可更新性与合理利用　　农业中的生物种群,通过生长、发育、繁殖年复一年地自我更新,土壤中的有机肥、矿质营养等资源也借助生物循环,循环往复地更新得以长期使用。气候资源年际变化大,但仍可年年持续供应,永续利用,属可更新资源。人力、畜力也属可更新资源范畴。然而,农业资源的可更新性不是必然的,只有在合理利用下,在资源可供开发的潜力范围内,才能保持生物、土地、气候等资源的可更新性,超过其潜力范围的利用,会适得其反,资源的可更新性就会丧失。因此,合理种植制度一定要合理利用农业资源,协调好农、林、牧、渔之间的关系,不宜农耕的土地应退耕还林、还牧,以增强自然资源的自我更新能力,为农业生产建立良好的生态环境。

(3)社会资源的可贮藏性与有效利用　　投入农业生产的化肥、农药、机具、塑料制品、化石燃料,以及附属于工业原料的生产资料等物化的社会资源,不能循环往复长期使用,是不可更新资源,但却具有贮藏性能。但这类资源的大量使用,不仅会增加农业生产成本,而且会加剧资源的消耗,导致某些资源的枯竭。利用这类资源应选择最佳时期和数量,做到有效利用。

2. 合理利用种植业资源,提高资源利用率

(1)提高光能利用率　　生产上作物对太阳能的转化效率是很低的,一般只有 $0.1\% \sim 1.0\%$,与理论值 5% 左右相比,存在着巨大潜力。在南方地区,采用麦—稻—稻三熟制,年产量 15 000 kg/hm²,光能利用率也只有 2.8%,若光能利用率达 5%,在四川攀枝花市,水稻产量可达 42 000 kg/hm²,小麦产量可达 30 000 kg/hm²,可见提高光能利用率对提高作物产量潜力巨大。在生产上提高光能利用率应从改良品种和改善环境两方面考虑。

(2)提高土地利用率　　用地与养地相结合是建立合理农作制度的基本原则。用地过程中地力的损耗主要有以下原因:作物产品输出带走土壤营养物质;土壤耕作促进有机质的消耗;土壤侵蚀严重损坏地力。通过作物自身的养地机制和人类的农事活动,可以达到培肥地力的目的。提高土地利用率的途径有:增加投入,提

高土地综合生产能力;提高单位播种面积产量;实行多熟种植,提高复种指数;因地种植,合理作物布局;保护耕地,维持土地的持续生产能力。

3. 协调社会需要,提高经济效益

种植制度是全面组织作物生产的宏观战略措施。种植制度合理与否,不仅影响到作物生产自身的效益,而且对整个农作制甚至区域经济产生决定性影响。因此,在制定种植制度时,应综合分析社会各方面对农产品的需求状况,确立与资源相适宜的种植业生产方案,尽可能实现作物生产的全面、持续增产增效,同时为养殖业等后续生产部门发展奠定基础。要按照资源类型及分布,本着"宜农则农,宜林则林,宜牧则牧"的原则,使农田、森林、草地、水面占有比例得当,以发挥当地的资源优势,满足各方面的需要;合理配置作物,实行合理轮作、间作、套种以及复种等,避免农作物单一种植,减少作物生产风险,提高经济效益。

二、作物布局

(一)作物布局的概念和意义

作物布局是指一个地区或生产单位的作物结构与配置的总称。作物的结构是指作物种类、品种、面积及占有比例等,配置是指作物在区域或田块上的分布。因此,作物布局是解决种什么、种多少和种在哪里的问题。

作物布局中的作物,通常是指大田种植的作物,主要是粮食作物、经济作物、饲料作物、绿肥作物等,有时也包括蔬菜、果树等。作物布局所指的范围可大可小,可以大到一个国家、省、地区、县,也可以小到一个自然村、一个农户;时间上可长可短,可以长到 5 年、10 年等的作物布局规划,短到 1 年或 1 个生长季节的作物安排。作物布局既可指作物类型的布局,如粮食作物布局、经济作物布局、绿肥饲料作物布局等;也可以指具体作物、品种,甚至于秧田的布局。在我国南方多熟制地区,同一块土地上一年要种植二熟或二熟以上的作物,这样不仅在同一生长季节中,有不同作物合理布局,而且在不同生长季节之间,上下茬作物同样有一个合理布局的问题。因此,在一年多熟地区,作物布局实际上还包括了连接上下季的熟制布局。

合理的作物布局应该综合平衡天、地、人、作物、畜禽、市场、价格、政策、交通和社会等各种因素。根据需要和可能条件,做到瞻前顾后、统筹兼顾,满足个人和社会需要,合理利用土地和其他自然与社会资源,以最小的消耗获取最大的经济效益、社会效益和生态效益。

作物布局是整个农业生产和种植制度的中心环节。它关系到作物的增产稳产、资源的合理利用、多种经营、农林牧结合、农村建设、环境保护等农业整体发展的战略,同时也是农业区划,特别是种植业区划的主要依据和组成部分。

(二)作物布局的原则

决定作物布局的因素很多,概括起来主要有3个方面,即农产品的社会需求、生态适应性和社会发展水平。

(1)满足社会需求是前提　农业生产的主要目的是满足社会对农产品的需求,而农产品的社会需求又是农业生产不断发展的原动力。农产品的社会消费结构决定市场需求结构,市场需求结构制约和引导着产品供给结构,而产品供给结构又来自于种植业生产结构,它们是相互决定和相互制约的关系。我国正处在由传统农业向现代农业转变的时期,作物生产的商品性特征越来越明显,市场对作物布局的制约和导向作用也愈加突出。

在解决温饱的前提下,部分地区人们对农产品的需求开始从追求数量转向追求品质,因此在安排作物布局时,一定要研究人们的消费观念和消费需求特点,满足人们对现代生活品质的要求。同时,应根据市场取向、资源状况和可持续发展原则,把提高农民收入放在首位。

(2)作物的生态适应性是基础　作物的生态适应性是指作物的生物学特性及其对生态条件的要求与某地实际环境条件相适应的程度,简单地说,就是作物与环境相适应的程度。作物起源于野生植物,在其长期的形成和演化过程中,逐步获得了对周围环境条件的适应能力。因此,作物的生态适应性是系统发育的结果,具有很高的遗传力。

影响作物生长的环境条件主要是气候、土壤等自然条件,包括温、光、水、气、土壤等,作物的生态适应性实际上是对这些因素的适应程度。适应性好,说明能种植某作物和可能获得较高产量和效益;适应性差,说明种植的可能性小,或勉强种植,则产量低,效益差。生态适应性较广的作物分布较广,种植的面积可能较大;生态适应性较差的作物分布较窄。生态条件较好的地区,适宜种植的作物种类多,作物布局的调整余地大,选择途径多;生态条件较差的地区,适宜种植的作物种类少,作物布局的调整余地小。在制定作物布局时,要以生态适应性为基础,以发挥当地资源优势,克服资源劣势,扬长避短。“顺天时,量地力,用力少而成功多;任情返道,劳而无获。”(《齐民要术》)。

(3)社会经济条件和科学技术是保障　社会经济条件和科学技术可以改善作物的生产条件如水利、肥料、劳力和农机具等,为作物生长发育创造良好的环境,解决能不能种植某一作物的问题。同时,它们也为作物的全面高产、优质、高效、持续发展提供保障,解决能否种好的问题。因此,在进行作物布局调整时,必须考虑当地的社会经济条件和科学技术状况。

同时,面对资源短缺的形势,我们不仅要充分利用资源,提高资源利用率,更要合理利用和保护资源。选择合理的种植业结构和科学的栽培模式,才能确保农业可持续发展。

社会需求、作物生态适应性、社会经济与科学技术对作物布局的影响各具特色,同时彼此间又相互联系、相互影响。在自然状态下不能种植某作物的地区和季节,通过社会经济和科学技术的投入,可使种植该种作物成为可能。社会对某种产品需求迫切性的增加,也会促进社会向该方面增加人力、物力、财力和科技的投入,从而促进该作物种植面积扩大、增加产品数量和改善产品质量。

(三)作物布局的步骤与内容

(1)明确对产品的需求 包括作物产品的自给性需求与商品性需求。一般来说,一个地区或生产单位的自给性需求部分可以根据本地历年经验和人口、经济发展等变化来加以测算,其变化具有一定的规律性,因而可预测性比较大;而商品性需求的部分,主要随市场的变化而变化,往往难以预测,因此需要了解市场价格、对外贸易、交通、加工、贮藏以及农村政策等方面的内容。

(2)查明作物生产环境条件 其中,自然条件主要有:热量条件,如≥10℃的积温、年间最低最高温度等;水分条件,如年降水量及其分布、其他水源状况等;光照条件,如全年辐射量、日照时数及其分布等;地形地貌,如海拔高度、坡度坡向等;土地条件,如面积、类型、利用状况、人地比等;土壤条件,如土壤类型、质地、肥力、酸碱性等;植被,如乔木、灌木、草等;灾害,如旱、涝、病虫害等。社会经济条件主要有:肥料条件,如肥料种类、数量、质量、施肥水平等;机械条件,如拖拉机、排灌机具、播种收获机械等;能源条件,如燃油、电力等;科技条件,如技术推广网络、病虫测报与防治能力等;经济环境条件,如人口、劳动力、文化水平、市场、价格、政策等。

(3)确定作物的生态适应性 这是作物布局的难点和关键。研究作物生态适应性的方法有:作物生物学特性与环境因素的平行分析法,地理播种法,地区间产量与产量变异系数比较法,产量、生长发育与生态因子的相关分析,生产力分析法等。通过研究,区分出各种作物生态适应性的程度。

(4)作物配置的确定 在确定作物生态适应性的基础上,划分作物的生态区,从光、热、水、土等自然生态角度区分作物的生态最适宜区、适宜区、次适宜区与不适宜区。作物的生态区划是作物布局的内容之一,它提供了自然规律方面的可能范围。另外,为了生产应用的目的,单纯从自然角度划分或选择适生地是不够的,必须在社会经济条件和科学技术条件相结合的基础上,进一步确定作物的生态经济区划或适宜种植地区的选择。这就要在光热水土的基础上考虑水利、肥料、劳力、交通、工业等条件。

在单一的各个作物适宜区与适生地选择的基础上,确定各种作物间的比例数量关系。包括:①种植业在农业中的比重;②粮食作物与经济作物、饲料作物的比例;③春夏收作物与秋收作物的比例;④主导作物和辅助作物的比例;⑤禾谷类与豆类的比例。

在确定作物结构(同时考虑到复种、轮作和种植方式)后,要把它进一步配置到各种类型土地上去,即拟定种植区划,在较小规模上(如农户)则直接进行作物在各块土地上的配置。为此,按照相似性和差异性的原则,尽可能把相适应相类似的作物划在一个种植区,划出作物现状分布图与计划(或远景)分布图。

(5)可行性鉴定和生产资料的确保   作物布局的可行性鉴定包括以下内容:是否能满足各方面需要;自然资源是否得到了合理利用和保护;经济效益是否合理;土壤肥力、肥料、水、资金、劳力是否基本平衡;加工贮藏、市场、贸易、交通等是否可行;科学技术、生产者素质是否可行;是否促进了农林牧、农工商的综合发展等。

如果鉴定的结果表明方案切实可行,那么作物布局的过程就已完成。但是,为了确保作物布局的真正落实和达到预想的效果,还有必要根据作物布局情况,预算所需的种子、化肥、农药及其他的生产资料,以便早做准备。

三、复种

(一)复种的概念及其作用

1. 复种的概念

复种是指在同一块田地上一年内种植或收获二季或二季以上作物的种植方式。常见的复种方式有直播复种、移栽复种、套作复种和再生复种。复种主要是集约利用时间的种植模式。根据一年内作物种植的季数,可分为一年二熟,如冬小麦—夏玉米(符号"→"表示年内接茬播种或移栽);一年三熟,如小麦(或油菜)—早稻—晚稻;二年三熟,如春玉米→冬小麦—夏甘薯(符号"→"表示年间接茬播种或移栽)等。

耕地复种程度的高低,通常用复种指数(国际上称种植指数)来表示,即全年收获总面积占耕地面积的百分比。"全年收获总面积"包括所有作物的收获面积。套作是复种的一种方式,计入复种指数,但间作、混作则不计。复种指数的高低实际上表示的是耕地利用程度的高低,复种指数小于100%时,表明耕地有休闲或撂荒现象。休闲是指耕地在可种作物的季节不耕不种或只耕不种的方式,可分为全年休闲和季节休闲两种。撂荒是指耕地连续两年以上弃而不种,待地力恢复再行耕种的方式。

2. 复种对农业增产的作用

复种的意义在于充分利用生长季节内的自然资源,提高单位耕地利用率,增加作物产量。复种对农业增产的作用主要表现在 3 个方面:一是扩大播种面积、提高单位面积年产量。全国 70% 以上的粮食作物、经济作物是由复种地区生产的。二是缓和了作物之间争地的矛盾。由于复种指数的提高,有效地缓和了粮食作物与经济作物、饲料作物等争地的矛盾,促进了作物的全面增产。三是有利于稳产。我国温光条件好的地区,主要为季风气候,旱涝灾害比较频繁,复种有利于产量互补,做到"夏粮损失秋粮补",从而增加农产品供给的稳定性。另外,复种还有利于增加地面覆盖,减少水土流失。

(二)复种的条件

一定的复种方式要与一定的自然条件、生产条件和技术水平相适应。影响复种的自然条件主要是热量和降水量,生产条件主要是劳畜力、机械、水利设施、肥料等。

1. 热量条件

一个地区能否复种和复种程度的高低,首先决定于当地的热量条件,只有能满足各茬作物对热量的需求时,才能实行复种和提高复种指数。一个地区的热量条件,可用年平均温度、积温(≥0℃ 或 10℃ 的积温)和生长期(无霜期)长度等作为指标。

根据年平均温度划分,8℃ 以下只能一年一熟,8~12℃ 可以二年三熟或套作二熟,12~16℃ 可以一年二熟,16~18℃ 以上可以一年三熟。按积温高低划分,≥10℃ 积温低于 3 600℃ 只能一年一熟,3 600~5 000℃ 可以一年二熟,5 000℃ 以上可以一年三熟。以无霜期长度划分,年无霜期在 150 d 以下只能一年一熟,150~250 d 可以一年二熟,250 d 以上可以一年三熟。

不同作物和品种对温度的要求不同,复种时要根据热量资源和作物、品种的要求,合理安排不同的复种类型和作物组合,使各茬作物都能在适宜的季节播种,在适宜的温度条件下生长发育,并能完全成熟。在确定复种方式时,复种所需的总积温可在熟制的基础上计算,如华北地区的冬小麦—玉米一年二熟制所需积温为:冬小麦越冬后 1 600℃＋农耗 100℃＋夏玉米 2 200℃＋农耗 100℃＋冬小麦越冬前 550℃＝4 550℃。

2. 水分条件

一个地区具备了增加复种的热量条件,能否复种就要看水分条件。水分包括灌溉水、地下水和降水。我国降水量与复种的关系是:年降水量小于 600 mm 为一熟区,600~800 mm 为一熟或兼两熟区,800~1 000 mm 为两熟区,大于 1 000 mm 可以实现多种作物的一年两熟或三熟。若有灌溉条件,也可不受此限制。

3. 肥力条件

土壤肥力高,有利于复种高产。生产者每收获一季作物,都要从土壤中带走一定数量的养分。复种因种植次数多,吸收移走的养分也就多。所以复种除要求土壤有较高的肥力条件外,还必须补给足够的养分,否则多种不能多收。

4. 动力条件

复种种植次数多,前茬收获与后茬播种或移栽的季节紧,农活忙、劳动强度大,对劳畜力和机械化程度的要求很高。在现代农业发展阶段以及人均耕地较多的地区,提高机械化水平,有利于复种指数的提高。

另外,品种、栽培耕作技术等必须满足复种的要求。复种还必须考虑经济效益。

(三)复种技术

复种是一种时间集约、空间集约、技术集约的高度集约经营型作物种植方式,在肥水、劳力、机械化、品种等方面有许多矛盾,需要采用合理的技术加以解决。

1. 作物组合技术

(1)充分利用休闲季节增种一季作物 如南方利用冬闲田种植小麦、大麦、油菜、蚕豆、豌豆、马铃薯、冬季绿肥等作物;华北、西北以小麦为主的地区,小麦收后有 70~100 d 的夏闲季节可供夏种开发利用,如可复种荞麦、糜子、早熟大豆、谷子、早熟夏玉米等。

(2)利用短生育期作物替代长生育期作物 甘肃、宁夏灌区的油料作物胡麻生育期长(120 d),与其他作物复种产量不高,改种生育期短的小油菜与小麦、谷子、糜子、马铃薯等作物复种,就可获得较好的效益。

(3)种植一些填闲作物 如短生育期的绿肥、饲料、蔬菜。四川成都平原两熟制收获至种麦还有 2 个月左右的时间,可增种一季秋甘薯或萝卜、莴苣、大白菜等秋菜或种紫云英等生育期短的作物。

(4)发展再生栽培 如再生稻的生育期比插秧的短 1/2 以上,一般为 50~70 d,产量可达到一季稻或早稻的 30%~40%。

2. 品种搭配技术

在生长季节富裕的地区应选用生育期长的品种。以浙江双季稻三熟制为例,以"一早两迟"为主,即冬作物选早熟作物,双季稻以晚熟品种的产量最高。生长季节紧张的地方应选用早熟高产品种。苏南地处北亚热带,双季稻三熟制季节特别紧张,应特别注意早晚稻品种的安排,以绿肥、大麦、元麦为双季稻的前作,并配以早熟配中熟或中熟配中熟的双季稻品种搭配方式较为适宜。

3. 争时技术

(1)育苗移栽　育苗移栽是克服复种后生长季节矛盾最简便的方法,在水稻、甘薯、油菜、烟草、棉花的复种栽培上应用广泛。如中稻的秧田期一般为 30~40 d,双季稻秧田期可长达 75~90 d。长江下游≥10℃积温为 5 600℃,大麦或元麦双季稻三熟制现行品种需积温 5 500℃,加上农耗期积温,总积温不能满足。但早稻育秧争取了 650℃,晚稻育秧争取了 1 200℃,弥补了本田期积温的不足。

(2)套作　套作是解决复种生长季节矛盾的又一有效方法,即在前作收获前于其行间、株间或预留行间直接套播或套栽后作物,如中稻、晚稻田套种绿肥,早稻田套种大豆或套种黄麻,麦田套种棉花、玉米、花生、烤烟等。

4. 田间管理技术

(1)促进早发早熟　促进早发就是让作物幼苗生长时期有较好的水分、养分、光照等条件。早发是早熟的基础。具体做法有:①后作物及时播种,减少农耗期。据山西农业大学(2018 年)试验,晋中地区麦收后复种夏玉米,6 月 20 日以后播种,平均每晚播 1 d,夏玉米减产 135.7 kg/hm²。免耕播玉米、棉花,板田或板田耙茬播种小麦,板茬栽油菜等,都是行之有效的方法。②前作及时收获。小麦、油菜成熟后要及时收获,玉米蜡熟期可先去掉叶片,让其继续灌浆。③采用促进早熟技术。在玉米生育中后期喷乙烯利,可提早成熟 7 d 左右。棉花、烤烟施用乙烯利也有促进成熟作用。

(2)作物晚播　播种季节较紧的地区,如黄淮海平原北部,为确保玉米丰产,需用中晚熟品种,小麦只能晚播。长江中下游麦收后种棉,也是晚播棉。晚播作物可以适当加大播种量,增加作物的密度。因晚播后营养生长期比较短,植株比较矮小,分蘖或分枝少,密植有利于主茎发育和提早成熟。湖南对麦棉连作的晚播棉花采用高密度低打顶的做法,使晚播棉产量增加。

(3)地膜覆盖　采用地膜覆盖可提高地温,保持土壤湿度,可适当提前播种,有利于作物早发早熟。

四、间套作

(一)间套作的概念

1. 单作

单作是指在一块田地上只种植一种作物的种植方式,也称平作、纯种、清种、净种。如大面积种植的玉米、小麦、水稻、棉花等。这种方式作物单一,群体结构简单,生育进程基本一致,便于统一种植、管理和机械化作业。

2. 间作

间作是指在同一田地上于同一生长期内,分行或分带相间种植两种或两种以上作物的种植方式。所谓分带是指间作作物成多行或占一定幅度的相间种植,形成带状,构成带状间作,如四行棉花间作四行甘薯,二行玉米间作三行大豆等。间作因为成行或成带种植,可以实行分别管理。特别是带状间作,较便于机械化或半机械化作业,与分行间作相比能够提高劳动生产率。

间作与单作不同,间作是不同作物在田间构成的人工复合群体,个体之间既有种内关系又有种间关系。间作时,不论间作的作物有几种,皆不增计复种面积。间作的作物播种期、收获期相同或不同,但作物共生期长,其中至少有一种作物的共生期超过其全生育期的一半。间作是集约利用空间的种植方式。

3. 混作

混作是指在同一块田地上,同期混合种植两种或两种以上作物的种植方式,也称为混种。混作和间作都是于同一生长期内由两种或两种以上的作物在田间构成复合群体,是集约利用空间的种植方式,也不计复种面积。但混作在田间分布不规则,不便于分别管理,并且要求混种作物的生态适应性要比较一致。

4. 套作

套作是指在前季作物生育后期的株行间播种或移栽后季作物的种植方式,也称套种、串种。如小麦套种花生、棉花、玉米,早稻套种黄麻,中晚稻套种绿肥等。套作能充分地利用时间,延长作物的生长期,提高复种指数,是集约利用生长季节的种植方式。

以上 4 种种植方式见图 8-2。

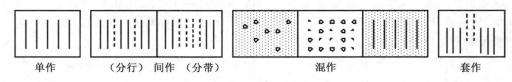

单作　　　（分行）间作（分带）　　　　　混作　　　　　　套作

图 8-2　作物种植方式示意图

(二)间套作效益原理

间混套作是复合群体,它比单作具有更复杂的特点。群体内除了种内关系,又增加了种间关系;群体结构除水平结构外,又增加了垂直结构。群体内的生态条件也因此发生了变化。所以,研究和实行这种种植方式,需要运用群落的观点、理论和方法作指导,才能收到良好的效果。

1. 空间上的互补与竞争

在间混套作的复合群体中,不同类型作物的高矮、株形、叶形、需光特性、生育期等各不相同,把它们合理地搭配在一起,在空间上分布比较合理,就有可能充分利用空间。如果不合理地搭配或密度过大,就可能使竞争激化。

(1)增加了采光数量　间混套作的上位作物多为高秆、窄叶或上冲叶的玉米、高粱、谷子等,而下位作物常为矮秆、阔叶或水平叶的豆类、马铃薯、花生等。这种群体结构趋向于伞状结构,有利于全田分层受光,变平面采光为立体采光。当太阳高度角小的时候,辐射的最大吸收由上层垂直叶所确保,而在太阳高度角增大时,下层的水平叶对太阳辐射的吸收起了重要的作用。

(2)提高了光合效率　与单作相比,垂直叶的高秆作物与水平叶的矮秆作物间混套作,除了上部射来的光外,还有侧面光,增加了上位作物的受光面积。在早晚时,由于太阳高度角小,间混套作的受光面积较单作少,但随太阳高度角逐渐增大到45°以后,其受光面积逐渐增大,至中午可达最大值。

间混套作组成的复合群体有可能在采光上起到异质互补的作用,这就是喜光作物与耐阴作物的合理搭配。在生产上,多采用喜光喜温的作物如玉米、高粱、小麦、大麦等作为上位作物,而以相对较耐弱光的豆科、马铃薯和某些蔬菜作为下位作物,或者 C_4 作物与 C_3 作物搭配,以达到异质互补和充分利用光照。

(3)改善通风与 CO_2 的供应状况　单作时,由于组成群体的个体在株高、叶形以及叶片空间伸展位置基本一致,通风透光条件较差,往往限制了光合作用的进行。而采用高矮作物间套作,下位作物的生长带成了上位作物通风透光的走廊,有利于空气的流通与扩散。中国农业大学 1974 年测定,在 1～2 级风速下,套作玉米宽行比单作玉米风速增大 1～2 倍。风速与作物群体内 CO_2 的流通量成正比。因此间混套作通风条件的改善,促进了复合群体内 CO_2 的补充更新。

2. 时间上的互补与竞争

各种作物都有自己的一定生长期。在单作的情况下,只有前作收获后才能种植后一种作物。间作时,通过充分利用空间达到充分利用时间,而套作充分利用生长季节效果更显著。如冬小麦 10 月播种,6 月收获;棉花 4 月播种,11 月拔秆,棉田有 5 个月的冬闲。如果种上冬小麦(预留棉行),4 月套种棉花,共生 2 个月,前后增加了 7 个月的时间。一般夏播作物在 6 月播种,如提早到 5 月中、下旬,套种于小麦行内,也可以多利用 15～30 d 的时间,并且它们吸收水肥最多的时候前后错开。时间的充分利用,避免了土地和生长季节的浪费,意味着挖掘了自然资源和社会资源,有利于作物产量和品质的提高。

3. 地下因素的互补与竞争

栽培植物的根系有深有浅,有疏有密,分布的范围,尤其密集分布的范围也有不同。在农作物中,以棉花、高粱、玉米的根系较深,水稻、谷子、甘薯、花生根系较浅。由于不同作物根系分布的深度和宽度的不同,它们在地下的分布可以互补。不同的作物从土壤中吸收养料的种类和数量各不相同,它们生活在一起,有互补的一面,也有竞争的一面。如玉米和小麦都是需水需肥的作物,并且都需要较多的氮素养料;烟草和甜菜施用氮肥偏多,反而影响其工艺品质;豆类,尤其是绿肥作物却能增加土壤中的氮素养料;甘薯和芝麻对于钾素有着特殊的需要;油菜则具有吸收难溶解的磷素养料的能力。实行间混套作时,必须考虑到各作物需肥的特点,以便合理地利用土壤中的养料;玉米大豆间作、玉米甘薯间作和麦豌混作等都能在养分的吸收上发挥互补的作用;而一些需水需肥多的作物种在一起,如玉米与高粱间作,就会激烈地争夺养料和水分,达不到增产的效果,甚至减产。

4. 生物间的互补与竞争

(1)补偿效应 合理的间混套作可以减轻作物的病虫害,提高整个群体抵御旱涝风等自然灾害的能力,这种作用可称为补偿效应或抗灾作用。不同作物有不同的病虫害,对恶劣的气候条件有不同的反应。一般单作抗自然灾害的能力较低,当发生严重的自然灾害时,往往会给生产带来严重损失,甚至颗粒无收。但是间混套作为复合群体,通风透光状况、温度、湿度等群体生态条件发生改变,影响病原菌、害虫及其天敌的生活、繁殖与传播,从而减轻损失。如德国在气候不稳定的地区,燕麦和大麦混作很普遍,在旱年大麦生长良好,在涝年燕麦生长良好,两者混播,无论是旱年或是涝年产量都很稳定。间混套作还可以减轻某作物的病虫害。如高矮秆作物相间种植,高秆作物的宽行距加大,荫蔽轻,可减轻玉米叶斑病、小麦白粉病和锈病;小麦与棉花套种,小麦繁殖了棉蚜的大量天敌——瓢虫,可减轻棉蚜的危害。

(2)边际效应 边际效应是指在间套作中相邻作物的边行产量不同于内行的现象。高位作物的边行由于所处高位的优势,通风透光好,根系吸收养分水分的能力强,生育状况和产量优于内行,成为边行优势;与此相反,矮位作物的边行往往表现为边行劣势。合理的间套作,能有效地发挥边行优势,减少边行劣势,使主作物明显增产,副作物少减产或不减产。

一般在低产稀植的条件下,水肥条件的改善是形成边行优势的主要原因;而在高肥高密度条件下,光、热、气的改善是形成边行优势的主要原因。1977 年中国农业大学在产量 3 750 kg/hm² 水平的麦田套种玉米中,用塑料布埋在边行小麦和套种玉米行中间的隔根试验,结果是隔根的边行比内行小麦增产 28.4%,不隔根的比内行增产小麦 61.3％,表明在增产的 61.3％中,由于土、肥、水等地下因素引起边行增产为 32.9％,由于地上光照、CO_2 等因素引起边行增产为 28.4％。

边际效应的大小和范围与不同作物甚至同一作物的不同品种有关,还与地力水平、种植密度有关。总之,间混套作中边际优势和边际劣势同时存在,但绝不相等,边际优势是以边际劣势为代价取得的。在间混套作的生产实践中要采取相应措施,尽量发挥边际优势,减轻边际劣势,以提高作物总产量。

(3)对等效应(化感作用)　对等效应指植物在生长发育期间,其地上部和地下部通过向环境中分泌代谢产物而影响其周围其他生物(包括微生物、植物、动物)生长发育现象,这种影响有的是有利的,称为正对等效应,有的是不利的,称为负对等效应。

间混套作对对等效应的利用有两方面:①利用一种作物对另一作物生长发育的直接促进或抑制作用,例如鹰嘴豆的根、茎、叶分泌的草酸、苹果酸等酸性物质对蓖麻等作物有抑制作用;胡桃叶子分泌的胡桃醌,在一定浓度下能引起细胞质壁分离,对有些植物种子发芽出苗不利;而洋葱对食用甜菜和莴苣,马铃薯对玉米和菜豆,大麻对向日葵等有促进作用。②利用某种作物产生的分泌物抑制病原菌、害虫或促进这些有害生物的天敌繁殖,从而减轻其病虫害,是一种间接作用。如大蒜分泌的大蒜素可抑制许多病原菌、害虫,洋葱的分泌物能在数分钟内杀死豌豆黑斑病病菌;玉米与南瓜间作,南瓜花蜜能引诱玉米螟的寄生天敌黑卵蜂,从而减轻螟虫危害。

(三)间套作技术

1. 选择适宜的作物种类和品种

(1)不同形态的作物搭配　所选择作物的形态特征和生育特性要相互适宜,以利于互补地利用环境。例如,作物高度要高低搭配,株形要紧凑与松散对应,叶子要大小尖圆互补,根系要深浅疏密结合,生育期要长短前后交错。农民群众形象地总结为"一高一矮,一胖一瘦,一圆一尖,一深一浅,一长一短,一早一晚"。

(2)生态适应性的选择　间套作作物的特征特性对应互补,即选择生态位不同的作物,才能充分利用空间和时间,利用光、热、水、肥、气等生态因素,增加产量和效益。在品种选择上要注意互相适应,以进一步加强组配作物的生态位的有利差异。间混作时,矮位作物光照条件差,发育延迟,要选择耐阴性强而适当早熟的品种。套作时两种作物既有共生期,又有单独生长的阶段,因此在品种选择上一方面要考虑尽量减少与上茬的矛盾,另一方面还要尽可能发挥套种的增产作用,不影响其正常播种。

　　(3)不同生育期作物的搭配　　在生育季节许可内,两种作物时间差异越大,竞争越小。如间、混作中,长生育期与短生育期作物搭配。套作中,套种时期是套种成败的关键之一。套种过早,共生期长,下茬作物苗期生长差,或植株生长过高,在上茬作物收获时下茬作物易受损害;但又不能过晚,过晚套种就失去意义。套种时期的确定有多方面的情况,如配置方式、上茬长势、作物品种等。一般来说,宽行可早,窄行宜晚;上茬作物长势好应晚套,长势差应早套;套种较晚熟的品种可早,反之宜晚;耐阴作物可早套,易徒长倒伏的宜晚。

　　(4)选择代谢产物互利的作物搭配　　如洋葱与食用甜菜,油菜与大蒜,甜菜与小麦,荞麦与小麦,马铃薯与玉米、菜豆等进行搭配,有利于互利共生。

　　(5)要求经济效益高于单作　　间混套作选择的作物是否合适,在增产的情况下,还要看其经济效益比单作是高还是低。一般来说,经济效益高的组合才能在生产中大面积应用和推广。如我国当前种植面积较大的玉米间作大豆、麦棉套作和粮菜间作等。如果某种作物组合的经济效益较低,甚至还不如单作高,其面积就会逐步减少,而被单作所代替。

　　2. 确定合理的田间结构

　　间混套作的种植密度要高于相同种植面积的单作,以利于发挥密植效应。为此,可采用宽窄行等种植形式。同时,要安排好各种作物的密度、行数、行比及作物之间的距离,使复合群体既有较好的通风透光条件,又能发挥边行优势。另外,要灵活掌握各种作物的播种期,尽量减少共生期,防止作物间激烈的竞争。

　　间作作物的行数,要根据计划作物产量和边际效应来确定,一般高位作物不可多于、矮位作物不可少于边际效应所影响行数的 2 倍。套作时,上、下茬作物的行数取决于作物的主次。如小麦套种棉花,以棉花为主时,应按棉花丰产要求,确定平均行距,插入小麦;以小麦为主兼顾棉花时,小麦应按丰产需要正常播种,麦收前晚套棉花。

　　3. 加强田间管理

　　间混套作是集约栽培的技术措施。复合群体大,需要肥水多,因此要适当增加投入。作物种类多,田间管理复杂,因此要做到适时播种,及时收获,加强管理和防治好病虫害。

五、轮作与连作

(一)轮作与连作的概念

1. 轮作

轮作是指在同一块田地上,有顺序地轮换种植不同作物的种植方式,如一年一熟条件下的大豆→小麦→玉米三年轮作,在一年多熟的条件下,轮作由不同复种方式所组成,如绿肥—水稻—水稻→油菜—水稻—水稻→小麦—水稻—水稻三年复种轮作。

2. 连作

与轮作相反,是在同一块田地上连年种植相同作物或相同复种方式的种植方式。在同一土地上采用同一种复种方式连年种植的称为复种连作。

生产中常把轮作中的前作物(前茬)和后作物(后茬)的轮换,通称为“换茬”或“倒茬”,把连作称为“重茬”。

(二)轮作的作用

1. 减轻作物的病虫草害

作物的许多病虫草害都是通过土壤感染的,如水稻纹枯病、棉花枯黄萎病和红蜘蛛、油菜菌核病、大豆孢囊线虫病、甘薯黑斑病等,以及危害许多作物的线虫、地下害虫等。每种病害的病原菌都有一定的寄主,害虫也有一定的专食性和寡食性,有些杂草也有相应的伴生者和寄生者。因此,如果连年种植相同的作物,这些病虫草害就可能大量发生。而实行抗病作物或非寄主作物与感病作物轮作,使病原菌得不到寄主,就会消灭或减少病菌在土壤中的数量,从而减小危害。特别是水旱轮作,生态条件改变剧烈,更能显著地减轻病害的发生。有些专食性和寡食性的害虫,如大豆食心虫等,实行轮作切断其食物源后,就可显著减轻发生程度。一些伴生和寄生的杂草,如水稻的稗草、谷子的谷莠子、小麦的燕麦草、大豆的菟丝子、向日葵的列当等,不仅生长习性与作物相近,有的形态上也与作物相似,所以难以根除。利用不同类型的作物轮换种植,改变农田的生态环境,有利于减少杂草的危害。

2. 均衡利用土壤养分

不同作物要求养分的种类和数量不同,吸收利用养分的能力也不同。如禾谷类作物需 N 多,豆科作物能固 N 而需 P 多,薯类作物需 K 多,玉米、小麦需肥量较大,而谷子需肥量相对较少等。如果连年种植同一种作物,就会使土壤中某些营养元素被大量消耗,而另一些则得不到有效利用,从而造成土壤肥力的偏耗。

作物吸收营养元素的能力与其根系的形态(包括根量和根的分布等)和活性有关。如冬小麦、玉米、高粱、棉花、向日葵、苜蓿等根系入土较深,而春小麦、马铃薯、水稻、豌豆等根系入土较浅。高粱等作物根系吸肥能力极强,油菜、荞麦等作物根系还能分泌有机酸类,起到分解和利用土壤中难溶性磷的作用。如果将这些作物轮换种植,就有利于均衡利用土壤中的养分。

3. 改善土壤理化性状

作物的残茬、落叶和根系是补充土壤有机质的重要来源,不同作物补充有机质的数量和种类不同,质量也有区别。这些有机物不仅分解的难易程度不同,而且对土壤有机质和养分的补充也有不同作用。如禾谷类作物有机碳含量多,而豆科作物、油菜、棉花等落叶多,有机氮含量较禾谷类作物多,因此轮作能调剂土壤有机物供应的种类和数量。另外,大豆、西瓜等作物根系分泌物对本身的生长发育有毒害作用,进行轮作可避开有毒物质的毒害。

根系的形态不同,对不同层次土壤的穿插挤压作用就不同,因而对改善土壤物理性状的作用也有区别。密植性作物,根系细密、数量多、分布均匀,能起到改良结构、疏松耕层土壤的作用;而深根性作物和多年生豆科作物的根系,对深层土壤具有明显的疏松作用。不同的作物轮作,通常能起到上下兼顾的效果。特别是水旱轮作,对土壤理化性状影响极大。在长年淹水条件下,土壤会出现结构恶化、容重增加、氧化还原电位下降、有毒物质增多等现象,水旱轮作能明显改善土壤的理化性状。

4. 经济有效地提高作物产量

根据作物的生理生态特性,在轮作中前后作物协调搭配、茬口衔接紧密,既有利于充分利用土地、降水和光、热等自然资源,又有利于合理使用机具、肥料、农药、灌溉用水以及资金等社会资源,还能错开农忙季节,均衡使用劳畜力,做到不误农时和精细耕作。合理轮作是经济有效提高产量的一项重要农业技术措施。

(三)合理轮作制的建立

作物的全面持续增产,不仅需要一个合理的作物布局,还必须建立一套作物轮作制度。要全面实施轮作,关系到一个地区或生产单位的相当长期的作物布局;因此首先需要进行整体的设计,在此基础上制订具体的实施计划。

1. 轮作周期的长短

轮作周期指在一个轮作田区,每轮换一次完整的顺序所用的时间。一个地区轮作周期的长短没有固定模式,一般取决于3个方面:①组成轮作作物的种类多少和主要作物面积的大小。分带轮作中作物种类较多,或主要作物种植比重较大,年限可长一点,否则应短。②轮作中各类作物耐连作的程度和需要间歇的年限。原则上不耐连作的作物参加轮作,轮作年限较长,间歇的年限就多;比较耐连作的作物参加轮作,年限伸缩性较大,可长可短。③养地作物后效期的长短。轮作中养地作物后效期长的年限要长一些,否则应短一些。

2. 轮作中的作物组成

轮作是否合理,首先取决于轮作中的作物组成。合理的作物组成应符合以下要求:①轮作中所有作物必须适应当地的自然条件和轮作的地形土壤等,并能充分利用当地的自然资源;②轮作中作物应有主有次,必须保证主作物占有较大面积;③根据作物茬口特性,保证一个轮作周期内用地、养地、半养地作物各占一定比例;④轮作周期内,复种指数高低应适合当时当地的机械、肥料、劳力、水利等生产条件;⑤轮作中各作物的种植面积,应成倍数或相等,以便每年每一作物都有近似面积。

3. 轮作顺序

轮作顺序的原则是前茬为后茬,茬茬为全年,今年为明年。因此,轮作中一定要根据作物茬口特性,用养结合,合理安排轮作顺序。

(四)连作危害与连作技术

如前所述,合理的轮作通常可以增加产量和提高经济效益,因此应尽可能地建立轮作制。但是,在国内外的作物生产中,连作现象是普遍存在的。例如,我国东北的玉米、大豆,华北的小麦、棉花,南方的水稻等。

生产中连作普遍存在的原因是多方面的,主要有:①社会需求。有些社会需求量大的主要作物,如粮、棉、糖等,不实行连作就难以保证充分的供给;②自然资源。某些地区的气候、土壤状况最适于种植某种作物;③经济效益。一些大型国营农场或对机械化依赖程度高的地区,种植作物种类少,可相应减少机械设备,节约投资,降低成本。

1. 连作的危害

连作作物不同,其导致减产的原因也有所不同。概括起来,引起连作危害的原因有生物的、化学的和物理的 3 个方面。

(1)生物因素　包括病虫害的加剧、土壤微生物种群及土壤酶活性的变化等。一些以土壤为媒介感染作物的病虫害,及伴生性或寄生性杂草,在连作情况下其危害程度会陡然加剧,从而导致严重减产。除此以外,连作引起的土壤微生物、酶活性变化也会影响作物产量。如旱稻连作,会使土壤中轮线虫和镰刀菌的密度增加;玉米、向日葵等作物连作,将导致根际真菌增加,细菌减少;大豆连作会使土壤中磷酸酶、脲酶的生物活性下降等。

(2)化学因素　化学因素主要是土壤营养物质的偏耗和有毒物质的积累。由于每种作物吸收的矿质营养的种类、数量和比例都是相对稳定的,因此连年种植相同作物,势必会造成该种作物偏好的、吸收量大的营养元素出现匮乏,从而影响土壤养分的平衡,导致作物减产。另外,在连作过程中,土壤内会不断积累一些有毒的根系分泌物和作物残体腐解后产生的某些有毒物质,从而引起作物本身"中毒",

导致生长停滞、矮化、根腐甚至死亡。在南方水稻产区,稻田长期淹水还会积累一些有毒的还原性物质,如低价的 Fe、Mn 及 H_2S 等。

(3)物理因素　物理因素主要是土壤物理性状的恶化。如南方水稻产区,由于土壤淹水时间长,加上连年水耕水种,除会引起还原性有毒物质的积累外,还会导致土壤孔隙少、容重增加、通气不良、土壤板结等物理性状的恶化,影响作物根系的正常生长。

2. 连作技术

由连作引起的连作障碍,即使是采用最先进的现代化技术也难以完全克服。但是,合理地选择连作作物和品种,有针对性地采取一些技术措施能有效地减轻连作的危害,提高作物耐连作程度,延长连作年限。

(1)选择耐连作的作物和品种　根据作物耐连作程度的不同,可把作物分为:①忌连作的作物,如豌豆、蚕豆、花生、烟草、甜菜、亚麻、黄麻、向日葵、番茄、西瓜、马铃薯等。这些作物连作,作物生长严重受阻,植株矮小,发育异常,减产严重。主要原因是一些特殊病害和根系分泌物对作物有害。因此,这些作物应间隔3～4 年或更长的时间才能再次种植。②耐短期连作的作物,如豆科绿肥、甘薯等。这些作物短期连作,土壤感染的病虫危害较轻或不明显,因此可连作 1～2 年。③耐长期连作的作物,如水稻、麦类、玉米、甘蔗等,这些作物可连作 3～4 年乃至更长时间。

对于同一作物而言,抗病虫品种一般比感病虫品种受连作的影响较小,因此除了选择耐连作的作物外,采用一些抗病虫的高产品种,也能在一定程度上缓和连作的危害。

(2)采用先进的科学技术　随着连作障碍原因的不断探明和一些实践经验的总结,一些抗连作障碍的技术也在发展和成熟。如采用烧田熏土、激光处理和高频电磁波辐射等进行土壤处理,杀死土壤病原菌、虫卵及杂草种子;用新型高效低毒的农药、除草剂进行土壤处理或茎叶处理,可有效地减轻病虫草的危害;施用化肥和农家肥,及时补充营养成分,可使土壤保持养分的动态平衡;通过合理的水分管理,冲洗土壤毒质等。

第三节 我国农作制分区与区域农业发展

一、农作制区划的意义及原则

(一)区域划分的意义

我国幅员辽阔,地形复杂,东西、南北的自然条件迥然不同,加上各地社会经济条件、生产技术水平、人们的习惯要求等都极为复杂多样,因此各地的农业生产也表现出显著不同的特点。随着市场经济与现代农业不断深入发展,对传统农作制度进行改革和创新,建立资源、生产、技术、市场为一体的新型农作制度,是建设现代农业的有效途径。调整农业生产结构,转变农业增长方式,大力发展高产、优质、高效、生态、安全农业,是建设社会主义新农村、推进现代农业建设、千方百计增加农民收入的重要内容。农作制区域的划分,将有利于为有关部门了解和掌握各地农业资源的特异性、农业生产的基本特点、发展方向和改造途径等提供科学的依据和参考建议;有利于在规划、指导和决策过程中减少盲目性,增加科学性,更好地贯彻因地制宜、趋利避害、分类运作的原则。

(二)区域划分的原则

(1)与农作制相关的自然条件的相对一致性 主要指标有:地势、地貌、水状况与水资源、热量状况、土地、自然植被、自然灾害、生态健康度等。

(2)与农作制相关的社会经济生产条件的相对一致性 在自然资源的基础上,充分反映出社会经济的面貌。主要指标有:地理位置(海陆、城乡、市场、交通)、人口、人地比、灌溉条件与面积、农机具、肥料、农业产值、市场、农民经济收入等。

(3)农作制内容的相对一致性 主要指标有:农作制水平(原始农业、传统农业、现代农业)、集约度或粗放度(土地利用率与生产率、劳动生产率、资金生产率、规模)、商品率与自给率、投入度(劳力、土地、资金、技术)、生态保护度、农林牧的比例与关系等。

(4)农作制的各亚系统内容的相对一致性 涉及种植制度的主要指标有:作物布局、熟制、种植方式等;涉及动物饲养制度的主要指标有:放牧或舍饲、游牧或定牧、养殖或捕捞、食草动物与食粮动物、动物类群(牛羊猪禽鱼)等;涉及林业制度的主要指标有:针叶林与阔叶林、落叶林与常绿林、森林覆盖率、生长率、林型(用材林、经济林、薪炭林、防护林)等;涉及生态保护制度的主要指标有:洪涝、干旱、水土流失、土地退化、沙漠化、次生盐碱化等。

(5)保持县级行政区界的完整性。

二、我国农作制分区与区域发展

中国现有的农业区划种类繁多。中国农业大学刘巽浩和陈阜(2005)以县为基本单位,通过分析研究,将我国农作制划分为10个一级区和41个二级区(图 8-3)。本节主要参照中国农业综合区划、《中国农作制》(2005)以及中国统计年鉴(2019)最新数据对我国各农作区进行介绍。十大农作区农作制度的特点和发展方向详见二维码 8-1。

二维码 8-1 我国十大农作区农作制主要特点及发展战略

(一)东北地区

该区包括内蒙古东北角、黑龙江、吉林、辽宁大部,土地总面积14 733 万 hm²,占全国总土地面积的 15.32%,耕地 2 612 万 hm²,总人口 1.226 亿,人均耕地 0.2 hm²,北部多南部少。土地广阔、平坦肥沃,气候适宜,中部拥有 30 万 km² 的松辽平原,是我国主要的农业与商品粮豆生产基地。本区土地、水、森林、草地、耕地资源较为丰富,但热量不足,大部分属半湿润中温带。年平均气温 -5～10.6℃,无霜期140～170 d,年降水量为 500～800 mm,土层深厚,土壤肥沃,有机质含量为 2%～5%。本区的大平原土地平坦,适于大规模机械化作业。降水多而利于树木生长,故天然植被主要是落叶阔叶林与红松混交林,中西部平原降水量减少,植被为草甸或草原。该区又分为兴安岭丘陵山地纯林区与山麓岗地温凉作物一熟区、三江平原温凉作物一熟区、松辽平原喜温作物一熟区、长白山温和作物一熟农林区、辽东滨海平原温暖作物一熟农渔区 5 个亚区。

(二)黄淮海平原区

该区位于我国东部,包括黄河、淮河、海河流域中下游的京、津、冀、鲁、豫大部、苏北、皖北、黄河支流的汾渭盆地。土地总面积 6 145 万 hm²,占全国的 6.4%,耕地 2 735 万 hm²,人均耕地 0.08 hm²。该区主要是平原,气候温和,≥10℃积温 3 600～4 900℃,无霜期170～200 d,年降水量 500～950 mm,属半湿润暖温带。黄淮海平原土层深厚,适于耕作,通过大规模的河道治理,耕地中的盐渍土面积已大幅度减少。本区水资源较紧张,人均水资源是全国平均水平的 14%,人口密度甚大,农业人口占总人口的 78%,人多地少,人均耕地只有 0.08 hm²。该区又分为环渤海山东半岛滨海外向型二熟农渔区、燕山太行山山前平原水浇地二熟区、海河低平原缺水水浇地二熟兼旱地一熟区、鲁西平原

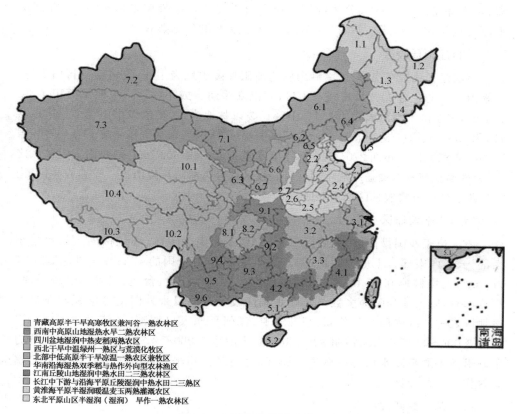

图 8-3 中国农作制综合分区图

□ 青藏高原半干旱高寒牧区兼河谷一熟农林区
■ 西南中高原山地湿热水旱二熟农林区
■ 四川盆地湿润中热麦稻两熟农区
■ 西北干旱中温绿州一熟区与荒漠化牧区
■ 北部中低高原半干旱凉温一熟农区兼牧区
■ 华南沿海湿热双季稻与热作外向型农林渔区
■ 江南丘陵山地湿润中热水田二三熟农林区
■ 长江中下游与沿海平原丘陵湿润中热水田二三熟区
■ 黄淮海平原半湿润暖温麦玉两熟灌溉农区
□ 东北平原山区半湿润（湿润）旱作一熟农林区

鲁中丘陵水浇地二熟兼一熟区、黄淮平原南阳盆地水浇地旱地二熟区、汾渭谷地水浇地二熟旱地一熟兼二熟区、豫西丘陵山地旱坡地一熟水浇地二熟区 7 个亚区。

（三）长江中下游农作区

该区包括长江中下游沿江的江汉平原、洞庭湖平原、鄱阳湖平原、皖中平原、太湖平原、长江三角洲、杭嘉湖平原、大别山区、宁镇丘陵等，以及相连的沿南黄海、东海的山前诸多小平原组成的长地带。土地总面积 5 955 万 hm²，约占全国的 5.7%，其中 2/3 以上是海拔 200 m 以下的平原，其余为 200～500 m 的丘陵岗地。耕地面积 1 400 万 hm²，人均耕地 0.05 hm²。本区属北、中亚热带气候，温暖湿润，水热资源丰富，≥10℃积温 4 800～6 100℃，无霜期 230～290 d，年降水量 900～1 500 mm，是我国第二大农区，为商品粮、棉、油麻、桑茧、茶、柑橘、猪禽、水产品基地。该区又分为滨南黄海东海平原二三熟外向型农渔区、江淮江汉平原丘陵旱水二熟兼三熟农区、两湖平原丘陵水田三二熟农区 3 个亚区。

(四)江南丘陵区

该区位于我国东南部,以南岭山脉与浙闽丘陵山地为主体,也包括罗宵山山脉、雪峰山等。全区约 90% 是丘陵与山区,间以众多河谷或小盆地。土地总面积 4 693 万 hm²,占全国土地总面积 4.5%。山区丘陵以林地为主,耕地以水田为主。耕地共 413 万 hm²,人均耕地 0.05 hm²。本区属中亚热带气候,水热资源丰富。≥10℃积温 5 300～6 800℃,无霜期 270～320 d,年降水量 1 300～1 900 mm,是我国三大林区之一,森林面积与林木覆盖率居全国之首。该区又分为浙闽丘陵山地二三熟农林区、南岭丘陵山地二三熟农林区 2 个亚区。

(五)华南农作区

该区位于我国最南部,主要以广东、广西及海南为主体,还包括周边的福建东南部、云南西南部。土地总面积 4 527.24 万 hm²,占全国的 4.68%。耕地 777.57 万 hm²,人均耕地 0.05 hm²。该区地形复杂,山地、丘陵、台地、河谷和沿海平原、岛屿都有,以山地丘陵为多数。本区是我国改革开放以来外向型经济和农业最发达地区之一。区内珠江三角洲、潮汕平原、漳州平原人口稠密,经济发达。≥10℃积温 5 000～8 350℃,无霜期 330～365 d,年雨量 1 080～2 760 mm。该区又分为华南沿海平原丘陵水田二三熟兼热作区、海南岛雷州半岛西双版纳水田旱地二熟兼热作区 2 个亚区。

(六)黄土高原农作区

黄土高原区是指黄土高原及其毗邻地区,覆盖青海省日月山以东,祁连山冷龙岭、贺兰山、阴山以南,太行山以西,秦岭以北广大地区,包括山西、宁夏,陕西关中、渭北和陕北,甘肃陇中和陇东,内蒙古鄂尔多斯、巴彦淖尔、乌兰察布部分,青海东部及河南西北部等。全区土地面积 62.37 万 km²,人口 9 000 多万。本区长城以北地势是中高原,气候冷凉,长城以南为低高原,气候温和。本区≥10℃积温 1 500～4 000℃,无霜期 80～180 d,年降水量 100～630 mm。黄土高原是世界最大的黄土沉积区,土层深厚,土质松软,是我国旱作农业的发祥地,农耕历史悠久。本区生态脆弱,水蚀、风蚀严重,干旱是农业的主要威胁。该区又分为内蒙古高原北部半干旱干旱草原放牧兼农区、后山坝上晋西北中高原山地喜凉作物一熟兼轮歇区、黄土高原西部黄土丘陵半干旱喜凉作物一熟农区、蒙东南辽吉西冀北半干旱喜温作物一熟农区、晋东土石山地半湿润易旱一熟填闲农区、黄土高原东部丘陵易旱喜温作物一熟农区、黄土高原南部塬区半湿润一熟填闲农区 7 个亚区。

(七)西北绿洲灌溉农作区

该区位于大青山、白于山、祁连山、阿尔金山和昆仑山以北的广大范围,包括绵延于西北干旱地区的四大灌溉农区,即内蒙古河套灌区、宁夏引黄灌区、甘肃河西走廊灌区与新疆内陆灌区,以及荒漠、戈壁、沙漠以及山地草原与荒漠草原等。土地总面积 22 643 万 hm²,占全国的 21.7%,耕地 434 万 hm²,人均 0.15 hm²。本区 ≥10℃积温 2 800～4 400℃,无霜期 130～200 d,年降水量 50～400 mm,属中温带兼暖温带干旱荒漠气候,光热资源好,但大部分地区没有灌溉就没有农业和林业,灌溉农业较发达,是全国性的棉花、粮食、瓜果基地。该区又分为河套河西走廊灌溉一熟填闲农区与阿拉善高地荒漠草原牧区、北疆灌溉兼旱作一熟填闲农区与荒漠草原牧区、南疆灌溉一二熟农区与荒漠草原牧区 3 个亚区。

(八)四川盆地丘陵农作区

该区包括四川盆地底部和周边低山丘陵,由成都平原、川中丘陵、台地及川东和周边的丘陵和低山组成。包括四川省与重庆市大部。土地总面积 2 111 万 hm²,占全国 2.0%,耕地 476 万 hm²,人均耕地 0.05 hm²。本区气候暖湿,属中亚热带,热量条件好,≥10℃积温 5 000～6 000℃,无霜期 280～320 d,年降水量 950～1 300 mm。本区是一个纯农区,无牧区,是我国中部偏西南地区农业上的一颗明珠,重要的粮、猪等农产品生产基地。该区又分为成都平原水田麦稻二熟农区、川中丘陵水田旱地二熟农区 2 个亚区。

(九)云贵高原区

云贵高原地处我国西南,是围绕四川盆地的一圈中高原山地,北起秦岭南麓,南至西双版纳北界,西界青藏高原,东止巫山、武陵山,包括秦巴山地、川鄂湘黔丘陵山地、云贵高原与川西高原。该区总土地面积 7 913 万 hm²,占全国的 7.6%,耕地 724 万 hm²,人均耕地 0.06 hm²。全区 95% 的面积是丘陵、山地和高原。本区热量条件较好,气候湿润,≥10℃积温 3 000～8 000℃,无霜期 210～365 d,年降水量 800～2 000 mm,气候立体性强,垂直差异巨大。该区又分为秦巴山区旱坡地二熟一熟兼水田二熟林农区、川鄂湘黔交界低高原山地水田旱地二熟林农区、贵州高原水田旱地二熟兼一熟农林区、滇中高原盆地水田旱地二熟兼一熟农林区、横断山系东部高原高山峡谷旱地一二熟兼水田二熟农林区、滇南中低山宽谷炎热旱地水田二熟农区 6 个亚区。

(十)青藏高原区

该区位于我国西部,土地面积 20 951 万 hm²,占全国的 22%,但耕地少,只有 64

万 hm², 垦殖率只占 0.3%, 人均耕地 0.09 hm²。农区分布于西藏东南部、青海中北部、四川西部、甘肃的西南角。该区地势高亢, 气候寒冷, ≥10℃积温 500～2 100℃, 无霜期 70～150 d, 年降水量 30～700 mm, 为半干旱气候。该区是我国也是世界最高的高原农区, 其周围大部分为自然牧场, 作物分布高限达 4 700 m(青稞), 是我国重要的牧区和林区之一。该区又分为青甘干旱半干旱喜凉作物一熟轮歇农区与高寒草原荒漠牧区、川西藏东南半湿润凉温作物一熟林农牧区、藏西南谷地半干旱喜凉作物一熟兼草原牧区、西藏高寒干旱荒漠草地牧区 4 个亚区。

 复习思考题

1. 试述农作制的概念和特性。
2. 试述种植制度的概念与建立合理种植制度的基本原则。
3. 试述作物布局的概念、地位、作用和原则。
4. 试述复种的概念和意义。
5. 复种的条件和技术有哪些?
6. 试述间(混)套作的效益原理。
7. 间(混)套作的技术有哪些?
8. 试述轮作、连作的概念和轮作的意义。
9. 试述连作的危害和运用。
10. 试述我国农作制区划的意义。
11. 简述我国农作制分区。
12. 试述我国主要农作区发展战略与方向。

第九章

农业现代化及其展望

第一节　农业的起源与发展

一、农业的概念

农业诞生于距今 10 000 年左右的全新世初期,它的产生是人类文明史的光辉起点。英文 agriculture 出自拉丁文 agricultura,agri 是田地的意思,cultura 是耕种、教化的意思,agriculture 即为耕作土地栽培作物,其意义与我国的农业相同。现在对农业的定义为:农业是人类通过社会生产劳动,利用自然环境提供的条件,促进和控制生物体(包括植物、动物和微生物)的生命活动过程来取得人类社会所需要的产品的生产部门。

二、农业的起源

农业的起源指农业的最早出现,包括两个过程:一是采集和渔猎;二是农耕与畜牧。

(一)采集与渔猎

在出现农耕前的漫长岁月里,人类的祖先为了生存,只能依赖采集和渔猎自然界现成的植物和动物,还不能以自己的劳动来增加植物或动物的数量。这时一切的技术进步都是为了寻找更多的食物,而不是生产更多的食物。这个时期包括人类童年期和旧石器时期。人类童年期主要生活在热带和亚热带的森林中,树居、食果是这个时期的特征。到旧石器时期,人类已遍布世界各大洲,学会了制作粗糙的石器工具和用火烧烤食物。

(二)农耕与畜牧

到了新石器时期,人类已能制作打磨的石器工具,在漫长的采集和渔猎过程中,人类逐渐学会了用人工的方法改善野生植物的生长环境或者模仿自然的生长过程以增加采集物的数量,以后又进一步学会了人工驯化野生动物并加以饲养,从而逐渐掌握了农耕和畜牧技术,即形成了原始的种植业和畜牧业,原始农业因此产生。

三、农业的发展

从农业发展的历程来看,人类经历了 3 个阶段,一是原始农业,历时 7 000 年左右;二是传统农业,历时 3 000 年左右;三是现代农业,约 200 年左右。知识的积累和技术的进步是推动人类社会向前发展的动力。

(一)原始农业

原始农业是农业发展史上的最早阶段,其形成是一个漫长的、渐进的过程,基本特征是在原始的自然条件下,采用简陋的石器、棍棒等生产工具,进行刀耕火种或轮垦种植,广种薄收,靠长期休闲来恢复地力,而不是靠人工的栽培耕作技术来提高肥力。原始农业的最大成就是对野生植物和动物的驯化。现代人类种植的农作物如粟、黍、小麦、水稻、玉米等,饲养的家畜如猪、牛、羊、狗、鸡等,都是原始农业阶段驯化的产物。在原始农业阶段还发明了灌溉,说明人类已有改进农作物生产条件的能力。

当人类能够大量使用铁制农具助耕的时候,原始农业也就过渡到了传统农业。

(二)传统农业

传统农业较原始农业进步之处,也是其显著特征,一是生产工具的进步,二是利用自然界能力的进步。在生产工具方面,发明了铁制和木制的农具、利用风力的风车和利用水力的水磨等,并在冶炼术和畜力使用的基础上,发明了耕犁。畜力牵引的铁臂犁,是传统农业生产工具进步的标准。在利用自然界能力方面,改变了原始农业只靠自然恢复地力的状况,创造了利用人工施用有机肥来提高土壤肥力的技术;发明了用选择农作物和牲畜良种来提高农作物产量、品质和改善牲畜性状的方法;创立了间作、套作等耕种技术。

传统农业的生产劳动以手工劳动为主,生产方式以个体小规模为主,农业技术也都是一些直观经验的产物。

(三)现代农业

现代农业是指工业化以来高资本、高能量、高技术投入以及以商品生产为主要特征的农业生产体系。从现代农业的发展来看,它包括工业化农业和可持续农业两个发展阶段。前者是应用现代工业成果,大量地采用现代农业投入,如商品能源、农机、化肥、农药,通过大型规模经营,获得高产的农业模式。后者是在工业化农业进行反思的基础上提出来的管理和保护自然资源基础,调整技术和机制的变化方向,以便获得并持续地满足当前和今后世世代代人们的需要。因此是一种能够保护和维护土地、水和动植物资源,不会造成环境退化,同时在技术上适当可行,经济上有活力,能够被社会广泛接受的农业。

1. 现代农业的产生

在 18 世纪末,随着产业革命的兴起,首先在英国使用了马拉的条播机、中耕机,19 世纪初又推广了四圃制。随后,欧洲出现了农业技术的变革。四圃制取消了原来三圃制的休闲地,即把放牧地改为耕地,土地分为四个区,实现冬谷类(小麦)—芜菁—夏谷类(大麦)—三叶草的轮作制,从而既扩大了种植面积,又为牲畜提供了优质饲料。

在 19 世纪的美国,棉花播种机、玉米播种机、谷物收割机、谷物脱粒机、割草机等农具先后被发明和推广,从而促进了农业技术的变革。1850—1920 年的蒸汽动力时代,开始研制了固定作业的蒸汽脱粒机,到 1870 年有了蒸汽拖拉机。1920 年后,用汽油的内燃机代替了蒸汽机和畜力。农业科技的进步和动力的发展推动农业进入现代农业阶段。

2. 现代农业的特征

(1)技术科学化　在农作物品种改良方面,由于遗传学的发展和育种技术的进步,已培育出许多高产、优质、抗逆、适宜于机械化作业的新品种。特别是杂种优势的利用,矮秆耐肥品种的培育和推广为提高粮食作物产量做出了巨大的贡献。在化肥生产方面,复合肥料、高效浓缩肥料和长效肥料已成为一种趋势。农药向高效、低毒、广谱、低残留的方向发展,栽培技术向集约化、模式化、定量化的方向发展,灌溉技术向节水、高效的方向发展。高新技术在农业中的应用也在不断发展,如用信息技术指导作物生产的决策和科学管理等,用"3S"技术来进行资源勘测,病虫害、水灾、森林火灾的监测和农作物产量预报等。生物固氮技术、遗传工程、微生物利用、作物系统工程等新的研究领域也展示了广阔的应用前景。

(2)操作机械化　在一些西方发达国家,形成了农业机械化体系,从作物的耕、种、管、收到农产品的运输、贮藏、加工全部为机械化作业,园艺作物蔬菜、果茶等的栽苗、收获也都使用机械。特别是畜牧业的机械化程度很高,如养鸡业中的给水给料、收蛋装箱、除粪等作业全部为计算机管理的机械所代替。从机械化的类型看,一些人少地多的发达国家,如美国、加拿大、澳大利亚等,农业机械向大型、宽幅、高速联合作业方向发展。如联合作业机械可一次完成深耕、碎土、施肥、播种、覆土、镇压和喷施农药。在大型机械上已普遍使用液压操纵和传动装置,有的配有电子监视、鉴别、自动控制和卫星导向系统等先进仪器,驾驶室采用封闭式,噪声小,有空调设备,工作舒适。农用飞机的发展也很快,美国已有1万多架,广泛用于水稻播种、造林、种草和喷施农药,也可用于根外追肥等。在人多地少的国家,如日本等,拖拉机向小型发展,以适应不同条件和多种作业要求。

(3)产销社会化　根据不同地区的自然条件和经济条件,把各种作物的种植地相对集中在一起,形成专业化、商品化生产基地,使作物形成一种社会化趋势,农业生产社会化的发展,使农业生产成为一个包括产、供、销紧密联系的经济实体。种子、化肥、农药和农业机械等生产资料均有专业公司经销,农产品的收购、贮存、加工等也有专门机构负责,这样有利于提高生产效率。

(4)生产高效化　衡量农业现代化水平的重要标志是农业劳动生产率和土地生产率。劳动生产率指一个农业劳动力能种多少地,能生产多少农产品。世界上农业劳动生产率最高的是加拿大、美国和澳大利亚,每个劳动力可负担耕地70 hm² 以上,每公顷生产粮食可达7 000 kg以上。

(5)农民知识化　现代农业的发展,农业生产过程中的科学技术含量越来越高,农民只有掌握了现代科学技术,才能使科学技术转化为生产力;同时现代农业的生产规模大,农作物的商品率高,也要求农民掌握高效的企业管理方法,不断提高经营水平。在现代农业发达的国家,农民大多完成了义务教育或接受过中等职业教育,很多是大学毕业后去经营农场的,美国有的农场甚至是由大学教授兼营。

3. 现代农业的发展

现代农业的高度工业化和化学化所引起的资源短缺、环境恶化等问题,在20世纪70年代就已引起国际社会和许多国家的高度重视。在一些农业发达的国家,便开始寻求所谓的替代能源,提出了有机农业、生态农业的概念和发展模式,倡导应用生态上合理的管理技术,使农业实现持续高产。近年来,国际社会普遍接受"可持续发展"战略,成为21世纪世界发展的共同行动纲领,因而可持续农业(sustainable agriculture)成为现代农业进一步发展的主要方向。

二维码 9-1　可持续农业的基本思想及发展模式

有关可持续农业的基本思想及发展模式见二维码 9-1。

四、世界农业概况

(一)世界农业现状与发展

1. 世界农业发展成就

世界农业取得了多方面的成就,主要包括社会、经济、技术和生态等方面的成就。

(1)社会成就　世界农业发展最主要、最重要的成就之一就是养活了地球上的人口。谷物、肉类、水果等农产品的产量有大幅度增加,使社会农产品供求总量基本平衡,还解决了人口就业的问题。

(2)经济成就　世界农业的发展促进了经济发展,使农业产值增加,劳动生产率和土地生产率也得到提高。

(3)技术成就　技术成就主要表现在品种改良和生物技术的运用、节水农业技术、多熟制种植技术、肥料增产技术、现代设施农业增产增效技术及农业信息技术等的运用与发展。

(4)生态成就　世界农业的发展对生态环境带来一些积极影响,如改良土壤、改善土壤结构、提高土壤肥力和减少水土流失等。

世界农业在发展过程中,在多个方面取得了巨大成就,尤其表现在"六良"技术——良田技术、良种技术、良制技术、良法技术、良物技术和良境技术等农业生产技术发展上。

2. 世界农业存在问题

世界农业在取得巨大成就的同时,也面临一系列的问题与挑战,突出表现在以下4个方面——食品安全问题、粮食安全问题、农业生态环境安全问题和乡村社会安全问题。

(1)食品安全问题　食品"不安全"引发全球公共卫生问题,危及人类生存与健康,如食源性疾病;新的食品安全危险因子对人类造成了新威胁,如20世纪90年代发生的英国疯牛病,人类吃了疯牛病的食物,可引起感染,发生克雅氏病,导致脑组织进行性退化而死亡;新技术的应用给食品安全带来新的挑战,如应用于食品生产的基因工程技术(基因微生物、基因农产品、基因动物)、包装技术、生物酶技术,以及生长激素的应用等,可能产生潜在的危害;转基因食品安全性问题,尽管科学界对转基因技术改良后的农作物安全达成了共识,并且得到快速应用,但转基因食品安全性的争论仍在继续,与转基因连带使用的除草剂对环境和人体健康的危害也不可小觑。

（2）粮食安全问题   粮食生产受诸多因素的影响,使得世界粮食安全出现诸多问题,如人口增长对粮食的需求量增加、气候变化尤其是极端天气严重影响全球粮食安全;世界工业化、城市化的快速推进,使得粮食生产的基础(耕地、农民、生产资金投入、水资源)受到削弱;生物质能源产业的发展、地区冲突和战争也对世界和地区的粮食生产、粮食安全产生严重威胁。

（3）农业生态环境安全问题   世界农业生态环境安全问题,主要表现为:资源短缺(如水资源、耕地资源、森林资源、能源资源、肥料资源等);生态破坏(如土壤退化、水土流失、荒漠化和生物多样性降低等);环境污染(如大气污染、水污染和土壤污染等);气候变暖;自然灾害。

（4）乡村社会安全问题   从目前来看,世界许多国家或地区存在着严重的乡村社会安全问题——饥饿、贫困、教育与健康问题,对全球农业可持续发展产生不容忽视的影响。

3. 世界农业发展趋势

未来世界农业已经或将朝着以下方向和趋势发展。

（1）全球经济一体化   农业的全球化、国际化、一体化和商品化的趋势越来越明显,表现在农产品国际贸易空前发展、农业对外直接投资增加和跨国公司在农业中不断扩展。

（2）生产集约化   要养活养好不断增长的世界人口,世界农业必须走节约资源、集约经营和持续发展的路子。具体要求是资源集约和技术密集。

（3）模式多元化   模式多元化包括作物种类多元化、生产模式多元化、生产技术多元化和生产目标多元化。生产模式多元化包括以水、土为基础的"绿色农业"模式、以蓝色海洋为基础的"蓝色农业"模式、以微生物资源为基础的"白色农业"模式和以太空为基础的"太空农业"模式。生产目标多元化包括增产、优质、多抗、改善生态环境和安全。

（4）发展科学化   21世纪世界农业的科学化将集中表现在以下3个方面:一是农业科技成果将不断涌现,特别是农业生物技术(包括基因资源的收集与创新、转基因动植物品种、动物生物反应器、动植物抗病基因工程育种、动物克隆技术等)、农业工程技术(包括设施农业、农产品加工增值、高效节水减肥减药、农业机械化等)和农业信息技术等方面将会产生新的突破和飞跃。二是农业科技贡献率进一步提高。三是农业科技成果的普及和应用渗透到农业的产前、产中、产后中而发挥作用。

（5）联系信息化   信息化是未来世界农业发展的大趋势。联系信息化主要表现在:加速传统农业的信息化改造和农业管理自动化;建立农业数据库;信息技术为未来农业科技研究提供重要手段;农业信息化将使资源的利用率和劳动生产率提高,对环境的负面影响降低。

(6)非农化 21世纪世界农业将会在非农化方面有更进一步的发展,这也是世界农业逐步走向成熟、高效的又一重要标志。

(7)可持续化 由于人类面临许多生态环境和生存方面的问题,科学工作者提出了可持续农业,这是21世纪世界农业发展的必然趋势。

(二)世界主要国家农业概况

1. 美国农业

20世纪50年代美国基本实现了农业现代化,目前形成了专业化的农业生产带,如牧草乳酪地带、玉米带、棉花带、烟草带、小麦带、山区放牧带、太平洋沿岸综合农业带和亚热带作物区。美国农业是一个高效率、结构合理、发展空间广阔的产业,也是一个重要的出口创汇产业。美国的农业、林业和渔业都很发达,种植业里的谷物、油料、蔬菜、水果、棉花和烟草等,畜牧业里的牛、羊、猪、禽等各业都均衡发展;集中化和专业化的趋势明显,目前美国农场有204万个,其平均规模为178.5 hm^2。在生产集中化的同时,专门生产一种产品的农场比例不断升高,即生产专一化也发展起来了,美国出现了农业与其有关非农部门的广泛协作与联合,产生了所谓的"食品—纤维系统",即农工一体化。美国的农场从结构上可分为农村居住农场、小型农场、中型农场和大型农场。从所有制形式看有自耕农农场、半自耕农农场和佃农农场(租地经营)。从经营方式和占有形式看有家庭农场、合伙农场和公司农场3种。

2. 法国农业

法国位于欧洲西部,三面环海,大部分地带属海洋性温带气候,所以自然条件好,有利于农业发展。目前法国农业现代化程度很高,农产品不仅能够充分满足本国的需要,而且还是世界上农产品出口量最大的几个国家之一。2019年小麦总产3 906万t,居世界第五位,玉米总产居世界第九位。农业机械化水平高,小麦、玉米等谷物生产、畜禽饲养均已实现了全过程机械化。粮食作物从整地、播种、中耕、病虫害防治、收获、运输、加工、贮存等环节均有相适应的农业机械。法国的作物育种机械和葡萄园机械较发达。作物育种从种床准备、播种、田间管理、收获及收获后清选、分级、包装、包衣等有一整套机械供应,特别是种子加工厂,各种设备配套齐全,自动化程度也较高。法国的葡萄园机械,从拖拉机到配套的栽植、剪枝、整形、施肥、施药、采收、包装、运输都有相适应的机械,机械化作业达到了世界先进水平。法国农业的经营方式主要是中小农场。这些中小农场占农场总数的81%,它们既是法国农业生产的主力,又是农村经济结构的基础。

法国在农业生产专业化和一体化方面取得很大进展。法国的农业专业化有两种类型:区域专业化和农场专业化。区域专业化是充分利用自然条件和农业资源,把不同的农作物和畜禽集中到最适应的地区,形成专业化的商品生产基地;农场专业化是将过去农场的工序,如耕种、收获、运输和供应等交给农场外的专业企业完成,使农场从自给性生产转变为商品化生产。法国的农业一体化有纵向一体化和横向一体化两种形式。纵向一体化就是农业资本和工商业资本相结合,产、供、销为一体的综合企业,其经营范围很广,组织领导者大都为一些大公司或集团。横向一体化是组织各种类型的农业合作社,其组织形式远比纵向一体化的农业企业集团松散,由于其灵活有效,加上自愿组织、退社自由,因而深受法国农民欢迎。

3. 日本农业

日本农业是亚洲各国中唯一属于发达国家类型的农业。日本从"二战"后的落后农业到实现了农业现代化,只花费了20多年的时间。日本属温带海洋性季风气候,雨量充沛,但土地比较贫瘠,且3/4的国土为丘陵和山地。水稻育秧、插秧、半喂入联合收获机械化水平居世界领先水平。奶牛饲养、肉牛和养鸡、养猪业实现了集约化与机械化。设施农业如日光温室非常发达,温室内温度、湿度、通风等自动控制,花卉、蔬菜、食用菌等广泛采用温室栽培,室内作业小型机械齐全,机械化程度较高。日本对渔业也非常重视,在大力发展远洋捕捞与加工的同时,特别重视开发和利用沿海水域资源,设置渔礁、建造养殖和保护沿海渔场,这些措施有力地保护了近海渔场和沿海渔业资源,使沿海渔产品和远洋捕捞得到了同时发展,海洋渔业居世界前列。

4. 以色列农业

以色列的自然条件十分不利于农业发展,如气候干旱、地形崎岖、水源短缺、沙漠广布和土壤贫瘠等,但其农业发展速度很快,农业科技水平和机械化水平等方面居于世界前列。以色列种植业主要以粮食作物、经济作物、瓜果蔬菜及饲料作物的生产为主,水果和蔬菜是其主要出口产品。为了充分利用水资源,以色列大力发展节水灌溉技术与设备,以较少的水来保证作物生产、人们生活与工业用水的需要,喷滴灌面积占总灌溉面积的70%。以色列的节水灌溉设备主要有大型喷灌机、微喷灌、滴灌系统及设备。以计算机控制的喷灌、滴灌系统可根据作物生长发育期需水和土壤墒情自动进行适时适量灌溉,同时还可以辅助施液肥和施农药防治病虫害,最大限度地降低水蒸发和浪费,极大地提高了水、肥料、农药等资源的综合利用率。这些节水灌溉设备广泛地用于花卉、蔬菜的温室种植和果树灌溉中。以色列的温室也很发达,温室栽培的主要作物为蔬菜和花卉。以色列是世界主要花卉与蔬菜出口国之一。

第二节　我国农业现代化建设

农业现代化是我国现代化建设的重要组成部分,也是国民经济现代化的重要基础。虽然我国农业现代化建设已经探索实践了几十年,也取得了显著的成绩,但总体上我国农业现代化水平还比较低,与发达国家相比还存在很大差距。建设现代化农业仍然是我国农业发展的长期战略目标。

一、我国农业现代化发展道路探索

新中国成立前,我国的经济发展长期处于停滞和十分落后的状态。新中国成立后,党和政府一直非常重视农业生产的发展,先后出台了一系列发展农业的政策。我国以占世界 9% 的耕地养活了占世界 20% 的人口,取得了举世瞩目的成绩。我国农业现代化经过几十年的历史性探索和长期不懈的实践,走出了一条符合中国国情的、具有中国特色的农业现代化发展之路。但是,我国的农业现代化建设还未达到理想的水平。回顾农业发展历程,我国的农业现代化发展大致划分为 2 个时期。

(一)新中国成立以来农业现代化道路的初步探索

1952 年年底,国民经济全面恢复。1954 年,全国人大一届一次会议上,明确提出了四个现代化的任务,并且列入了第一个五年计划。但由于当时对农业现代化的认识不清楚,认为农业现代化就是农业机械化和农业集中化,从而采取了一些不切实际的措施和步骤。在农业上强调一大二公,刮"共产风"、搞"平均主义",违背了按劳分配和等价交换原则,破坏了生产力和生产关系的辩证关系,严重地挫伤了农民的积极性,再加上三年自然灾害,使我国的农业生产遭受了严重的挫折,而且国民经济比例严重失调。

1962 年中央八届十次会议明确提出以农业为基础,以工业为主导的发展国民经济的总方针,把发展农业放在首位,强调农业是国民经济的基础。但 1966 年"文化大革命"开始后,在极左思想指导下,片面强调粮食生产,造成农业生产结构极不合理,也使生态平衡遭到严重破坏。

即便如此,这一时期我国农业还是取得了一定成就。从国家到省市都设立了综合性农业科研机构,逐步形成了较为完善的农业技术科研、推广体系,育成了一批优良农作物品种并在生产上推广应用,初步建立了化肥、农药生产体系,农业机械呈现出迅猛发展的趋势,农业基础设施得到了很大的改善,我国人均粮食年占有量由 1949 年的 209 kg,增长为 1978 年的 316.6 kg。

(二)改革开放以来农业现代化道路的成功开辟

1978 年,党的十一届三中全会的召开把全党的工作重心转移到经济建设为中心的轨道上来,对农业和农村采取了一系列改革和发展的重大政策措施,"家庭承包经营"极大地解放了生产力,对农用生产资料实行了补贴政策,缩小了工农业产品价格"剪刀差",大量增加化肥的投入,大面积推广杂交玉米和杂交水稻等高产品种,充分调动了农民的积极性,极大地促进了农业和农村经济的发展。

1985 年粮食总产量出现减少的现象,为了防止继续下滑,1986 年起政策上做了微调,减少粮食定购任务,实行"三挂钩"(定购任务与平价化肥、平价柴油和预购定金 20%挂钩),使粮食播种面积、单位面积产量和总产量有了一定增长。1989 年我国经济出现了严重的通货膨胀,工农业生产比例严重失调。为此,国家实行整顿治理,压缩基本建设投资规模,抽紧银根、控制物价、加强农业投入,依靠国家的"科技攻关计划""863 计划""丰收计划"等,重点推广农作物和畜禽新品种、旱作农业技术、"吨粮田"技术、生物防治技术、设施栽培技术等,收到了明显成效,使农业有了恢复性增长。1992 年以后,中国经济出现了新的生机,农业和农村经济进入新的发展阶段,政府将农业发展的政策目标调整为"高产、优质、高效",农业科技开始向"重视品质、提高效益"转变。这个时期出现了两个新高:一是粮食产量新高;二是农民收入新高。由于农业的增产和乡镇企业高速增长,大大增加了农民收入,1996 年农民人均纯收入达到 1 926 元,比 1995 年的 1 578 元增长 22%。由于基本解决了温饱问题,农产品总体上处于"低水平"供大于求的状态,市场价格低迷,而农用生产资料价格居高不下,工农业产品价格"剪刀差"重新拉大,农业效益下降,直接影响到农民收入。虽然国家从 1998 年起实行按保护价敞开收购、资金封闭运行、粮食企业顺价销售"三项政策",对保护种粮农民利益起了一定的积极作用,但未能根本解决粮食效益低下问题。

从 2004 年起,粮食播种面积又开始逐年增加,粮食价格也有所回升。这标志着我国农业的综合生产能力有了很大提高。2006 年取消了各种农业税费,使得农业发展进入无税时代。2006 年中央一号文件明确提出坚持"多予、少取、放活"方针。另外,我国改革农产品进出口贸易体制,农业全面对外开放;全面放开粮食收购和销售市场,实行购销多渠道经营;推进以乡镇机构、农村义务教育和县乡财政管理体制改革为主要内容的综合改革;按照统筹城乡发展的要求,以工补农、以城促乡,全面推进新农村建设;2012 年 11 月,党的十八大提出了生态文明建设,并纳入"五位一体"的中国特色社会主义总体布局;2018 年中央一号文件提出了关于实施乡村振兴战略的意见,对农业现代化的长期目标和短期任务做出部署。经过以上一系列的制度建设和政策推进,高效、优质、节约、友好等多方面诉求的农业现代化新内涵日益形成。

总之,新中国成立以来,我国对农业现代化道路进行了长期而艰辛的探索,用现代物质条件武装农业,用现代科学技术改造农业,用现代产业体系提升农业,用现代经营形式推进农业,用现代发展理念引领农业,用培养新型农民发展农业,成功地开创了一条符合我国国情、有中国特色的农业现代化发展之路,我国现代农业建设取得了举世瞩目的成就。

二、我国农业存在的基本问题

新中国成立 70 多年来,我国农业现代化内涵与时俱进,农业现代化实践不断取得进步。但在解决旧问题的同时,也出现了一些需要重视和研究的新问题。世界农业存在的问题或多或少在我国农业发展中也存在,主要表现在农村社会、农村经济和农业生态环境 3 个方面。在农村社会方面包括农产品质量差、农业效益低下、农业技术水平低下、劳动生产率不高和农民的组织化程度低;在农村经济方面包括农业剩余劳动力转移、农民收入增长缓慢和农业经济结构不合理影响了农业现代化的发展;在农业生态环境方面包括水资源紧缺和污染严重、耕地资源数量减少、质量退化以及乡镇企业的快速发展加速了农村环境的恶化。

面对资源约束加大、增收难度提升、安全形势严峻、环境压力加剧的多层次挑战,我国农业现代化发展任重而道远。

三、我国现代农业的发展途径

(一)用现代物质条件装备农业

(1)加强农田水利建设　要把加强农田水利设施建设作为现代农业建设的一件大事来抓,加快大型灌区续建配套和节水改造,增加对中型灌区节水改造投入,加强丘陵山区抗旱水源建设,增加对小型农田水利设施建设的补助。加强农村水能资源开发规划和管理。

(2)切实提高耕地质量　进一步加大农业综合开发投入,加快改造中低产田,建设高产稳产农田。加快实施沃土工程,重点支持有机肥积造和水肥一体化设施建设,鼓励农民发展绿肥、秸秆还田和施用农家肥。严格控制农用地转为建设用地的规模。合理引导农村节约用地、集约用地,切实防止破坏耕作层的农业生产行为。

(3)发展新型农用工业　农用工业是增强农业物质装备的重要依托。要积极发展新型肥料、低毒高效农药、多功能农业机械及可降解农膜等新型农业投入品。要加快农机行业技术创新的结构调整,重点发展大中型拖拉机、多功能通用型高效联合收割机及各种专用农机产品。

(4)加大乡村基础设施建设力度　农村基础设施包括交通运输、邮政通信、生态环境、文化卫生福利和教育基础设施等。对农村地区的道路、电力、能源、饮水和环境卫生等基础设施建设进行改造,改善人居环境。推进村庄道路硬化、排水系统完善、垃圾处理等设施建设和环境卫生整治工作。加快发展为农村经济和农民生活服务的电力、煤炭、燃气等能源的供给设施和设备。加大农村邮政通信信息基础设施、农村生态基础设施、农村文化卫生福利基础设施和农村教育基础设施的建设力度。

(二)用现代科学技术改造农业

(1)加强农业科技创新和技术推广　深化农业科研机构改革,逐步建立面向生产实际、适应现代农业发展趋势的农业科技创新体系和推广体系。

(2)推广资源节约型农业技术　重点推广农业废弃物利用技术、农业产业链技术、农业区块链技术和可再生能源开发利用技术。大力普及节水灌溉技术,加强水资源节约循环利用。积极推广集约、高效、生态畜禽水产养殖技术,降低饲料和能源消耗。重点推广土壤深耕深松、精(少)量播种和秸秆粉碎还田等技术。扩大测土配方施肥的实施范围和补贴规模,进一步推广诊断施肥、精准施肥等先进施肥技术。

(3)推进农村信息化建设　加强农村信息基础设施建设,构建推进农村信息化的工作机制。启动实施千村百镇农村信息化示范工程,开展农村信息化综合信息服务试点。全面开通"新农村信息服务热线",建立国家、省、市、县四级农业信息网络互联中心。

(三)用现代产业体系提升农业

(1)做大做强农产品加工业　推进农产品和区域特色农产品加工转化,发展粮油、肉奶、水产、蔬菜、水果、茶叶、中草药、纺织服装等加工业。支持农产品加工骨干企业实行优质安全农产品基地建设、科研开发、生产加工、营销服务一体化经营。

（2）发展健康养殖业　实施畜牧水产富民工程,更新养殖观念,转变养殖模式,积极发展规模化、标准化现代养殖。

（3）大力发展特色农业　培育特色产业,推进"一村一品",全面实施"百村示范千村带动行动",加快建设一批特色明显、类型多样、竞争力强的专业村、专业乡镇。

（4）积极发展可持续农业　加快循环农业、生态农业示范建设。采取有力措施减少农业面源污染,制止污染企业向农村扩散。探索建立农业生态补偿机制。加快生态防护林、退耕还林、湿地保护、平原绿化和绿色长廊等重点林业工程建设。

（5）推进生物质产业发展(参见二维码3-1)。

（四）用现代经营形式推进农业

（1）发展农民专业合作组织　积极推进农民专业合作组织工作,重点培育示范性农民专业合作组织。

（2）完善农村现代流通网络　建设农产品流通基础设施和推进物流企业发展。加快整合供销、农技、邮政、粮食等系统现有流通资源。培育一批符合国家标准、面向国内外市场、现代化的大型农产品批发市场和能够有效带动农产品出口的大型农产品流通企业,构建与国际市场接轨的农产品现代流通体系。

（3）加强农产品质量安全监管　建立农产品质量安全应急机制。加快完善农产品质量安全标准体系。大力发展标准化农业。

（五）用现代发展理念引领农业

（1）深化农村各项改革　全面推进农村综合改革试点,探索建立农村工作新机制。稳定农村土地承包关系,建立农村土地纠纷仲裁调处机制。加强农民负担监督管理,严防农民负担反弹等。

（2）促进农村和谐发展　完善村民会议议事规则,推行民主评议村干部制度,建立健全村民代表联系户制度。加强村务公开制度建设,规范村务公开的时间、形式和基本程序,公开内容增加新农村建设事项等。

（六）用培养新型农民发展农业

（1）发挥农村的人力资源优势　大幅度增加人力资源开发投入,全面提高农村劳动者素质,为推进新农村建设提供强大的人才智力支持。

（2）普遍开展农业生产技能培训　扩大新型农民科技培训工程和科普惠农兴村计划规模,组织实施新农村实用人才培训工程,努力把广大农户培养成有较强市场意识、有较高生产技能、有一定管理能力的现代农业经营者。

第三节　种植业发展趋势

种植业是通过人工栽培农作物而取得农产品的生产部门,主要包括粮食作物、经济作物、饲料作物、绿肥作物,以及蔬菜、花卉等园艺作物。在中国种植业通常指粮、棉、油、糖、麻、丝、烟、茶、果、药、杂等作物的生产。以作物为主的种植业是我国农业的主体,随着农业现代化水平的提高,种植业也将面向现代化,即作物生产将走向现代化,包括机械化、设施化、标准化、智能化和安全化。

一、作物生产现代化

(一)作物生产现代化的概念

作物生产现代化是传统作物生产转变为现代作物生产的过程,是农业现代化的重要组成部分。作物生产现代化一般包括3个方面:一是实现提高作物生产的物质技术装备水平作物生产手段现代化;二是实现提高科学技术水平作物生产技术现代化;三是实现提高经营管理水平作物生产管理现代化。

(二)作物生产现代化的特点

随着生活水平的不断提高,人们对农产品需求的数量越来越多、质量要求也越来越高;同时,耕地减少、资源紧缺和环境危机使作物生产面临着严峻挑战。确保作物生产安全和持续发展,已成为当今人类社会面临的重大课题。随着全球经济一体化的发展和我国市场经济的不断深化,作物生产的经济属性愈趋明显,区域化布局、专业化生产、规模化经营、社会化服务、产业化管理正成为当代作物生产的重要特征。信息技术、生物技术等现代高科技成果在社会各领域广泛运用,作物生产这一传统产业也正成为社会经济新的增长点,在新形势下焕发出新的生机。中国现代作物生产具有以下特点或趋势:

(1)多目标　现代作物生产在运用现代工业物质技术和现代科学技术的同时应伴随提高农民的社会和经济地位,缩小城乡差别、农村人口城镇化、可持续发展和保护自然资源与环境、确保食物安全等目标的实现。

(2)产业化　传统作物生产正向现代产业的多层面演进。其内容包括:用现代工业提供的物质技术装备作物生产、用现代生物科学技术改造作物生产、用现代市场经济观念和组织方式来管理作物生产、创造高的综合生产率、关注生态环境保护和建设富裕文明的新农村等。

（3）标准化　作物生产标准化不仅为高质量农产品的生产提供依据，还可以增强农产品的市场竞争力，是农产品创品牌的关键，也是打开各地名、特、优产品市场的必要条件。我们要加强对国家标准的研究，并考虑如何与国际标准接轨。

（4）安全化　现代作物生产安全在保障人们免于饥饿的基础上，还要包含食品健康（如绿色食品、营养等）、生物多样性、维护民族文化等新的观念。

（5）生产者素质现代化　提高农民素质是实现作物生产现代化的关键。建设现代农业，最终要靠有文化、懂技术、会经营的新型农民。培养新型农民，造就建设现代农业的人才队伍是实现的条件。

（6）与城镇化相互促进　与城市化相互促进才能推进作物生产现代化，因为作物生产现代化的目标最终是让农民富裕，而这就离不开农村人口城镇化与农业劳动力向非农产业转移。

（7）重视可持续发展　可持续发展是现代农业的方向和特征，因此现代作物生产也应重视可持续发展。

二、作物生产机械化

（一）作物生产机械化的概念

作物生产机械化是指在作物生产中以机械动力代替人力和畜力，以机器代替手工工具，在能够使用机械操作的地方都使用机械操作的过程。作物生产机械化包括作物生产的产前、产中和产后的全过程机械化，是作物生产现代化的中心环节和农业现代化的重要组成部分。

（二）作物生产机械化的意义

（1）农村社会进步的重要标志　用现代化农业机械和动力代替手工工具和牲畜进行生产，是传统农业向现代农业转变的标志。农业机械可以大大提高劳动生产率和土地生产率，促进农业增产增收，同时把农业占用的大量劳动力转换出来，发展多种经营和从事其他产业，提高整个社会的生产水平。作物生产机械化是实现农业现代化的必要条件。

（2）作物生产产业化的基本保证　作物生产产业化是解决规模生产与实现农业现代化矛盾的必然选择，没有作物生产机械化就没有真正意义上的作物生产现代化。作物生产产业化战略的实施，要求更加完善的农机社会化服务。因此，必须建立现代农机生产服务体系，针对作物生产产前、产中和产后不同层次的要求，开展与之相配套的农机系列化服务。作物生产产业化是市场化发展的必然结果，形成市场优势离不开生产方式的改善和生产力水平的提高。而采用先进的农机技术是提高作物生产产量,降低农产品单位成本,增强农产品市场竞争能力的最佳途径。

(3)农村经济增长的重要手段　农村经济要增长,农民要致富,必须改变高投入、低产出、高消耗、低效益的状况。为此,必须通过加快农机化的发展,来改变农村经济增长中的传统生产方式,提高劳动生产率,促进农产品商品化,实现低投入、低成本、高产出、高效益的节本增效农业,达到农村经济持续稳定地增长。

三、作物生产设施化

(一)作物生产设施化的概念

作物生产设施化就是设施栽培,是指借助一定的硬件设施通过对作物生长的全过程或部分阶段所需环境条件(如温度、湿度、光照、CO_2 浓度等)进行调节,以使其尽可能满足作物生长需要的技术密集型农业生产方式。它是依靠科技进步形成的高新技术产业,是当今世界最具活力的产业之一,也是世界各国用以提供新鲜农产品的重要技术措施。

(二)作物生产设施化的意义

(1)增强环境控制能力　设施栽培能彻底改变作物生产始终受制于自然,人们靠天吃饭的状况,提高人工控制环境的能力。

(2)提高工业化生产水平　设施栽培采用工业化生产方式,能大幅度提高劳动生产率。作物生产设施化水平越高,生产力提高就越快。

(3)实现集约、高效经营　设施栽培能做到资源合理配置,科技含量高、投入合理、效益显著。

(4)促进可持续发展　设施栽培使用先进生产和管理方式,高效、均衡地生产各种蔬菜、花卉等作物产品。设施栽培的发展,不仅有利于合理开发利用土地、淡水、气候等资源,而且能不断提高劳动、技术、资金有机结合的综合集约经营程度,从而获得最大的社会效益、经济效益和生态效益。设施栽培符合当前和未来可持续农业发展的趋势。

(三)我国设施栽培的现状、存在问题和发展趋势

1. 我国设施栽培的现状

我国设施栽培历史悠久,但现代设施栽培起步较晚。20 世纪 80 年代初,我国开始塑料大棚及栽培技术等的单项技术研究。进入 20 世纪 90 年代以后,设施栽培发展迅速。1997 年,设施栽培面积达到 120 万 hm^2,已成为最大的设施栽培国

家。目前,我国设施栽培的类型主要是塑料中、小拱棚,塑料大棚,日光温室和现代化温室。栽培的作物以蔬菜、花卉及瓜果类为主。2019 年全国设施蔬菜种植面积为 400 万 hm^2,设施花卉种植面积为 11.6 万 hm^2。

2. 设施栽培存在的主要问题

(1)总体水平特别是科技水平低　我国现代设施栽培起步晚、基础差,设施设备与栽培技术和生产管理不相配套,生产不规范,难以形成大规模商品生产。

(2)设施简易、抗御自然灾害的能力差　目前只有钢管装配式塑料大棚和玻璃温室有国家标准和工厂化生产的系列产品,但仅占设施栽培面积的 10%,绝大部分塑料棚和日光温室,只能起一定的保温作用,对光、温、湿、气等环境因子的调控能力差。

(3)机械化水平低　自动控制设备不配套、调控能力差,调控设备和仪器基本是空白,主要靠经验和单因子定性调控;无专用小型作业机具,作业主要靠人力。

(4)设施栽培技术不配套　缺乏设施栽培的专用品种,栽培技术不成套、不规范、量化指标少,栽培管理主要靠经验,远未实现规范化和标准化,致使产品产量低、品质差。

(5)设施种植业以分散的农户经营为主,产业化程度低。

3. 我国设施栽培的发展趋势

(1)符合国情、先进、适用　我国设施栽培技术路线将按照符合国情、先进、适用的方向发展,形成具有中国特色的技术体系。

(2)提高水平、档次　随着国民经济的快速发展和人民生活水平的提高,对蔬菜、花卉提出了多品种、高品质、无公害的强烈要求,因此设施栽培的主要趋势是提高水平、提高档次。

(3)规模化、专业化、产业化、高档化以及外向型　在已形成的集中成片生产基地的基础上,向规模化、专业化、产业化、高档化以及外向型发展。

四、作物生产标准化

(一)标准及标准化的概念

标准即衡量事物的准则或规范。标准化是指为在一定范围内获得最佳秩序,对实际的或潜在的问题制定共同的和重复使用的规则的活动。作为一门科学,标准化是研究这个过程的规律和方法;作为一项工作,标准化是根据客观情况的变化,运用"统一、简化、协调、选优"原则,促进这个过程的不断循环、螺旋式上升发展。标准化的目的和结果是获得最佳秩序,标准化水平是一个国家生产技术水平和管理水平的重要标志。

(二)作物生产标准化的形式、内容和作用

1. 作物生产标准化的形式

标准化的对象涉及经济、技术、科研和管理工作等各个领域。实现标准化的形式因对象不同而有所差异,一般形式有:简化、统一化、综合标准化、超前标准化、动态标准化等。对特定对象而言,标准可分为国际标准、区域标准、国家标准、行业标准、地方标准和企业标准等。

2. 作物生产标准化的内容

标准化过去主要用于工业生产,对工业产品或零部件的类型、性能、尺寸等的符号、代号等加以统一规定,并予以实施的一项技术措施。农业标准化起步较晚,涉及的范围和领域逐步扩大,如农业机械标准、作业质量标准、产品质量标准、作物生产技术规程等。农业标准化是一项系统工程,这项工程的基础是农业标准体系、农业质量监测体系和农产品评价认证体系建设。三大体系中,标准体系是基础中的基础,只有建立健全农业生产的产前、产中和产后等各个环节的标准体系,农业生产经营才有章可循、有标可依;质量监测体系是保障,它为有效监督农业投入品和农产品质量提供科学的依据;产品评价认证体系则是评价农产品状况、监督农业标准化进程、促进品牌和名牌战略实施的重要基础体系。三大基础体系是一个整体。

3. 标准化的作用

作物生产标准化的作用是:①为实行科学管理奠定基础。②为组织现代化生产创造前提条件。③合理利用资源,节约劳动消耗。④合理发展产品品种。⑤提高企业应变能力。⑥保证产品质量,维护消费者利益,保障身体健康和生命安全。⑦使社会生产各部门之间的协调具有共同准则,建立稳定的秩序。⑧消除贸易障碍,提高产品在世界上的竞争能力。

(三)我国作物生产标准化的现状

农业部门在推进农业标准化的同时,重视有关农业标准的规章和管理办法的建立。根据《中华人民共和国产品质量法》《中华人民共和国标准化法》《中华人民共和国计量法》及有关的法律法规,制定了多项规章。这些法规的制定和实施规范了农业标准的制定和质检体系的建设,有力地促进了农业标准化工作。

五、作物生产智能化

（一）作物生产智能化的概念

作物生产的智能化就是指将数据库、人工智能、模拟模型、决策支持、遥感技术等现代信息技术与作物生产理论和技术相结合，实现作物生产和管理的自动化、科学化。作物生产智能化的目的是优化决策，科学管理，提高作物生产的科技水平，达到高产、优质、高效，从而实现可持续发展。

（二）作物生产智能化的技术体系

1. 数据库技术

数据库（database）是指在计算机系统中，按照一定的方式组织、存贮和使用的相关数据集合。数据库技术是一种有组织地、动态地存贮有密切联系的数据集合，并对其进行统一管理和重复利用的计算机技术。随着计算机技术、通信技术和网络技术的迅猛发展，人类社会已经进入了信息化时代。数据库技术是计算机技术的重要分支，是数据库管理的实用技术。如今，信息资源成为最重要、最宝贵的资源之一，数据库技术已经成为信息社会中对大量数据进行组织与管理的信息系统核心技术和网络信息化管理系统的重要基础。目前，作物生产数据库系统包括农业资源环境信息数据库、作物生产资料信息数据库、作物生产技术信息数据库和农产品市场信息数据库等。

2. 空间信息技术

空间信息技术（geotechnologies）主要包括全球定位系统（GPS）、遥感技术（RS）与地理信息系统技术（GIS），组成"3S"技术。GIS与作物生产结合可以实现空间（田块的经纬度）和属性（气象、土壤、品种、苗情）数据的管理、属性数据的空间差异分析、多要素综合分析和动态预测等。GPS确定农业作业者或农业机器在田间的瞬时位置，通过传感器及监测系统随时随地采集田间数据，这些数据输入GIS，结合事先贮存在GIS中定期输入的或持久性数据、专家系统及其他决策支持系统对信息进行加工、处理，做出适当的农业作业决策，再通过作业者或农业机器携带的计算机控制器控制变量执行设备，实现对作物的变量投入或操作调整。遥感（RS）技术是指从远距离高空及外层空间的各种平台上，利用各类传感器接收来自地球表层各类地物的电磁波信息，如可见光、红外线、微波等，并对这些信息进行扫描和摄影、传输和处理，从而对地球各类地物和现象进行远距离探测和识别的现代综合技术，如航空摄影就是一种遥感技术。

遥感技术广泛应用于农业资源、环境与作物生产过程的监测，包括作物面积、长势、估产和病虫害监测等农情信息的监测,特别是耕地面积估算、作物长势监测和产量预测方面已达到较高的可靠性和准确性。有关作物产品品质的遥感监测也取得了可喜进展。

3. 人工智能技术

人工智能(artificial intelligence,AI)是研究人类智能规律,构造具有一定智能行为,以实现用电脑部分取代人脑劳动的综合性科学。人工智能是计算机科学的一个分支,该领域的研究包括机器人、语言识别、图像识别、自然语言处理和专家系统等。在农业方面专家系统为代表的研究较多。农业专家系统是把专家系统知识应用于农业领域的一项计算机技术。农业专家系统可保存、传播各类农业信息和农业知识,把分散的、局部的单项农业技术综合起来,经过智能化处理,针对不同的环境条件,给出相应的解决方案,为农业生产全过程提供高水平的服务,从而促进农业生产。农业专家系统已广泛应用于农业生产管理、灌溉施肥、品种选择、病虫害控制、温室管理、畜禽饲料配方、水土保持等不同领域。

二维码 9-2 信息技术在农业中的应用

信息技术在农业中的应用见二维码 9-2。

六、作物生产安全化

(一)作物生产安全化的概念

作物生产安全化涉及范围较广,很难下一个确切的定义。目前一个国家或地区作物生产安全的内涵至少应包括以下 4 个方面。一是长期稳定地提供充足的粮食,无粮食紧缺现象,更不允许出现因粮食短缺而引起饥饿,这是粮食安全的最基本要求。二是能提供品种多样的作物产品,即五谷杂粮齐全、畜禽鱼蛋奶果蔬俱全,可以满足不同生活方式、不同生活习俗和不同生活水平居民的需求,这是较高层次的安全,它要求品种的多样性和营养的科学合理性。三是能提供品质优良,无污染、无毒害作用的安全性作物产品,要求这些产品出自良好的生态环境,在其生产、贮运和加工过程中没有受到污染,不含有毒有害物质,同时具有优良的口感口味,营养丰富,这是作物生产安全的高层次要求,也是对居民身心健康的重要保证。四是在作物生产、贮运、加工和消费过程中,既不会对生态环境产生破坏和污染,也不会对居民健康产生影响和危害,即作物产品在其生产、贮运、加工和消费过程中对人体健康和生态环境具有环境安全性、生态合理性,这是作物生产安全的最高层次,也是现代生态理论和环境保护目标所要求的。作物生产是经济再生产和自然再生产有机结合的生产活动。作物生产的自然属性要求作物生产必须符合生物生长发育的自然规律,作物生产的社会经济属性要求作物生产应保证人类生存所需作物产品的持续供应和资源环境的永续利用。在此意义上可将作物生产的安全化定义为:作物生产活动必须保证人类生存与发展所必需的物质条件及环境资源可持续利用,最终实现作物生产活动与社会发展的协调一致。

(二)作物生产安全化的意义

随着人口增加和社会发展,目前作物生产的安全性面临着严峻的挑战。加强作物生产的安全化工作,对于促进作物生产的健康持续发展具有重要意义。

(1)农产品尤其是粮食数量的问题依然严峻 农产品数量尤其是粮食数量,仍不能完全满足人民的需求。原因是人口增长速度快,粮食供需矛盾突出、水资源短缺,限制作物单产的提高、耕地面积减少、质量退化,成为粮食总产增加的障碍,病虫草害和自然灾害是粮食高产和稳产的重要限制因素。

(2)严重的环境污染,使农产品品质和生产过程令人担忧 农药和化肥的大量使用和滥用,对环境和人类生活构成严重威胁。农药的使用,不仅使农业生态系统中天敌极度贫瘠,而且由于害虫的抗药性而增加了防治难度。另外,农药在生物环境中的生物富集作用,使营养级越高的生物积累的农药浓度也越高。农副产品中的农药残留量增加,危害人畜健康,使农药中毒人数不断增加。大量使用化肥使土壤酸化,土壤的物理性状恶化,特别是氮肥的使用还会导致交换态铝和锰数量的增加,对作物产生毒害作用,影响农产品的产量和品质。化肥也成为水体和大气污染的主要来源。目前化肥过量使用,农作物肥料利用效率降低,残留量加大的问题比较突出。过量使用氮肥引起土壤中硝态氮积累,灌溉或降雨量较大时,造成硝态氮的淋失,导致地下水和饮用水硝酸盐污染;而土壤中氮素反硝化损失和氨挥发损失形成大量的含氮氧化物污染大气。据研究,氮肥使用量与农产品器官硝态氮积累密切相关,氮肥的使用量越高,农产品硝酸盐积累越多,农产品的品质越差。

(三)作物生产安全化的措施和发展方向

(1)水资源优化利用 喷、微灌溉技术是当今世界上节水效果最明显的技术,已成为节水灌溉发展的主流。目前,喷、微灌技术的发展趋势是朝着低压、节能、多目标利用、产品标准化、系列化及运行管理自动化方向发展。农业高效用水工程规模化,实现从水资源的开发、调度、蓄存、输运、田间灌溉到作物的吸收利用形成一个综合的完整系统,显著地降低农业用水成本,适应现代农业发展需求。节水灌溉是一个系统工程,只有科学的管理才能使节水措施得以顺利实施,达到节水目的。

(2)农药、化肥的合理利用及科学管理 当前农药和化肥的使用是不可避免的,重点应该在使用量和方式上加强控制和管理。应注意加强以下工作:①加强综合防治,充分发挥农药以外其他防治手段在有害生物治理中的作用,减少农药用量。②贯彻落实农药法律、法规,确保安全用药。③加强高效低毒农药新品种研制和开发,大力发展生物防治药剂。④确定农田施肥限量指标,建立新的肥料管理与服务体制。根据精确农业施肥原则,量化施肥,推广使用长效肥料等新品种。

(3)农业病虫草害的综合防治　病虫草害综合防治技术的发展趋势主要表现在以下3方面:①利用病虫草害暴发的生态学机理作为有害生物的管理基础。②充分发挥农田生态系统中自然因素的生态调控作用。③发展高新技术和生物制剂,尽可能少用化学农药。

(4)生物技术在农业生产中的科学利用　我国针对转基因技术的安全性做了大量的分析和评估工作,并采取了一系列的措施。如建立农业生物基因工程安全管理数据库,收集、整理、分析、发布国内外农业生物基因工程安全管理信息,建立农业生物基因工程安全管理监督与监测网络;为转基因植物及其产品安全性评价和政府决策提供依据;研究制定转基因食品安全管理的实施办法,形成配套的法规和管理体系等。

(5)农产品质量安全认证制度的加强与完善　我们要积极采用适合我国国情的国际标准和国外先进标准,大力推进质量认证,推进与国际质量认证机构实行互认制度,采用国际通行做法,合法保护国内市场和国内生产。

(6)发展生态农业,实现作物生产的可持续发展　作物生产的安全化是一个综合体系,是复杂的农业生态系统各个子系统相协调的最终结果,单凭一项或几项技术是很难达到这一目标的。作物安全化生产需要多项技术的合理搭配和综合运用,既要满足当代人类及其后代对农产品的需求,又要确保环境不退化、技术上应用适当、经济上能够生存下去的综合体系。由于我国的具体国情,决定了农业生产不能只注重环境,更应该重视农业的发展,提高农民收入,把农业高产高效发展与持续发展结合起来,走集约持续农业的道路。

 复习思考题

1. 农业的概念是什么?农业发展的历程有哪三个阶段?

2. 现代农业的基本特征有哪些?

3. 世界农业发展的成就与存在的问题有哪些?世界农业发展趋势是什么?举例说明世界主要发达国家的农业概况。

4. 我国农业存在的基本问题有哪些?

5. 我国农业现代化的发展方向是什么？我国现代农业的发展途径有哪些？

6. 何谓作物生产现代化？作物生产现代化的特点有哪些？

7. 何谓作物生产设施化？作物生产设施化的意义是什么？我国设施栽培的现状和发展趋势如何？

8. 何谓作物生产标准化？作物生产标准化的作用有哪些？

9. 何谓作物生产智能化？什么是数据库技术？什么是遥感技术？什么是人工智能技术？

10. 何谓作物生产安全化？作物生产安全化的措施和发展方向有哪些？

参 考 文 献

薄元嘉,尹道川. 作物育种原理与方法. 南京:江苏科学技术出版社,1983.

曹敏建,王晓光. 耕作学. 3 版. 北京:中国农业出版社,2020.

曹卫星. 作物栽培学总论. 3 版. 北京:科学出版社,2017.

曹志平. 农业生态系统功能的综合评价. 北京:气象出版社,2002.

陈百明,蒋世逵. 我国水、土及气候资源与农林牧渔业持续发展潜力. 北京:气象
    出版社,1996.

陈阜. 农业生态学. 北京:中国农业大学出版社,2002.

陈阜,张海林. 保护性耕作的土壤生态与固碳减排效应. 北京:中国农业出版
    社,2012.

程序,曾晓光,王尔大. 可持续农业导论. 北京:中国农业出版社,1997.

崔福柱. 高粱科学种植技术. 北京:社会科学出版社,2006.

董钻. 作物栽培学总论. 3 版. 北京:中国农业出版社,2018.

邓泽元. 食品营养学. 4 版. 北京:中国农业出版社,2016.

杜仲镛. 粮食深加工. 北京:化学工业出版社,2004.

高旺盛. 循环农业理论与研究方法. 北京:中国农业大学出版社,2015.

官春云. 现代作物栽培学. 北京:高等教育出版社,2011.

官春云. 农业概论. 北京:中国农业出版社,2015.

国家自然科学基金委. 未来 10 年中国学科发展战略. 农业科学. 北京:科学出版
    社,2011.

郝建平,杜天庆,崔福柱. 作物渗水地膜覆盖技术. 北京:社会科学出版社,2006.

郝建平,时侠清. 种子生产与经营管理. 北京:中国农业出版社,2015.

河南农业大学. 作物育种学. 郑州:河南科学技术出版社,1989.

胡繁荣. 设施园艺. 上海:上海交通大学出版社,2008.

胡跃高. 农业总论. 北京:中国农业大学出版社,2000.

胡跃高,曾昭海. 农业原理. 3 版. 北京:中国农业大学出版社,2018.

黄国勤. 农业现代化概论. 北京:中国农业出版社,2012.

金文林. 农事学. 北京:中国农业大学出版社,2000.

李广,王宏富,董玉珍. 无公害农产品生产技术. 北京:中国农业出版社,2003.

李光晨. 园艺植物栽培学. 北京:中国农业大学出版社,2001.

李焕章,韩学信. 作物栽培学. 北京:中国农业科技出版社,1997.

李建民. 农学概论. 北京:中国农业科技出版社,1997.

李军. 农作学. 北京:科学出版社,2016.

李天. 农学概论. 3 版. 北京:中国农业出版社,2017.

李向东,张永丽. 农学概论. 北京:中国农业出版社,2017.

李新华,张秀玲. 粮油副产品综合利用. 北京:科学出版社,2012.

刘心恕. 农产品加工工艺学. 北京:中国农业出版社,1997.

刘巽浩. 农作学. 北京:中国农业大学出版社,2005.

刘巽浩,陈阜. 中国农作制. 北京:中国农业出版社,2005.

骆世明. 农业生态学. 2 版. 北京:中国农业出版社,2017.

强胜. 杂草学. 2 版. 北京:中国农业出版社 2010.

乔玉辉,曹志平. 有机农业. 2 版. 北京:化学工业出版社,2015.

秦文. 农产品贮藏与加工学. 北京:中国质检出版社,2014.

阮少兰,郑学玲. 杂粮加工工艺学. 北京:中国轻工业出版社,2011.

沈亨理. 农业生态学. 北京:中国农业出版社,1996.

孙其信. 作物育种学. 北京:中国农业大学出版社,2019.

孙远明,余群力. 食品营养学. 北京:中国农业大学出版社,2002.

陶鼎来. 中国农业工程. 北京:中国农业出版社,2002.

王光慈. 食品营养学. 2 版. 北京:中国农业出版社,2003.

王建华,张春庆. 种子生产学. 北京:高等教育出版社,2013.

汪磊. 粮食制品加工工艺与配方. 北京:化学工业出版社,2015.

西北农学院. 作物育种学. 北京:农业出版社,1981.

席章营,陈景堂,李卫华. 作物育种学. 北京:科学出版社,2014.

谢联辉. 普通植物病理学. 2 版. 北京:科学出版社,2013.

袁锋. 农业昆虫学. 4 版. 北京:中国农业出版社,2011.

邢宝龙. 几种药食同源豆类作物栽培. 北京:中国农业科学技术出版社,2018.

阎会平. 山西玉米区划与品种布局. 北京:中国农业出版社,2018.

严兴初. 特种油料作物栽培与综合利用. 2 版. 武汉:湖北科学技术出版社,2006.

杨改河. 农业资源与区划. 北京:中国农业出版社,2007.

杨守仁,郑丕尧. 作物栽培学概论. 北京:中国农业出版社,1989.

杨武德. 精确农业概论. 北京:中国农业出版社,2016.

尹天佑. 生物质能源技术开发利用与产业化. 长春:吉林大学出版社,2005.

于振文. 作物栽培学各论(北方本). 2 版. 北京:中国农业出版社,2013.

于振文．作物栽培学实验指导．北京：中国农业出版社，2019.

翟虎渠．农业概论．3 版．北京：高等教育出版社，2016.

张国平．作物栽培学．杭州：浙江大学出版社，2016.

张洪程．农业标准化概论．北京：中国农业出版社，2004.

张天真．作物育种学总论．3 版．北京：中国农业出版社，2014.

赵春江．发展智慧农业建设数字乡村．http：// www. jhs. moa. gov. cn/zlyj/202004/
　　t20200430_6342836. htm，2020.

赵其国，段增强．生态高值农业：理论与实践．北京：科学出版社，2013.

周立三．中国农业区划的理论与实践．合肥：中国科学技术大学出版社，1993.

宗绪晓，杨涛，刘荣．带您认识食用豆类作物．北京：中国农业科学技术出版
　　社，2019.

左天觉，何康．透视中国农业．北京：中国农业大学出版社，2004.

David J. Connor，Robert S. Loomis，Kenh G. Cassman.作物生态学——农业系统的
　　生产力及管理．2 版.梁卫理，李雁鸣，崔彦宏，译．北京：中国农业出版
　　社，2016.

Frissel．农业生态中矿质养分的循环．夏荣基，全鸿志，陈佐忠，等译．北京：中国
　　农业出版社，1981.

［日］祖田修．农学原论．张玉林，等译．北京：中国人民大学出版社，2003.